高等职业教育系列教材

机械拆装与测绘

第 2 版

主　编　郭佳萍　于　颖　张继媛

副主编　马　恒　隋秀梅　董晓冰

　　　　郭　翔

参　编　于济群　宋云艳　李　峰

　　　　周　崼　王海霞

U0239428

机械工业出版社

本书是理实一体化教材，坚持"以能力培养与素质提高"为主线，以"宽基础、重技能"为指导思想，以学生就业为导向，以服务为宗旨。在基础理论与专业知识的安排上紧密结合职业院校的专业培养目标和学生特点，本着"必须、够用、实用"的原则，加强技能训练的力度，强化动手能力的培养和知识运用能力的提高，具有职业性、综合性、实践性、实用性、校企合作开发等特点。

本书以任务驱动法为主，以 CA6140 型卧式车床典型零部件为载体，设置了车床尾座的拆装与套筒的测绘、车床中滑板的拆装与丝杠的测绘、车床主轴组件的拆装与直齿圆柱齿轮的测绘和车床主轴箱Ⅰ轴的拆装与Ⅰ轴的测绘四个学习任务，每个学习任务又分为拆装和测绘的子任务，在拆装的过程中融入机械原理、公差配合与测量技术、识图与绘图等相关知识，提高学生的职业能力。

本书适用于高职高专层次工业机器人技术、机电一体化技术、数控技术、模具设计与制造及电气自动化技术等专业教学，也可作为相关工程技术人员的参考用书。

为配合教学，本书配有电子课件和习题答案，读者可以登录机械工业出版社教育服务网 www.cmpedu.com 免费注册后下载，或联系编辑索取（QQ：1239258369，电话：（010）88379739）。

图书在版编目（CIP）数据

机械拆装与测绘/郭佳萍，于颖，张继媛主编. —2 版. —北京：机械工业出版社，2017.6（2024.1 重印）
高等职业教育系列教材
ISBN 978-7-111-57008-0

Ⅰ.①机… Ⅱ.①郭… ②于… ③张… Ⅲ.①装配（机械）-高等职业教育-教材②机械元件-测绘-高等职业教育-教材 Ⅳ.①TH163②TH13

中国版本图书馆 CIP 数据核字（2017）第 127161 号

机械工业出版社（北京市百万庄大街 22 号　邮政编码 100037）
策划编辑：曹帅鹏　责任编辑：曹帅鹏　责任校对：潘　蕊
责任印制：单爱军
北京虎彩文化传播有限公司印刷
2024 年 1 月第 2 版第 8 次印刷
184mm×260mm · 14.25 印张 · 349 千字
标准书号：ISBN 978-7-111-57008-0
定价：49.00 元

前　言

　　为适应培养 21 世纪技能型应用人才的需要，贯彻落实高职高专关于专业建设与课程改革相关文件精神，推进课程、教材体系建设，我们对本书进行了修订。

　　本书坚持"以能力培养与素质提高"为主线，以"宽基础、重技能"为指导思想，以学生就业为导向，以服务为宗旨。在基础理论与专业知识的安排上，紧密结合职业院校的专业培养目标和学生特点，本着"必需、够用、实用"的原则，摒弃"繁难偏旧"的知识，加强技能训练的力度，强化动手能力的培养和知识运用能力的提高。

　　本书采用任务驱动法，以 CA6140 型车床典型零部件为载体，设置了 CA6140 型卧式车床尾座的拆装与套筒的测绘、CA6140 型卧式车床中滑板的拆装与丝杠的测绘、CA6140 型卧式车床主轴组件的拆装与直齿圆柱齿轮的测绘和 CA6140 型卧式车床主轴箱 I 轴的拆装与 I 轴的测绘四个学习任务，每个学习任务又分为拆装和测绘的子任务。在拆装机械的过程中融入机械原理、公差配合与测量技术、识图与绘图、机械制造基础等相关知识，提高学生的职业能力。

　　本书有以下特点：

　　1）职业性。根据技术领域和职业岗位的任职要求，参照维修钳工职业资格标准编写教材，以利于培养学生的综合职业能力。

　　2）综合性。以机床常见机械零部件为载体，制定学习任务，在拆装的同时融入机械工程材料、机械基础、机械制图、机床传动、机械拆装和公差配合与测量技术、故障的诊断与维修等相关知识，培养学生自主探究性学习的创新思维。

　　3）实践性。在"引产入教、工学交替"人才培养模式下，在教材建设中，从机电一体化技术专业的培养目标和职业岗位群的具体要求出发，围绕岗位能力所需的知识、技能、素质，本着精华理论、突出重点、强化技能的原则，突出适应性、针对性、应用性和可持续发展性等特点，建立理论知识与操作技能要求相结合的工作过程系统化的教材结构。

　　4）实用性。以"适度、够用"为原则，教材的深度和广度适中。

　　本书主要针对机械拆装与测绘实训课程需要编写，主要服务于高职高专层次工业机器人技术、机电一体化技术、数控技术、模具设计与制造及电气自动化技术等专业的机械拆装与测绘理实一体化课程，前修课程有机械工程材料、公差配合与测量技术、机械设计基础、机械制造基础，为后续课程数控机床维修、机电设备维修和维护奠定基础，同时也可作为相关理论与实践课程的参考教材。

　　本书是机械工业出版社组织出版的"高等职业教育系列教材"之一。本书主编由郭佳萍、于颖、张继媛担任，副主编由马恒、隋秀梅、董晓冰、郭翔担任。任务 1 由郭佳萍、马恒编写，任务 2 由郭佳萍、郭翔、于颖、张继媛、隋秀梅、李峰、周嵬、于济群、宋云艳、王海霞编写，任务 3 由郭佳萍、于颖、董晓冰、张继媛编写，任务 4 由于颖、张继媛编写。

　　由于教材编写时间仓促，加之编写人员水平有限，教材在结构和知识的准确性上会存在不足，恳请广大师生和其他参阅本书的读者对本书提出宝贵意见，这是对我们极大的帮助，有利于我们知识水平和实践技能的提高，更有利于通过修订使教材得到完善。

　　在本书的编写过程中，得到了有关领导和同志们的大力支持，在此我们表示衷心的感谢！

编　者

目　录

绪　论

机械设备是现代化生产的主要手段，特别是随着生产自动化、加工连续化和生产效率的不断提高，设备技术状态的好坏对企业生产的正常进行，对产品的产量、质量和生产成本都有着直接的影响。

任何机械设备从投产使用开始，都会由于磨损、腐蚀、维护不良、操作不当或设计缺陷等原因使技术状态发生变化，导致机械设备的性能、精度和效率不断下降，还可能在生产过程中发生故障或损坏。现代生产企业对"能生产、懂维修"的技术人员需求很大，本着"以就业为导向，以服务为宗旨"的基本原则，结合专业培养目标，通过"机械拆装与测绘"课程的学习，使学生掌握机械设备拆卸和装配的基本工艺知识，熟悉典型零件修复工艺技术。通过典型设备拆装工艺的分析和训练，使学生具备机械设备拆装的基本技能，为后续学习奠定基础。

1. 学习本课程的目的和意义

（1）机械设备装配的目的和意义　任何机械设备都是由零件组成的，经过加工合格的机械零件必须通过正确的装配工序，才能够组装成合格的设备；机械设备从投入使用开始，会由于各种原因产生摩擦、磨损，进而导致精度下降，甚至造成功能丧失。这时需要修换相应的零部件，修换的过程仍需要进行机械设备的装配，由此可见机械设备装配的意义重大。

（2）机械设备拆卸的目的和意义　通过机械设备的拆卸，使学生了解机械设备的结构和工作原理，掌握机械设备拆卸工具的使用方法、基本技能和技巧，了解机械零件的常用修换方法及标准，为机械设备的维修奠定一定的基础。

（3）典型机械零件测绘的目的和意义　测绘是指根据已有的机械零部件或机器进行技术测量，得到基本数据，再将所获得的数据进行必要的技术处理（使数据符合相应的标准），然后绘制出测绘对象的工作图和装配图的全过程。机械设备改造、仿制时需要测绘，机械设备维修时，在没有备件和相应图样时也需要测绘。

2. 课程学习的基本要求

1）认真阅读学习机械拆装安全文明生产和技术操作规程。

2）认真做好课前知识准备。

3）实践操作过程中认真做好实训记录。

4）在实训过程中，一定要注重理论与实践的统一，动手与动脑相结合。注重用理论指导实践，并充分发挥主观能动作用，体现创新意识。

5）要求认真完成实训要求的任务，认真参阅本教材，特别要注重结合实训实际内容和相关知识与能力测试点，做好实训综合考评准备。

任务1 CA6140型卧式车床尾座的拆装与套筒的测绘

子任务1.1 熟悉机械拆装安全文明生产要求及操作规程

工作任务卡

工作任务	熟悉机械拆装安全文明生产要求及操作规程
任务描述	以小组为单位，讨论机械拆装安全文明生产要求及操作规程，为顺利完成机械拆装任务奠定基础
任务要求	小组成员在教师指导下完成熟悉机械拆装安全文明生产要求及操作规程的任务

1.1.1 熟悉机械拆装安全文明生产要求

在生产过程中，按技术要求，将若干零件结合成部件或将若干部件和零件结合成合格产品的过程称为装配。在设备修理过程中，机器或部件经过拆卸、清洗和修理后，也要进行装配。装配工作是机器设备制造或修理过程中的最后一道工序。装配工作的好坏，对产品的质量起着决定性的作用。即使零件的加工精度很高，如果装配不正确，也会使产品达不到规定的技术要求，影响设备的工作性能，甚至无法使用。在装配过程中，粗枝大叶，乱敲乱砸，不按工艺要求装配，都不可能装配出合格的产品。装配质量差的设备，精度低、性能差、消耗大、寿命短，将会造成很大的浪费。总之，装配工作是一项重要而细致的工作。

简单的产品可由零件直接装配而成。复杂的产品则须先将若干零件装配成部件，这一过程称为部件装配，然后将若干部件和另外一些零件装配成完整的产品，这一过程称为总装配。产品装配完成后需要进行各种检验和试验，以保证其装配质量和使用性能，有些重要的部件装配完成后还要进行测试。

文明生产是工厂管理的一项十分重要的内容。它直接影响产品质量的好坏，影响设备和工、夹、量具的使用寿命，影响操作人员技能的发挥。所以从开始学习基本操作技能时，就要养成文明生产的良好习惯，具体要求如下。

1）必须接受安全文明生产教育。

2）必须听从教师指挥。

3）在实训场地不允许说笑打闹，大声喧哗。

4）必须在指定工位上操作，未经允许不得触动其他机械设备。

5）动手操作前必须穿好工作服，不允许穿拖鞋或凉鞋进入实训场地，工作服必须整洁、袖口扎紧。女生必须配戴安全帽，不允许戴戒指、手镯。

6）工具必须摆放整齐，贵重物品由专人负责保管。

7）操作结束或告一段落后，必须检查工具、量具，避免丢失。

8）优化工作环境，创造良好的生产条件。

9）按规定完成设备的维修和保养工作。

10）转动部件上不得放置物件。

11）不要跨越运转的机轴。

12）多人合作操作时，必须动作协调统一，注意安全。机械运转时，人与机械之间必须保持一定的安全距离。

13）使用电动设备时，必须严格按照电动设备的安全操作规程操作。

14）搬运较重零部件时，必须首先设计好方案，注意安全保护，做到万无一失。

15）拆卸设备时必须遵守安全操作规则，服从指导教师的安排与监督。认真严肃操作，不得串岗操作。

16）工作前必须检查手动工具是否正常，并按手动工具安全规定操作。

17）使用手钻必用三芯或四芯定相插座，并保证接地良好，要穿戴绝缘护具。钻孔时应戴上防护镜。

1.1.2 熟悉机械拆装操作规程

操作时，应牢固树立安全第一的思想，必须提高执行纪律的自觉性，严格遵守安全操作规程，具体规程如下。

1）拆装机械必须严格遵守技术操作规程，严禁野蛮拆装。

2）拆装机械必须严格按照相关技术要求操作，以保障设备的完好。

3）拆下的工件及时清洗，涂防锈油并妥善保管，以防丢失。

4）工具和零件要轻拿轻放，严禁投递。

5）严禁将锉刀、旋具等当做撬杠使用。

6）严禁用锤子等硬物直接击打机械零件。锤击零件时，受击面应垫硬木、纯铜棒或尼龙棒等材料。

7）使用锤子时要严格检查安装的可靠性。

8）工具、量具必须规范使用，并保持清洁、整齐。

9）用汽油和挥发性易燃品清洗工件时，周围应严禁烟火及易燃物品，油桶、油盘、回丝要集中堆放处理。

 子任务 1.2　CA6140 型卧式车床尾座的拆装

工作任务卡

工作任务	CA6140 型卧式车床尾座的拆装
任务描述	以项目小组为单位，根据给定的 CA6140 型卧式车床尾座装配图，搜集资料，进行装配图识读，制订合理的尾座拆装方案，并采用修配装配法拆卸和安装尾座；在教师指导下进行间隙调整并检测几何精度
任务要求	1）小组成员分工协作，依据引导文及参考技术资料自主完成制订尾座拆装方案的任务 2）在教师指导下完成拆装和调整 3）注意安全文明拆装

1.2.1　熟悉 CA6140 型卧式车床及其尾座

1. 认识 CA6140 型卧式车床

（1）CA6140 型卧式车床型号　CA6140 型卧式车床是我国自行设计制造的一种卧式车床，其型号具体说明如下：C 表示车床类，A 表示结构特性代号，6 表示落地及卧式车床组，1 表示卧式车床系，40 表示主参数折算值（床身上最大工件回转直径 400mm）。

（2）CA6140 型卧式车床的用途　在一般的机械制造企业中，车床占机床总数的 20%～35%。车床是车削加工所必需的工艺装备。它提供车削加工所需的成形运动、辅助运动和切削动力，保证加工过程中工件、夹具与刀具的相对正确位置。使用车床可以加工各种回转体内、外表面，其加工范围很广，就其基本内容来说，有车外圆、车端面、切断和车槽、钻中心孔、镗孔、铰孔、车螺纹、车圆锥面、车成形面、滚花和盘绕弹簧等，采用特殊的装置或技术后，在车床上还可以车削非圆零件表面，如凸轮、端面螺纹等。借助于标准或专用夹具，还可以完成非回转体零件上的回转体表面的加工。在车床上如果装上了一些附件和夹具，还可以进行镗削、磨削、研磨、抛光等，车床加工范围如图 1-1 所示。

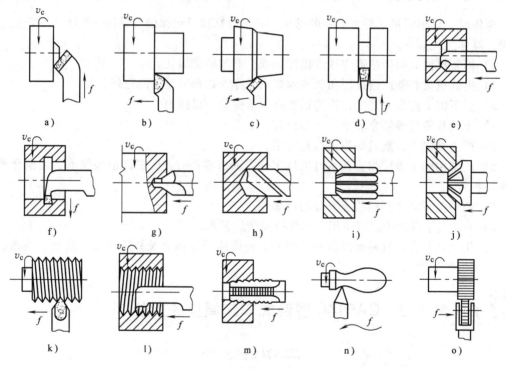

图 1-1　车床加工范围

a）车端面　b）车外圆　c）车外锥面　d）车槽、切断　e）镗孔　f）切内槽　g）钻中心孔　h）钻孔
i）铰孔　j）锪锥孔　k）车外螺纹　l）车内螺纹　m）攻螺纹　n）车成形面　o）滚花

（3）CA6140 型卧式车床车削的工艺范围　一般情况下，车削加工是以主轴带动工件旋转为主运动，以刀具的直线运动为进给运动。车削的工艺范围很广，可划分为荒车、粗车、半精车、精车和精细车。各种车削所能达到的加工精度和表面粗糙度各不相同，必须按加工对象、生产类型、生产率和加工经济性等方面的要求合理地选择。

1）荒车。毛坯为自由锻件或大型铸件时，其加工余量很大且不均匀，荒车可切除其大部分余量，减少其形状和位置偏差。荒车后工件尺寸公差等级为 IT15 ~ IT18，表面粗糙度 Ra 值高于 80μm。

2）粗车。中小型锻件和铸件可直接进行粗车，粗车后工件的尺寸公差等级为 IT11 ~ IT13，表面粗糙度 Ra 值为 12.5 ~ 30μm。低精度表面可以将粗车作为其最终加工工序。

3）半精车。尺寸精度要求不高的工件或精加工工序之前可安排半精车。半精车后工件尺寸精度为 IT8 ~ IT10，表面粗糙度 Ra 值为 3.2 ~ 6.3μm。

4）精车。精车一般作为最终加工工序或光整加工的预加工工序。精车后，工件尺寸公差等级为 IT7 ~ IT8，表面粗糙度 Ra 值为 0.8 ~ 1.6μm。对于精度较高的毛坯，可不经过粗车而直接进行半精车或精车。

5）精细车。精细车主要用于有色金属加工或要求很高的钢制工件的最终加工。精细车后工件尺寸公差等级为 IT6 ~ IT7，表面粗糙度 Ra 值为 0.025 ~ 0.4μm。

（4）CA6140 型卧式车床的结构　CA6140 型卧式车床外形结构如图 1-2 所示。它由床身、主轴箱、交换齿轮箱、进给箱、溜板箱、溜板和床鞍、刀架、尾座及冷却、照明装置等部分组成。

1）床身。床身 4 是车床精度要求很高的、带有导轨（山形导轨和平导轨）的一个大型基础部件。它支承和连接车床的各个部件，并保证各部件在工作时有准确的相对位置。

2）主轴箱。主轴箱 1 支承并传动主轴带动工件做旋转主运动。箱内装有齿轮、轴、离合器等，组成变速、变向传动机构。变换主轴箱的手柄位置，可使主轴得到多种转速。主轴通过卡盘等夹具装夹工件，并带动工件旋转，以实现车削。

3）交换齿轮箱。交换齿轮箱 12 把主轴箱的转动传递给进给箱 11。更换箱内齿轮，配合进给箱内的变速机构，可以得

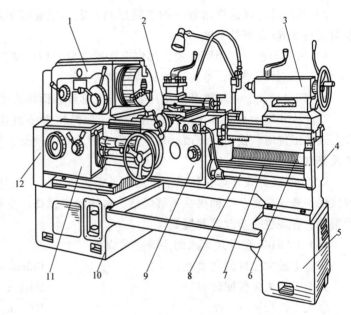

图 1-2　CA6140 型卧式车床

1—主轴箱　2—刀架部分　3—尾座　4—床身　5、10—床脚　6—丝杠
7—光杠　8—操纵杆　9—溜板箱　11—进给箱　12—交换齿轮箱

到车削各种螺距螺纹（或蜗杆）的进给运动，并满足车削时对不同纵、横向进给量的需求。

4）进给箱（又称走刀箱）。进给箱 11 是进给传动系统的变速机构。它把交换齿轮箱传递过来的运动经过变速后，传递给丝杠，以实现车削各种螺纹；传递给光杠，以实现机动进给。

5）溜板箱。溜板箱 9 接受光杠或丝杠传递的运动，以驱动床鞍和中、小滑板及刀架实现车刀的纵、横向进给运动。其上还装有一些手柄及按钮，可以很方便地操纵车床来选择诸如机动、手动、车螺纹及快速移动等运动方式。

6）刀架部分。刀架部分2由两层滑板（中、小滑板）、床鞍与刀架体共同组成，用于安装车刀并带动车刀做纵向、横向或斜向运动。

7）尾座。尾座3安装在床身导轨上，并沿此导轨纵向移动，以调整其工作位置。尾座主要用来安装后顶尖，以支承较长工件，也可安装钻头、铰刀等进行孔加工。

8）床脚。前后两个床脚10与5分别与床身前后两端下部连为一体，用以支承安装在床身上的各部件，并通过地脚螺栓和调整垫块使整台车床固定在工作场地上，使床身调整到水平状态。

9）冷却装置。冷却装置主要通过冷却水泵将水箱中的切削液加压后喷射到切削区域，降低切削温度，冲走切屑，润滑加工表面，以提高刀具使用寿命和工件的表面加工质量。

（5）CA6140型卧式车床的特点　CA6140型卧式车床在我国应用较为广泛，它具有以下特点。

1）机床刚性好，抗振性能好，可以进行高速强力切削和重载荷切削。

2）机床操纵手柄集中，安排合理，溜板箱有快速移动机构，进给操作较直观、方便，减轻了劳动强度。

3）机床具有高速进给量，加工精度高，表面粗糙度值小（公差等级能达到IT6~IT7，表面粗糙度 Ra 值可达0.8μm）。

4）机床溜板上有照明装置，尾座有快速夹紧机构，操作方便。

5）机床外形美观，结构紧凑，清除切屑方便。

6）床身导轨、主轴锥孔及尾座套筒锥孔都经表面淬火处理，使用寿命长。

7）CA6140型卧式车床的万能性较好，但结构复杂而且自动化程度低，在加工形状比较复杂的工件时，换刀较麻烦，加工过程中辅助时间较长，生产率低，适用于单件、小批生产及修理车间。

CA6140型卧式车床在技术上虽然有了很大进步，但也还存在一些缺点，如有的零件磨损较快和磨损严重，手柄操纵不够灵活，机床噪声偏高，空载功率损失过大，渗漏油还比较严重等，有待进一步改善和提高。

（6）CA6140型卧式车床的主要技术规格

床身上最大工件回转直径	400mm
刀架上最大工件回转直径	210mm
最大工件长度（4种）	750mm、1000mm、1500mm、2000mm
中心高	205mm
主轴内孔直径	48mm
主轴孔前端锥度	莫氏锥度 No.6
主轴转速	
正转（24级）	10~1400r/min
反转（12级）	14~1580r/min
车削螺纹范围	
米制螺纹（44种）	1~192mm
英制螺纹（20种）	2~24牙/in（1in=25.4mm）
模数螺纹（39种）	0.28~48mm

径节螺纹（37 种）	1～96 牙/in
进给量（纵、横向各 64 种）	
纵向标准进给量	0.08～1.59mm/min
纵向细进给量	0.028～0.054mm/min
纵向加大进给量	1.71～6.33mm/min
横向标准进给量	0.04～0.795mm/min
横向细进给量	0.014～0.027mm/r
横向加大进给量	0.086～3.16mm/r
纵向快进速度	4m/min
横向快进速度	2m/min
刀架行程	
最大纵向行程（4 种）	650mm、900mm、1400mm、1900mm
最大横向行程	260mm、295mm
小刀架最大行程	139mm、165mm
主电动机功率	7.5kW
机床工作精度	
精车外圆的圆度	0.01mm
精车外圆的圆柱度	0.01mm/100mm
精车端面平面度	0.02mm/400mm
精车螺纹的螺距精度	0.04mm/100mm、0.06mm/300mm
精车表面粗糙度	$Ra = 0.8～1.6\mu m$

2. CA6140 型卧式车床尾座装配图的识读

在生产中，从机器或部件的设计到制造、使用，到机器设备的维修，或进行技术交流，都要用到装配图。因此，从事工程技术的工作人员必须能够看懂装配图。

（1）装配图的作用、内容和表达方法　装配图是用来表达机器或部件整体结构的一种机械图样，用以表达机器或部件的工作原理、传动路线和零件间的装配关系，并通过装配图表达各组成零件在机器或部件上的作用和结构，以及零件之间的相对位置和连接方式。

在拆装过程中要根据装配图把部件或机器拆卸成零件或把零件装配成部件或机器。装配者往往通过装配图了解机器的性能、工作原理和使用方法。因此装配图是反映设计思想，指导装配、维修和使用机器，以及进行技术交流的重要技术资料。

装配图由一组视图（用来正确、完整、清晰和简便地表达机械的工作原理、零件之间的装配关系和零件的主要结构形状）、必要尺寸（根据装配、检验、安装、使用机械的需要，在装配图中必须标注反映机器的性能、规格、安装情况、部件或零件间的相对位置、配合要求和机器的总体尺寸）、技术要求（用符号标注出机器的质量、装配、检验、维修和使用等方面的要求，或用文字书写在图形下方）、标题栏、零件序号和明细栏（根据生产组织和管理工作的需要，按一定的格式，将零、部件逐一编注序号，写明细栏和标题栏）等组成。

装配图和零件图在表达内容上有其共同点，即都要表达出零部件的内外结构，但侧重点又有所不同，零件图侧重表达零件的内部结构和外部形状，而装配图则侧重表达零件与零件之间的结构关系，因此在零件图上所使用的各种表达方法，在装配图上同样适用。另外装配图还有一些特殊的表达方法（装配图的规定画法、沿结合面剖切和拆卸画法、简化画法、夸大画法、假象画法、展开画法）。

（2）识读装配图的方法和步骤　读装配图的目的，是要从中了解机器或部件中各个组成零部件的相对位置、装配关系和连接方式，分析机器或部件的工作原理和作用功能，弄清各零件的作用和结构形状，有时还要从中拆绘出各零件的零件图。

1）读标题栏及明细栏。从标题栏中了解机器或部件的名称，从明细栏中了解各零件的名称、材料和数量等，结合对全图的浏览，初步认识该机器或部件的大致用途和大体装配情况。

2）分析视图，明确装配关系。分析视图时，要根据图样上的视图、剖视图等的配置和标注，找出投射方向、剖切位置，了解各图形的名称和表达方法。分析工作原理，有时可阅读产品说明书和有关资料。分析装配关系时，要弄清各零件间的连接、固定、定位、调整、密封、润滑、配合关系、运动关系等。分析零件的结构形状时，首先要按标准件、常用件、简单零件、复杂零件的顺序将零件逐个从各视图中分离出来，然后再从分离出的零件投影中用形体分析法或线面分析法逐个读懂各零件的形状结构。

3）综合归纳，形成完整认识。通过上面的分析，把已经了解了结构形状的各个零件，将其在机器或部件中的相对位置、装配关系、连接方式结合起来，即可想象出机器或部件的总体形状。在此基础上，综合尺寸、技术要求等有关资料，进行归纳总结，以形成或加深对机器或部件的认识。

（3）识读 CA6140 型卧式车床尾座装配图

1）CA6140 型卧式车床尾座的作用。车床的尾座可沿导轨纵向移动调整其位置，在套筒的锥孔里插上顶尖，可以支承较长工件的一端，还可以在套筒内安装钻头、铰刀等刀具实现孔的钻削和铰削加工。

2）CA6140 型卧式车床尾座装配图。图 1-3 所示是 CA6140 型卧式车床尾座装配图，它由多个零件组成，如尾座体、尾座底板、紧固螺母、压板、尾座套筒、丝杠螺母、手轮、丝杠、压紧块手柄、上压紧块、下压紧块、调整螺栓等。

1.2.2　机械拆装的相关知识

为了使拆装工作能顺利进行，必须在设备拆卸前，认真熟悉待修设备的图样资料，分析和了解设备的结构特点，传动系统、零部件的结构特点和相互间的配合关系，明确它们的用途和相互间的作用，在此基础上确定合适的拆装方法，选用合适的拆装工具，然后开始进行解体，清洗零件后进行装配。

1. 拆装前检查

任何机械结构在拆装前都必须进行拆装前静态与动态性能检查，并在分析的基础上，制订初步的拆装方案，然后才能进行零件拆装。盲目进行拆装，只会事倍功半，导致设备精度下降或者损坏零部件，引起新的故障。

拆装前检查主要是通过检查机械设备静态与动态下的状况，弄清设备的精度丧失程度和机能损坏程度，具体存在的问题及潜在的问题要进行整理登记。

（1）机械设备的精度状态　机械设备的精度状态主要是指设备运动部件的运动精确程

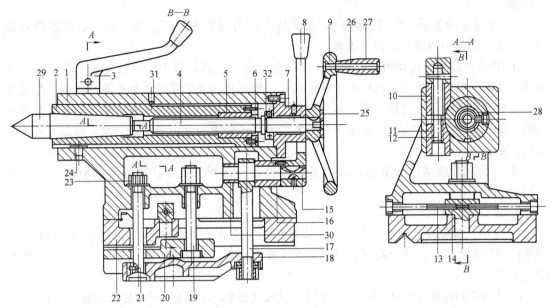

图 1-3　车床尾座装配图

1—尾座体　2—尾座套筒　3—压紧块手柄　4—丝杠　5—丝杠螺母　6—套筒端盖　7—尾座端盖　8—锁紧手柄
9—手轮　10—上压紧块　11—下压紧块　12、14—调整螺栓　13—螺钉　15—偏心轴　16—套　17—拉杆
18、20—压板　19、21—螺栓　22—尾座底板　23—螺母　24—键　25—垫片　26—手柄芯　27—手柄套
28—压块　29—顶尖　30—轴套　31—油杯　32—推力球轴承

度。对于金属切削机床来说，它反映了设备的加工性能。对于机械作业性质的设备主要反映了机件的磨损程度。

①　有滑动导轨的机械设备，一般借助水平仪检查导轨的直线度误差，以确定导轨的磨损程度。各部件间的平行度等精度应借助检验棒和千分表来确定其误差值。

②　做旋转运动的部件通过千分表与检验棒就可测量其径向圆跳动值和轴向窜动值，以确定旋转部件中轴承的磨损情况。

③　对于金属切削机床来说，工件的加工几何误差是机床精度状态能否满足生产工艺要求的综合反映。在机床的拆装前检查中应该重视工件加工误差的分析。

（2）机械设备的机能状态　机械设备的机能状态是指设备能完成各种功能动作的状态。它主要包括以下方面：

①　传动系统是否运转正常。

②　润滑系统是否装置齐全、管道是否完整、油路是否畅通。

③　电气系统是否运行可靠、性能是否灵敏。

④　操作系统动作是否灵敏可靠。

⑤　滑动部位是否运转正常，各滑动部位有无严重的拉、研、碰伤及裂纹损坏等。

在检查中，应确定机械设备的每项机能是受到严重损坏，还是受到一般损坏；是具有主要机能，还是设备机能能满足工艺要求；或者设备机能完全、可靠，能达到出厂水平。具体存在的问题及潜在的问题都要进行整理记录。

（3）运转诊断　运转诊断主要是通过空载运转和负载运转，诊断机械设备中存在的重点问题。

1）空载运转诊断。空载运转诊断主要是由人的感官通过听、视、嗅、触诊断设备故障。空载运转诊断主要包括以下方面。

① 对设备齿轮箱传动齿轮的异常噪声进行诊断。空载运转中应逐级变速进行判断。如果某一级速度的噪声异常，可以初步认定与这一级速度有关的零件，如齿轮、轴承、拨叉等可能有较严重的损坏或磨损。然后再打开齿轮箱盖，做进一步检查。查看轮齿的外观是否有失效，如断裂、变形、点蚀、磨损等现象发生。用千分表检测齿轮轴是否发生弯曲及检查轴承间隙是否过大等。

② 对轴承旋转部位或滑动部件间发热原因进行诊断。轴承产生故障的原因有以下几方面。

a. 过负荷引起过早疲劳。

b. 过热。其征兆是滚道、钢球和保持架变色（从金色变为蓝色），温度超过 204℃，使滚道体材料发生退火，硬度降低，导致轴承承载能力降低和早期失效，降低润滑性能，甚至引起变形。

c. 当负荷超过滚道的弹性极限时，产生布氏硬度凹痕，滚道上的凹痕使振动增加（噪声）。

d. 伪布氏硬度凹痕。在每个滚珠位置产生的椭圆形磨损凹痕，光滑且有明显边界，周围有磨削。

e. 正常疲劳失效。滚道和滚动体碎裂，随之产生材料碎片剥落，振动加剧。

f. 反向载荷。角接触轴承的设计只能承受一个方向的轴向载荷，当方向相反时，外圈的椭圆接触区域被削平，应力增加，温度升高，振动增大，使轴承早期失效。

g. 污染。其征兆是在滚道和滚动体表面有点痕，导致振动和磨损加大。

h. 润滑失效。滚道和滚子变色（蓝、棕）是润滑失效的征兆，滚道、滚子和保持架磨损，将导致过热和严重故障。

i. 腐蚀。其征兆是在滚道、滚子、保持架或其他位置出现红棕色区域，这是轴承接触腐蚀性流体和气体引起的。

j. 不对中。其征兆是滚珠在滚道上产生的磨痕与滚道边缘不平行，严重时轴承和轴承座温升异常，保持架、滚动体磨损异常。

k. 配合松动。配合部件的相对运动产生磨损，导致研磨和松动加大，安装表面磨损和发热，发出噪声、产生晃动。

诊断中应贯彻先易后难的原则，先看润滑是否符合要求，再查轴承间隙是否过小，通过放大间隙进行试探性诊断，最后再进行拆卸后诊断。

③ 对设备产生振动的主要原因进行诊断。设备的故障性振动往往是由于旋转零件不平衡、支承零件有磨损、传动机构松动、不对中或者不灵活、移动件接触不良、传动带质量不好等原因引起的。查找振源时，应从弄清故障性振动的频率入手。一般情况下，测量出主频率的大小就可以根据传动关系找出产生故障性振动的部位。

④ 查看润滑、液压系统的漏油情况。查看润滑、液压系统的漏油情况主要是查找设备在运转中漏油产生的部位，分析漏油的原因。漏油有的是由于设备设计不合理，密封件选用不合适而引起的；有的是因为操作使用不当，或者维修不合要求造成的；有的是由于设备出现裂纹、砂眼引起的。

⑤ 对机械构件产生运动障碍的原因进行诊断。要查找机械作业性质的设备产生运动传递中断、动作不能到位、功能错乱或功能不全等故障的原因时，只有通过空运转设备，才能判断出运动中断的位置和产生功能性故障的具体零件。

2）负载运转诊断。

① 通过加工工件判断机床的有关零件是否发生故障。如导轨、轴承等零件的磨损情况，以及装配不当引起的精度性故障产生的原因。对于车床、铣床来说，一般都选用铝材料作为试验件，检验加工件的几何精度及表面粗糙度的变化情况，根据加工件出现的形状误差及表面波纹产生的情况，进一步分析设备存在问题的原因。

② 使设备处于常用工作状态，检查负载运转中故障的表现形式，尤其是振动、温升、噪声、功能丧失的加剧程度。

3）试验性运转诊断。诊断运转中，为了从故障产生的许多可能的估计中，准确判断故障产生的位置及主要原因，采用试验诊断法进行诊断行之有效。常用的试验诊断方法如下。

① 隔离法。首先，根据设备的工作原理及结构特点，估计出故障产生的几种可能的主要原因，然后把这几个原因发生的部位，分别隔离开来进行运转诊断。判断中，必须逐个排除非故障原因，找出对故障产生和消失有明显影响的部位。故障部位找准了，就可以进一步查找和分析故障产生的起因。例如，车床的主轴箱内齿轮发出异常声响，如果直接打开主轴箱，很难一下子就判断出是哪个齿轮产生噪声。这时，可以通过变速挂档，对齿轮进行隔离判断。若有几个档都发出异常声响，就可找出这几档传递运动的共用齿轮进行检查。若只有一档发生异常声响，就可以找出只有这一档才使用的齿轮进行检查。

② 替换法。在推理分析故障的基础上，把可能引起故障的零件进行适当修理，或者用合格的备件进行替换，然后再观察对原故障现象有无明显影响及其故障变化的趋势。若通过替换零件排除了故障，就可以对原零件和替换零件进行对比，诊断故障产生的原因。例如，车床溜板出现爬行现象，常见原因有三种：其一是溜板磨损严重出现凹陷，其二是压板贴轨面磨损变毛，其三是光杠上的钩头键配合工作面磨损变毛。针对这三种原因，可以先用一个新钩头键代替旧键，进行试运转。观察爬行现象能否消除或减弱。若没有明显变化，可以再对压板贴轨面进行刮研，用新刮研面代替旧刮研面，并进行运转观察。若还不能明显解决问题，就应对溜板上的导轨面进行测量和刮研，直到找出真正的原因消除爬行现象为止。

③ 对比法。同型号设备的主轴、丝杠在用手转动时，通过对比产生阻力的大小，能初步判断待修设备在被查部位的轴承、丝杠、导轨或其他件是否存在问题。对比同型号设备滑动轴承的轴颈和轴瓦之间间隙的大小，就可判断是否因为主轴间隙小，引起轴承发热或抱轴现象；是否因为主轴间隙过大，引起工件表面出现波纹，造成表面粗糙度值增大。

④ 试探法。当对故障原因不能准确判断时，在模糊估计的基础上，由可能性最大的部位开始，由大到小进行试探性调整。通过改变调整部位的工作条件，主要是间隙大小，观察对故障现象有无明显影响，以判断故障产生的根源。例如，车床在加工中出现让刀现象，虽然影响因素很多，但是最大的可能性是中溜板与小溜板的间隙过大。常见可能性是使中溜板实现横向进给的丝杠、螺母之间的磨损严重或调整不当，引起间隙过大。一般可能性是大溜板与导轨因磨损严重引起配合不良，或者刀架定位机构失效等。因此，就应先调整中溜板与小溜板的斜镶条，减小溜板与导轨之间的间隙，后调整横向进给丝杠的双螺母，减小丝杠、螺母之间的间隙。若都不能解决问题，再检查刀架定位机构以及提高大溜板与导轨的配合质量等。

⑤ 测量法。以 C620-1 型车床为例来说明。判断故障时，若需要考虑导轨配合间隙的因素，应使用塞尺进行检查。滑动导轨端面塞入 0.03mm 塞尺片时，插入深度应不超过 20mm。若超过太多，就可以认为导轨磨损严重，配合质量变差。对于溜板上的手轮规定操纵力不应超过 78N。用弹簧秤测量后，若有超过现象，就可以判断出床身上的齿条与溜板箱上的小齿轮啮合过紧，或者大溜板上的压板螺钉调得过紧。若溜板在移动中出现手轮时重时轻现象，可能与导轨磨损不匀，或齿条磨损不匀有关。主轴发热情况可以用温度计进行测量。按规定使主轴在最高速度下运转 0.5h 后，再用温度计测量主轴滚动轴承处的温度升高情况，以不超过室温 40℃ 为好。若有超过现象就可判断出轴承可能磨损严重，或者调整过紧。如果轴承间隙调整合适后，轴承仍然发热过高，就可判断为轴承磨损严重，精度过低，引起轴承发热故障。

⑥ 综合法。对于影响因素比较复杂的故障，诊断中不能只采用一种方法，往往需要同时应用几种方法进行试验诊断。一般来说，应该先进行隔离，尽量缩小判断、研究问题的范围，再通过比较、试探确定发生问题的具体部位，最后才能通过测量和替换进行准确判断。

2. 机械拆装方案的制订

根据检查情况，确定拆装工艺方案。拆装工艺方案主要是指根据所拆卸设备的结构、零件间的配合关系和配合性质、零件大小、制造精度、生产批量等因素，选择拆装工艺的方法、拆装的组织形式及拆装的机械化、自动化程度等。

（1）零件的装配　机械装配就是按照设计的技术要求实现机械零件或部件的连接，把机械零件或部件组合成机器。机械装配是机器制造和修理的重要环节，装配工作的好坏对机器的效能、修理的工期、工作的劳力和成本等都起着非常重要的作用。

1）常用的装配方法。机械产品的精度要求最终是靠装配实现的。根据产品的装配要求和生产批量，零件的装配有修配法、调整法、互换法和选配法四种装配方法。

修配法装配中应用锉、磨和刮削等工艺方法改变个别零件的尺寸、形状和位置，使配合达到规定的精度。其主要优点是：组成环均可以按经济精度加工制造，但却可获得很高的装配精度。不足之处是：增加了修配工作量，生产率低，对装配工人的技术水平要求高。修配法适用于单件小批生产，在大型、重型和精密机械装配中应用较多。

调整法装配中调整个别零件的位置或加入补偿件，以达到装配精度。常用的调整件有螺纹件、斜面件和偏心件等；补偿件有垫片和定位圈等。其主要优点是组成环均可以按经济精度加工制造，但却可获得较高的装配精度；装配效率比修配法高。不足之处是要另外增加一套调整装置。这种方法适用于单件和中小批生产的结构较复杂的产品，成批生产中也少量应用。

互换法所装配的同一种零件能互换装入，装配时可以不加选择，不进行调整和修配。这类零件的加工公差要求严格，它与配合件公差之和应符合装配精度要求。其优点是装配质量稳定可靠（装配质量靠零件的加工精度来保证），装配过程简单，装配效率高（零件不需挑选，不需修磨），易于实现自动装配，便于组织流水作业，产品维修方便。不足之处是：当装配精度要求较高，尤其是在组成环数较多时，组成环的制造公差规定得严，零件制造困难，加工成本高。这种配合方法主要适用于生产批量大的产品，如汽车、拖拉机的某些部件的装配。

选配法适用于成批、大量生产的高精度部件，如滚动轴承等，为了提高加工经济性，通常将精度高的零件的加工公差放宽，然后按照实际尺寸的大小分成若干组，使各对应的组内相互配合的零件仍能按配合要求实现互换装配。其主要优点是：零件的制造精度不高，但却可获得很高的装配精度；组内零件可以互换，装配效率高。不足之处是：增加了零件测量、分组、存储、运输的工作量。分组装配法适用于在大批大量生产中装配那些组成环数少而装配精度又要求特别高的机器结构。

2）常用的装配工艺。常用的装配工艺有清洗、平衡、刮削、螺纹连接、过盈配合连接、胶接、校正等。此外，还可应用其他装配工艺，如焊接、铆接、滚边、压圈和浇铸连接等，以满足各种不同产品结构的需要。

① 清洗。应用清洗液和清洗设备对装配前的零件进行清洗，去除表面残存油污，使零件达到规定的清洁度。常用的清洗方法有浸洗、喷洗、气相清洗和超声波清洗等。浸洗是将零件浸渍于清洗液中晃动或静置，清洗时间较长。喷洗是靠压力将清洗液喷淋在零件表面上。气相清洗则是利用清洗液加热生成的蒸汽在零件表面冷凝而将油污洗净。超声波清洗是利用超声波清洗装置使清洗液产生空化效应，以清除零件表面的油污。

② 平衡。对旋转零部件应用平衡试验机或平衡试验装置进行静平衡或动平衡，测量出不平衡量的大小和相位，用去重、加重或调整零件位置的方法，使之达到规定的平衡精度。大型汽轮发电机组和高速柴油机等机组往往要进行整机平衡，以保证机组运转时的平稳性。

③ 刮削。在装配前对配合零件的主要配合面常需进行刮削加工，以保证较高的配合精度。部分刮削工艺已逐渐被精磨和精刨等代替。

④ 螺纹联接。用扳手或电动、气动、液压等拧转工具紧固各种螺纹联接件，以达到一定的紧固力矩。

⑤ 过盈配合连接。应用压合、热胀（外连接件）、冷缩（内连接件）和液压锥度套合等方法，使配合面的尺寸公差为过盈配合的连接件能得到紧密的结合。

⑥ 胶接。应用工程胶粘剂和胶接工艺连接金属零件或非金属零件，操作简便，且易于机械化。

⑦ 校正。装配过程中应用长度测量工具测量出零部件间各种配合面的形状精度，如直线度和平面度等，以及零部件间的位置精度，如垂直度、平行度、同轴度和对称度等，并通过调整、修配等方法达到规定的装配精度。校正是保证装配质量的重要环节。

3）编制零件装配工艺的原则。保证产品的装配质量，以延长产品的使用寿命；合理安排装配顺序和工序，尽量减少钳工手工劳动量，缩短装配周期，提高装配效率；尽量减少装配占地面积；尽量减少装配工作的成本。

（2）零件的拆卸

1）设备零件拆卸的一般原则。

① 首先必须熟悉设备的技术资料和图样，弄懂机械传动原理，掌握各个零部件的结构特点、装配关系以及定位销、轴套、弹簧卡圈、锁紧螺母、锁紧螺钉与顶丝的位置和退出方向。

② 机械设备的拆卸程序要坚持与装配程序相反的原则。在切断电源后，先拆外部附件，再将整机拆成部件总成，最后全部拆成零件，按部件归并放置。

③ 在拆卸轴孔装配件时，通常应该坚持用多大力装配，就应该基本上用多大力拆卸的原则。如果出现异常情况，就应该查找原因，防止在拆卸中将零件碰伤、拉毛、甚至损坏。热装零件要利用加热来拆卸。例如热装轴承可用热油加热轴承内圈进行拆卸。滑动部件拆卸时，要考虑到滑动面间油膜的吸力。一般情况下，在拆卸过程中不允许进行破坏性拆卸。

④ 对于拆卸大型零件要坚持慎重、安全的原则。拆卸中要仔细检查锁紧螺钉及压板等零件是否拆开。吊挂时，必须粗估零件重心位置，合理选择直径适宜的吊挂绳索及吊挂受力

点。注意受力平衡，防止零件摆晃，避免吊挂绳索脱开与折断等事故发生。

⑤ 要坚持拆卸服务于装配的原则。如果被拆卸设备的技术资料不全，拆卸中必须对拆卸过程有必要的记录。以便安装时遵照"先拆后装"的原则重新装配。在拆卸中，为防止搞乱关键件的装配关系和配合位置，避免重新装配时精度降低，应该在装配件上用划针做出明显标记。对于拆卸出来的轴类零件应该悬挂起来，防止弯曲变形。精密零件要单独存放，避免损坏。

2) 常用的零件拆卸方法。拆卸时应根据零、部件结构特点的不同，采用合理的方法。常用的拆卸方法有：击卸法、拉拔法、顶压法、温差法和破坏法等。

① 击卸法。击卸法是拆卸工作中最常用的方法，它是用锤子或其他重物的冲击能量把零件拆卸下来的一种方法。

a. 用锤子击卸。用锤子敲击拆卸时应注意下列事项：要根据拆卸件尺寸及重量、配合牢固程度，选用重量适当的锤子，用力也要适当。必须对受击部位采取保护措施，不要用锤子直接敲击零件。一般使用铜棒、胶木棒、木板等保护受击的轴端、套端和轮辐。拆卸精密重要的零、部件时，还必须制作专用工具加以保护。图1-4a为保护主轴的垫铁，图1-4b为保护轴端中心孔的垫铁，图1-4c为保护轴端螺纹的垫铁，图1-4d为保护轴套的垫套。拆卸时应选择合适的锤击点，以防止零件变形或破坏。如对于带有轮辐的带轮、齿轮等，应锤击轮与轴配合处的端面，锤击点要均匀分布，不要锤击外缘或轮辐。对严重锈蚀而难于拆卸的连接件，不要强行锤击，应加煤油浸润锈蚀部位。当略有松动时，再进行击卸。

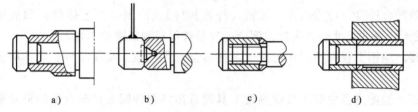

图1-4 击卸时的保护

b. 用其他重物冲击拆卸。图1-5所示为利用吊棒冲击拆卸锻锤中节楔条的示意图。一般是在圆钢接近两端处焊上两个吊环，系上吊绳并悬挂起来，将楔条小端倒角，以防止冲击出毛刺而影响装配，然后用吊棒冲击楔条小端，即可将楔条拆下。在拆卸大、中型轴类零件时，也可以采取这种方法。

② 拉拔法。拉拔法是用静力或较小的冲击力进行拆卸的方法。这种方法不容易损坏零件，适用于拆卸精度较高的零件。

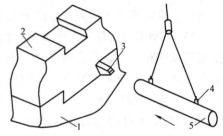

图1-5 利用吊棒冲击拆卸示意图
1—锤墩 2—中节 3—镶条
4—吊环 5—圆钢

图1-6所示为用拔销器拉出配合较紧、尺寸较大的锥销（尺寸小的锥销可用击卸法打出）。其中，图1-6a为大端带有内螺纹锥销的拉拔，图1-6b为带螺尾锥销的拉拔。

③ 顶压法。顶压法是一种用静力拆卸的方法，一般适用于形状简单的静止配合件。顶压法常利用螺旋压力机、C形夹头和齿条压力机等工具和设备进行拆卸。图1-7所示为用螺钉顶压拆卸键。

④ 温差法。温差法拆卸是用加热包容件或者冷却被包容件的方法拆卸，一般用于配合过盈量较大或无法击、压方法拆卸的连接件。如用加热法拆卸滚动轴承时，可用拉卸器钩

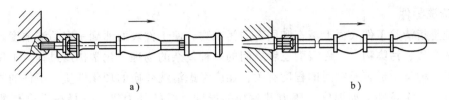

a)　　　　　　　　　　　　　b)

图 1-6　锥销的拉拔

a）大端带有内螺纹锥销的拉拔　b）带螺尾锥销的拉拔

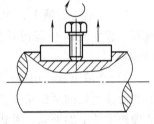

住轴承内圈，放入加热到 100℃ 左右的油液中，使内圈受热膨胀后，快速用拉卸器拉出轴承。也可以用干冰冷却滚动轴承外圈，同时用拉卸器拉出轴承外圈。

⑤ 破坏法。当必须拆卸焊接、铆接、大过盈量连接等固定连接件，或发生事故而使花键轴扭曲变形、轴与轴套咬死、严重锈蚀而无法拆卸的连接件时而采取破坏拆卸来保证主要零件或未损坏件完好的方法。破坏拆卸一般采用车、锯、錾、钻、气割等方法进行，将次要零件或已损坏零件拆卸下来。

图 1-7　用螺钉顶压拆卸键

3）机械拆装工艺规程编制的步骤

① 了解制订拆装工艺规程的原始资料、产品的装配图和零件图以及该产品的性能特点、用途、使用环境等，认识各部件在产品中的位置和作用，找出装配过程的关键技术。制订拆装工艺规程的原始资料，主要是产品图样及其技术要求、生产纲领、生产类型、目前机械制造水平和人文环境等。

② 在充分理解产品设计的基础上，审查其结构的拆装工艺性。对拆装工艺不利的结构应提出改进意见，尤其在机械化、自动化装配程度较高时，显得更为重要。

③ 根据生产纲领、生产类型和经济条件，确定投入批量（单品种大量生产除外）和拆装工艺原则。如拆装生产的组织形式，产品关键部位的拆装方法及其设备，零部件的贮存和传送方法及其设备，拆装作业的机械化、自动化程度，装配基础件的确定等。

④ 将产品全部零部件按既定的拆装工艺原则组合装配单元，编制拆装工艺流程图。

⑤ 按装配工艺流程图设计产品的拆装全过程，编制拆装工序综合卡，并进行修正和完善。

你知道吗？

装配技术的发展

装配技术是随着对产品质量的要求不断提高和生产批量增大而发展起来的。机械制造业发展初期，装配多用锉、磨、修刮、锤击和拧紧螺钉等操作，使零件配合和连接起来。18 世纪末期，产品批量增大，加工质量提高，于是出现了互换性装配。例如 1789 年，美国的伊莱·惠特尼制造 1 万支具有可以互换零件的滑膛枪，依靠专门工夹具使不熟练的工人也能从事装配工作，工时大为缩短。19 世纪初至 19 世纪中叶，互换性装配逐步推广到时钟、小型武器、纺织机械和缝纫机等产品。在互换性装配发展的同时，还发展了装配流水作业，至 20 世纪初出现了较完善的汽车装配线。以后，进一步发展了自动化装配。

3. 清洗零件

清洗是指清除工件表面上液态和固态的污染物，使工件表面达到一定的清洁度。清洗过程是清洗介质、污染物、工件表面三者之间的一种复杂的物理、化学作用过程，不仅与污染物的性质、种类、形态及粘附的程度有关，还应考虑清洗介质的理化性质、工件的材质、表面形态以及清洗条件，如温度、压力及附加的振动、机械外力等。选择科学合理的清洗过程，才能取得理想的效果。

（1）清洗零件的要求

1）在清洗溶液中，对全部拆卸件都应进行清洗。彻底清除表面上的脏物，检查其磨损痕迹、表面裂纹和砸伤缺陷等。通过清洗，结合机械零件修复的原则决定零件的再用或修换。

2）必须重视再用零件或新换件的清理，要清除零件在使用中或者加工中产生的毛刺。例如滑移齿轮的圆倒角部分，轴类零件的螺纹部分，孔、轴滑动配合件的孔口部分，都必须清理掉零件上的毛刺、毛边。这样才有利于装配工作的正常进行与零件功能的正常发挥。零件清理工作必须在清洗过程中进行。

3）零件清洗并且干燥后，必须涂上机油，防止零件生锈。若用化学碱性溶液清洗零件，洗涤后还必须用热水冲洗，防止零件表面腐蚀。精密零件和铝合金件不宜采用碱性溶液清洗。

4）清洗设备的各类箱体时，必须清除箱内残存的磨屑、漆片、灰砂、油污等。要检查润滑油过滤器是否有破损、漏洞，以便修补或更换。对于油标表面，除清洗外，还要进行研磨抛光，提高其透明度。

（2）清洗剂的选择　清洗剂的选择依据主要是去污力强、安全可靠、价格低廉、质量稳定、环保性能好等。

1）煤油或轻柴油在清洗零件中应用较广泛，能清除一般油脂，无论铸件、钢件或有色金属件都可清洗。使用比较安全，但挥发性较差。对于精密零件最好使用含有添加剂的专用汽油进行清洗。

2）目前，为了节省燃料，正在大力研究和推广清洗机械零件用的各种金属清洗剂。它具有良好的亲水、亲油性能，有极佳的乳化、扩散作用，市场价格便宜，有良好的使用前景，适用性也很好。

（3）常用的清洗方法

1）擦洗。用棉纱蘸上干净的清洗溶液擦洗工件表面。此法操作简易，设备简单，生产率低，适用于单件、小批量生产的中小型工件、大型工件的局部清洗以及严重污垢工件的头道清洗。对于油盆无法容纳的零件，例如床身等，应先用旧棉纱擦掉其上的油污，然后用棉纱蘸满清洗溶液反复进行擦洗。最后一道清洗，应该使用干净棉纱蘸上干净的清洗溶液进行擦洗，这样，既有利于节省清洗溶液，又能保证清洗质量。

2）浸洗。将零件直接放入盛有清洗液的容器之中，用毛刷仔细刷洗零件表面。此法操作简易，设备简单，清洗时间长，常与手工擦洗结合进行，多用于有轻度油脂污染的零件，以及批量大、形状复杂的工件。

3）喷洗。在喷洗箱内将清洗液在一定压力下，喷洒到待洗零件上，形成的冲击力使污垢除去。此法设备复杂，但效率高，多用于批量生产或油污严重的大型工件、重要工件的重要部位，如曲轴油道。

　　清洗箱是一个由网眼架分成两层的箱体结构，一般长 1200mm、宽 600mm、高 500mm，由四个滚轮支承。箱体的上层可以适当大一些，用以盛放待洗的零件。箱体的下层用以贮放清洗溶液。箱体上层的侧面安放一个齿轮液压泵，与箱体外面的电动机相连。当通电时，电动机带动液压泵，就将溶液通过管路吸出，并经过一个前端表面布满小孔的球形喷头，喷洒到待洗零件上。由于喷头安装在一根可以来回移动的软管上，喷出的溶液具有一定的压力，而且进油管口安装一个过滤器，保证了溶液的清洁程度，因此，清洗效果良好。由于清洗溶液可以循环使用，因此节省了溶液。

　　在清洗中要注意，尽量先将待洗零件上的厚层油污擦掉，以延长清洗溶液的使用时间。要定期清洗过滤器，清除油箱中的沉淀物。清洗箱结构简单，清洗效果良好，容易设计制造，在实际清洗过程中可以根据需要灵活掌握清洗箱的结构和尺寸，因此得到了广泛的应用。

你知道吗？

超声波清洗

　　一定频率范围内的声波作用于液体介质内可起到清洗工件的作用，这一清洗技术自问世以来，受到了各行各业的普遍关注。超声波清洗的运用极大地提高了清洗的效率和效果，以往，清洗死角、不通孔和难以触及的污垢一直使人们备感茫然，超声波清洗的开发和运用使这一工作变得轻而易举。近年来，随着电子技术的日新月异，超声波清洗已同我们日常工作密不可分，超声波清洗技术更加先进，效果更加显著。目前，超声波清洗技术已向大功率发展，可以有效地清洗大型零件，提高产品的清洁度。上图所示为超声波氟相清洗机。

4. 机器的拆装工艺过程

（1）拆装前的准备阶段

1）熟悉机器装配图、工艺文件和技术要求，了解产品的结构、零件的作用、相互连接关系以及定位销、轴套、弹簧卡圈、锁紧螺母、锁紧螺钉与顶丝的位置和退出方向。

2）确定拆装的方法、顺序，并准备所需要的工具。

3）对装配的零件进行清洗，去掉零件上的毛刺、铁锈、切屑、油污等其他污物，然后涂上一层润滑油。

4）对有些零件还需要进行刮削等修配工作，有些特殊要求的零件还要进行平衡试验、密封性试验等。

（2）拆卸阶段　拆卸时应注意以下问题：

1）确定拆装的先后次序有利于保证装配精度。机械设备拆卸时，应该按照与装配相反的顺序进行，一般是以从外部拆至内部，从上部拆到下部，先重大后轻小，先精密后一般，先拆成部件或组件，再拆成零件的原则进行。

2）对不易拆卸或拆卸后会降低连接质量和损坏一部分连接零件的连接，应当尽量避免拆卸，例如，密封连接、过盈连接、铆接和焊接连接件等。

3）用击卸法冲击零件时，必须垫好软衬垫，或者用软材料（如纯铜）做的锤子或冲棒，以防损坏零件表面。

4）拆卸时，用力应适当，特别要注意保护主要结构件，不使其发生任何损坏。对于相配合的两个零件，在不得已必须拆坏一个零件的情况下，应保存价值较高、制造困难或质量较好的零件。

5）长径比值较大的零件，如较精密的细长轴、丝杠等零件，拆下后，随即清洗、涂油、垂直悬挂。重型零件可用多支点支承卧放，以免变形。

6）进行装配的零件必须符合清洁度要求，并注意贮存期限和防锈。拆下的零件应尽快清洗，并涂上防锈油。对精密零件，还需要用油纸包好，防止生锈腐蚀或碰伤表面。零件较多时还要按部件分门别类，做好标记后再放置。过盈配合或单配的零件，在装配前，对有关尺寸应严格进行复检，并打好配对记号。

7）拆下的较细小、易丢失的零件，如紧定螺钉、螺母、垫圈及销等，清理后尽可能再装到主要零件上，防止遗失。轴上的零件拆下后，最好按原次序方向临时装回轴上或用钢丝串起来放置，这样将给以后的装配工作带来很大方便。

8）拆下后的导管、油杯之类的润滑或冷却用的油、水、气的通路，各种液压件，在清洗后均应将进出口封好，以免灰尘杂质侵入。

9）在拆卸旋转部件时，应注意尽量不破坏原来的平衡状态。

10）容易产生位移而又无定位装置或有方向性的相配件，在拆卸后应先做好标记，以便在装配时容易辨认。处于同方位的装配作业应集中安排，避免或减少装配过程中基件翻身或移位；使用同一工艺装备或要求在特殊环境中的作业，应尽可能集中，以免重复安装或来回运输。

（3）装配阶段 对于结构复杂的机器，其装配工作常分为部件装配和总装配。

1）组件装配。将若干个零件安装在一个基础零件上的装配过程。

2）部件装配。指产品在进行总装以前的装配工作。凡是将两个以上的零件组合在一起，或将零件与几个组件结合在一起成为一个装配单元的工作，都可称为部件装配。

3）总装配。指将零件和部件结合成一台完整产品的过程。

（4）调整、检验和试车阶段

1）调整工作是指调节零件或机构的相互位置、配合间隙、结合松紧等，目的是使机构或机器工作协调，如轴承间隙、镶条位置、蜗轮轴向位置的调整。

2）精度检验包括几何精度检验和工作精度检验等，其中几何精度检验一般指车床总装后要检验主轴中心线和床身导轨的平行度、床身上导轨和主轴中心线的垂直度以及前后两顶尖的等高；工作精度检验一般指切削试验，如车床要进行车圆柱或车端面试验。

3）试车是试验机构或机器运转的灵活性、振动、工作温升、噪声、转速、功率等性能是否符合要求。

5. 常用拆装工具

（1）常用螺纹联接拆装工具 螺纹联接是一种可拆的固定联接，它具有结构简单、联接可靠、装拆方便等优点，在机械中应用广泛。其主要类型有螺栓联接、双头螺柱联接、螺钉联接及紧定螺钉联接等。

1）螺钉旋具。螺钉旋具用于装拆头部开槽的螺钉。常用的螺钉旋具有一字槽螺钉旋具、十字槽螺钉旋具、快速旋具和弯头旋具等。

① 一字槽螺钉旋具（QB/T 2564.4—2012）。用于拧紧或松开头部带有一字形沟槽的螺钉。木柄和塑料柄螺钉旋具分普通式和穿心式两种。穿心式能承受较大的扭矩，并可在尾部用锤子敲击。方形旋杆螺钉旋具能用相应扳手夹住旋杆扳动，以增大力矩。各种常用的一字槽螺钉旋具如图1-8所示。

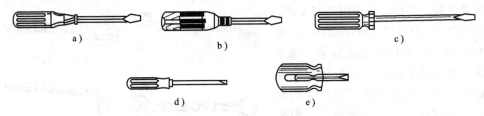

图1-8 一字槽螺钉旋具

a）木柄螺钉旋具 b）木柄穿心螺钉旋具 c）塑料柄螺钉旋具
d）方形旋杆螺钉旋具 e）短形柄螺钉旋具

② 十字槽螺钉旋具（QB/T 2564.5—2012）。用于拧紧或松开头部带有十字形沟槽的螺钉，形式、规格和使用同一字槽螺钉旋具相似，形状如图1-9所示。

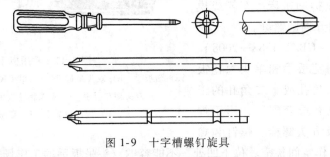

图1-9 十字槽螺钉旋具

③ 多用螺钉旋具。用于拧紧或松开头部带有一字形或十字形沟槽的螺钉、木螺钉，钻木螺钉孔眼，并兼作测电笔用，形状如图1-10所示。机用十字槽螺钉旋具使用在电动、风动工具上，可大幅度提高生产率。

螺钉旋具的使用技巧：使用螺钉旋具要适当，对十字槽螺钉尽量不用一字槽螺钉旋具，否则拧不紧，甚至会损坏螺钉槽。一字形槽的螺钉要用刀口宽度略小于槽长的一字槽螺钉旋具。若刀口宽度太小，不仅拧不紧螺钉，而且易损坏螺钉槽。对于受力较大或螺钉生锈难以拆卸的时候，可选用方形旋杆螺钉旋具，以便能用扳手夹住旋杆扳动，增大力矩。

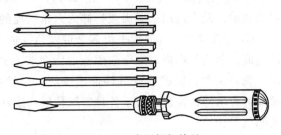

图1-10 多用螺钉旋具

2）扳手。扳手是用来装拆六角形、正方形螺钉及各种螺母的螺纹旋具，常用工具钢、合金钢或可锻铸铁制成。扳手从应用角度可分为活扳手和专用扳手，常用扳手如图1-11所示。活扳手在生产生活中常见。此外，在成批生产和装配流水线上还广泛采用了风动、电动扳手等。

① 活扳手（GB/T 4440—2008）。用于拧紧或松开一定尺寸范围内的六角头或方头螺栓、螺钉和螺母。该扳手通用性强，使用广泛，但使用不方便，拆卸与安装效率低，不适合专业生产与安装。

② 呆扳手（GB/T 4388—2008）。呆扳手有双头呆扳手和单头呆扳手。有单件使用，也有成套配置。呆扳手用于拧紧或松开具有一种或两种规格尺寸的六角头及方头螺栓、螺钉和螺母。在螺母或螺栓工作空间足够时使用起来非常方便和顺手，拆卸与安装效率高，在专业生产与安装场合应用较普遍。

③ 钩形扳手（月牙扳手）。钩形扳手专门用来紧固或拆卸机床、车辆或模具等机械设备上的开槽圆螺母。

④ 梅花扳手（GB/T 4388—2008）。梅花扳手有双头梅花扳手和单头梅花扳手。两端具有带六角孔或十二角孔的工作端，有单件，也有成套配置，用于拧紧或松开六角头及方头螺栓、螺钉和螺母，特别适用于工作空间狭窄、位于凹处、不能容纳双头呆扳手的工作场合。

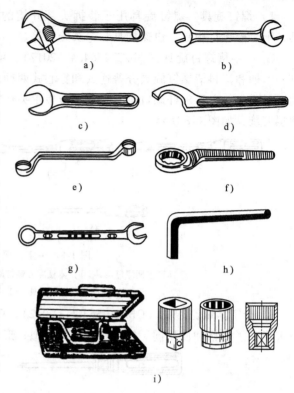

图 1-11　常用扳手

a）活扳手　b）双头呆扳手　c）单头呆扳手　d）钩形扳手
e）双头梅花扳手　f）单头梅花扳手　g）两用扳手
h）内六角扳手　i）套筒扳手

⑤ 两用扳手（GB/T 4388—2008）。两用扳手一端与单头呆扳手相同，另一端与梅花扳手相同，两端使用相同规格的螺栓或螺母。

⑥ 内六角扳手（GB/T 5356—2008）。内六角扳手规格以内六角螺栓头部的六角对边距离来表示，是专门用来紧固或拆卸内六角螺栓的工具，有米制和英制两种。

⑦ 套筒扳手。套筒扳手由多个带六角孔或十二角孔的套筒并配有手柄、接杆等多种附件组成，套筒头规格以螺母或螺栓的六角头对边距离来表示，分为手动和机动（电动、气动）两种类型，以成套或单件形式供应。该扳手除具有一般扳手紧固或拆卸六角头螺栓、螺母的功用外，特别适用于各种特殊位置和维修与安装空间狭窄的地方，如螺钉头或螺母沉入凹坑中。

扳手的使用技巧：使用扳手拧紧螺母或螺栓时，应选用合适的扳手，拧小螺栓（螺母）切勿用大扳手，以免滑牙而损坏螺纹。此外，应优先选用呆扳手或梅花扳手，由于这类扳手的长度是根据其对应的螺栓所需的拧紧力矩而设计的，长度比较合适。操作时一般不允许用管子加长扳手来拧紧螺栓，但5号以上的内六角扳手允许使用长度合适的管子来接长扳手。拧紧时应注意扳手脱出，以防手或头等身体部位碰到设备或模具而造成人体伤害。

3）断丝取出器。断丝取出器供手工取出断裂在机器、模具内的各种螺栓。断丝取出器一头是螺旋纹路，但不是螺栓；另一头是方头，分左旋和右旋，使用时应选择和螺栓旋向相反的取出器。

首先选择和断螺栓规格相近的取出器，如断螺栓为M18，取出器应选择M10或M12，然后用相匹配的钻头在断螺栓上钻孔，孔不可太小，更不能超过取出器的规格，而且要注意钻孔时一定要找对中心，不可太偏，由于断面一般不平，钻孔时要防止钻头损坏内螺纹，切不可大力将取出器打进孔中，如果硬性敲入，会造成挤压，断丝（断螺栓）更难取出。

如果是右旋螺栓，使用左旋取出器，将取出器插到钻好的孔中后，用匹配的丝锥扳手左旋就可以将断丝取出。断丝取出器如图1-12所示。

（2）手钳类工具

1）钢丝钳（QB/T 2442.1—2007）。钢丝钳的形式有带塑料套钢丝钳和不带塑料套钢丝钳，用于夹持、折弯薄片形、圆柱形金属零件及绑、扎、剪断钢丝，如图1-13a所示。

图1-12 断丝取出器

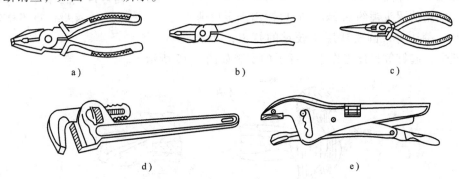

图1-13 手钳类工具

a）钢丝钳 b）尖嘴钳 c）挡圈钳 d）管子钳 e）大力钳

2）尖嘴钳（QB/T 2440.1—2007）。尖嘴钳是由尖头、刀口和钳柄组成，电工用尖嘴钳的材质一般由45钢制作，钳柄上套有额定电压为500V的绝缘套管，是一种常用的钳形工具。尖嘴钳主要用来剪切线径较小的单股与多股线，以及给单股导线接头弯圈、剥塑料绝缘层等，能在较狭小的工作空间操作，不带刃口者只能夹捏工作，带刃口者能剪切细小零件，是电工（尤其是内线电工）、仪表及电信器材等装配及修理工作常用的工具之一，如图1-13b所示。

3）挡圈钳（卡簧钳）。挡圈钳专供装拆弹性挡圈用，根据安装部位不同分为直嘴式挡圈钳或弯嘴式挡圈钳、孔用挡圈钳或轴用挡圈钳，如图1-13c所示。

挡圈钳的使用技巧：安装挡圈时把尖嘴插入挡圈孔内，用手用力握紧钳柄，轴用挡圈即可张开，内孔变大，此时可套入轴上挡圈槽内，然后松开；孔用挡圈内孔变小，此时可放入孔内挡圈槽内，然后松开。挡圈弹性回复，即可卡在挡圈槽内。拆卸挡圈过程与安装时的顺序相反。

4）管子钳（管子扳手）（QB/T 2508—2016）。管子钳用于夹持、紧固、拆装各种钢管及棒类等圆柱形工件。在安装、拆卸大型模具时也经常使用，如图1-13d所示。

管子钳的使用技巧：管子钳夹持力很大，但容易打滑及损伤工件表面，当对工件表面有要求时，需采取保护措施。使用时首先把钳口调整到合适位置，即工件外径略等于钳口中间尺寸，然后右手握柄，左手握在活动钳口外侧并稍加使力，安装时顺时针旋转，拆卸时逆时针旋转，且钳口方向与安装时相反。

5) 大力钳（多用钳）。大力钳主要用于夹持零件进行铆接、焊接、磨削等加工。其特点是钳口可以锁紧并产生很大的夹紧力，使被夹紧零件不会松脱，而且钳口有多档调节位置，供夹紧不同厚度零件使用，另外也可作为扳手使用，如图1-13e所示。

大力钳的使用技巧：使用时应首先调整尾部螺栓到合适位置，通常要经过多次调整才能达到最佳位置。大力钳作为扳手使用容易损伤圆形工件表面，夹持此类工件时应注意。

（3）钳工锤子与铜棒

1) 钳工锤子。钳工常用锤子有斩口锤、圆头锤、什锦锤等，如图1-14所示。锤的大小用锤头质量表示，常用的圆头锤约0.5kg。斩口锤用于金属薄板的敲平、翻边等；圆头锤用于较重的打击；什锦锤用于锤击、起钉等检修工作中。锤子的安装如图1-15所示。

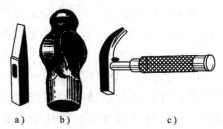

图 1-14 钳工锤子

a）斩口锤 b）圆头锤 c）什锦锤

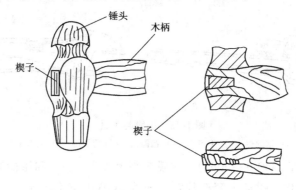

图 1-15 锤子的安装

钳工锤子的使用技巧：握锤子主要靠拇指和食指，其余各指仅在锤击时才握紧，柄尾只能伸出15~30mm，如图1-16所示。

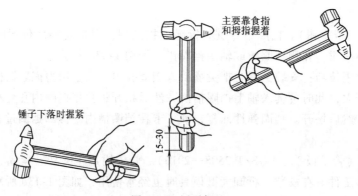

图 1-16 锤子握法

2）铜棒。铜棒是装配与拆卸机械必不可少的工具。在装配和修理过程中，禁止使用铁锤敲打机械零件，而应使用铜棒打击，其目的就是防止机械零件被打至变形。铜棒材料一般采用纯铜，规格通常为直径×长度，有 20mm×200mm、30mm×220mm、40mm×250mm 等几种规格。

铜棒用于敲击工件时不允许直接锤击工件表面，不得用力太大。使用时一般和锤子共用，一只手握住铜棒，将其一端置于工件表面，另一只手用锤锤击铜棒另一端。注意不可用铜棒代替锤子或当撬棍使用。

（4）夹紧工具　常用的夹紧工具有台虎钳、平口钳、钳工用精密平口钳、方孔台虎钳、管子台虎钳和手虎钳等类型，下面介绍常用的台虎钳。

台虎钳安装在钳工台上，是钳工必备的用来夹持各种工件的通用工具，有固定式和回转式两种。其规格以钳口的宽度表示，有 15mm、90mm、100mm、115mm、125mm、150mm、200mm 等规格，如图 1-17 所示。

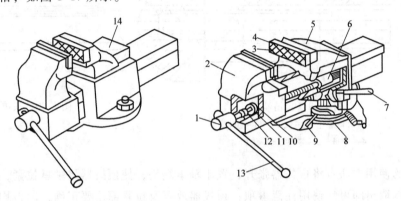

图 1-17　台虎钳

1—丝杠　2—活动钳身　3—螺钉　4—钳口　5—固定钳身　6—螺母　7、13—手柄
8—夹紧盘　9—转座　10—销钉　11—挡圈　12—弹簧　14—砧板

台虎钳的使用技巧：在台虎钳中装夹工件时，应注意将工件尽量夹在钳口中间。为保护钳口和工件，夹持时可先在钳口垫上铜皮。夹紧工件时要松紧适当，只能用手扳紧手柄，不得借助其他工具加力，严禁用锤敲打手柄或用加力杆夹紧工件，以免损坏台虎钳螺杆或钳身。对丝杠、螺母等活动表面应经常清洗、润滑，以防生锈。

（5）拔销器和起销器　拔销器和起销器都是取出带螺纹内孔销钉所用的工具，主要用于不通孔销钉或大型设备的销钉拆卸，既可以拔出直销钉又可以拔出锥度销钉。当销钉没有螺纹孔时，需钻攻螺纹孔后方能使用。

1）拔销器。拔销器如图 1-18 所示，市场上有销售，但大多数是由使用部门自己制造的。使用时首先把拔销器的双头螺栓旋入销钉螺纹孔内，深度足够时，双手握紧冲击手柄到

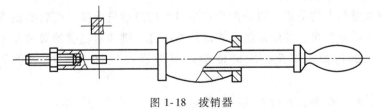

图 1-18　拔销器

最低位置，向上用力冲击杆台肩，反复多次冲击即可取出销钉，起销效率高。但是，当销钉生锈或配合较紧时，拔销器就难以拔出销钉。

2）起销器。当拔销器拔不出销钉时需用起销器，起销器如图1-19所示。使用时首先测量销钉内螺纹尺寸，找出与之配合的内六角螺栓（或六角头螺栓）1及垫圈2，长度要适中，调整螺杆3与螺母4的配合长度；把螺栓穿入垫圈、螺杆、螺母内，然后用手拧入销钉6螺纹孔内6~8mm，此时螺栓开始受力，用扳手加力即可慢慢拔出销钉。在拔出销钉过程中应不断调整螺杆与螺母的配合高度，防止螺栓顶底后破坏销钉螺纹孔。

3）顶拔器。顶拔器如图1-20所示，分为双爪和三爪两种，是拆卸带轮和轴承等的专用工具。使用时各爪与中心丝杆应保持等距离。

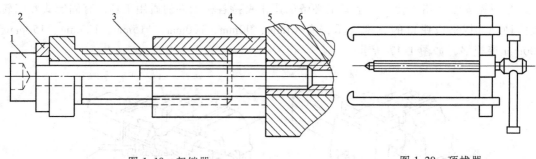

图1-19 起销器   图1-20 顶拔器

1—内六角螺栓 2—垫圈 3—螺杆
4—螺母 5—零件 6—销钉

顶拔器的使用方法：将顶拔器张开，置于轴承端头，使顶拔器将轴承拉紧，逐渐收紧顶拔器，将轴承取出即可。使用注意事项：顶拔器放置及拉紧部位要正确，用力均匀，缓慢拉出，防止损坏轴承。

拓展视野

我国最早的工具

我国在40~50万年前，就已出现加工粗糙的刮削器、砍砸器和三棱形尖状器等原始工具。4~5万年前出现磨制技术，许多石器都已比较光滑，刃部也较锋利，并有单刃、双刃、凸刃、凹刃和圆刃之分。石斧就是常用的工具之一，如右图所示。

6. 常用的装配方法

（1）键联接的装配

1）松键联接的装配要点。

① 清理键及键槽上的毛刺，以防配合产生过大的过盈量而破坏配合的正确性。

② 对于重要的键联接，装配前应检查键的直线度、键槽对轴线的对称度及平行度等。

③ 用键的头部与轴槽试配，应能使键较紧地嵌在轴槽中（对普通平键和导向平键而言）。

④ 锉配键长时，在键长方向上键与轴槽留有0.1mm左右的间隙。

⑤ 在配合面上加机油，用铜棒或台虎钳将键压装在轴槽中，并与槽底接触良好。

⑥ 试配并安装套件（如齿轮、带轮等）时，键与键槽的非配合面应留有间隙，以便轴与套件达到同轴度要求。

⑦ 装配后的套件在轴上不能左右摆动，否则，容易引起冲击和振动。

2）楔键联接的装配要点。装配楔键时，要用涂色法检查楔键上下表面与轴槽或轮毂槽的接触情况，若接触不良，应修整键槽。合格后，在配合面加润滑油，轻轻敲入，保证套件周向、轴向固定可靠。

3）花键联接的装配要点。

① 静联接花键装配。套件应在花键轴上固定，故有少量过盈，装配时可用铜棒轻轻敲入，但不得过紧，以防拉伤配合表面；过盈量较大时，应将套件加热至 $80 \sim 120℃$ 后进行热装。

② 动联接花键装配。套件在花键轴上可以自由滑动，没有阻滞现象，但间隙应适当，用手摆动套件时，不应感觉有明显的周向间隙。

（2）过盈配合连接的装配。过盈配合主要适用于受冲击载荷零件的连接以及拆卸较少的零件连接。装配方法主要是采用压力机压入装配和温差法装配。

1）根据零件的配合性质选择过盈配合的装配方法。以优先常用配合为例，按照 H7/n6、N7/h6、H7/p6、Y7/h6 配合关系装配的零件，可以用压力机压入。按照 H7/s6、S7/h6 配合关系装配的零件，既可用压力机压入，也可用温差法进行装配。按照 H7/u6、U7/h6 配合关系装配的零件，通常都是用温差法进行装配的。

2）压入装配时压入力的大小，与零件的尺寸大小、刚性强弱、过盈量多少有关。一般在修理装配过程中，是根据现有工具和压力机情况采用试验的方法进行的。在小型工厂及维修车间中可以用液压千斤顶借助钢轨框架进行压入。如图 1-21 所示，在试验压入时，可根据零件压入所需压力，选择液压千斤顶的大小。压入时要保持零件干净，并在配合面上涂一层机油。安放零件要端正，以免压入时发生偏斜、拉毛、卡住等现象。

3）温差法装配。通常主要是加热包容件进行装配。加热的方法有：油中加热，可达 $90℃$ 左右；水中加热，可达近 $100℃$；电与电器加热，温度可控制在 $75 \sim 200℃$ 之间进行，主要方法有电炉加热、电阻法加热以及感应电流法加热等。

对于薄壁套筒类零件的连接，条件具备时常采用冷却轴的方法进行装配。常用冷却剂有干冰、液态空气、液态氮、氨等。

过盈量较小的小直径零件，可用锤子借助铜棒或衬垫敲击压入件进行装配。

（3）滚动轴承的拆装　轴承是机器中主要用来支承轴的部件，用以保证轴的旋转精度，并减少轴与支承物间的摩擦和磨损。根据轴承工作的摩擦性质，可分为滑动轴承和滚动轴承两大类，现实机械设备中，滚动轴承应用较为广泛。滚动轴承一般由内、外圈，滚动体与保持架组成。滚动轴承具有起动摩擦小、效率高、轴向尺

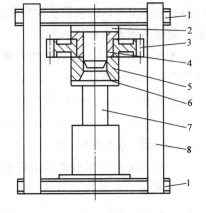

图 1-21　压入法装配

1—钢轨　2—压轴　3—齿轮

4—衬套　5—垫套　6—垫板

7—千斤顶　8—侧框

寸小、装拆方便和互换性好等优点，在机械设备上得到广泛的应用。其主要缺点是承受冲击能力差、高速时出现噪声和径向尺寸较大。

1）滚动轴承的选用。滚动轴承是标准件，实际使用时主要工作是正确选用和正确装拆。

为了正确选用滚动轴承的类型，应了解各种类型的应用特点，在此基础上还要考虑以下一些因素。

① 考虑承受载荷的大小、方向和性质。

a. 载荷小而平稳时，可选用球轴承；载荷大而有冲击时，宜选用滚子轴承。

b. 轴承仅承受径向载荷时，可选用深沟球轴承或向心短圆柱滚子轴承；当仅受轴向载荷时，可选用推力轴承。

c. 轴承同时承受径向和轴向载荷时，应根据径向载荷和轴向载荷的相对值来考虑：当 F 比 R（F 为轴向力，R 为径向力）小得很多时，选用深沟球轴承；当 $F<R$ 时，可选用向心推力球轴承或圆锥滚子轴承；当 $F>R$ 时，可选用接触角大的向心推力球轴承和锥角大的圆锥滚子轴承；当 F 比 R 大得很多时，则可将推力轴承和向心轴承组合使用，分别承受轴向和径向载荷。

② 考虑轴承的转速。

a. 当轴承的尺寸和精度相同时，球轴承的极限转速比滚子轴承高，所以球轴承宜用于转速较高的轴上。

b. 受轴向载荷 F 较大（或纯轴向载荷）的高速轴（轴颈圆周速度为 5m/s），最好选用向心推力球轴承，而不选用推力球轴承。因为转速高时滚动体的离心力很大，会使推力轴承的工作条件恶化。

③ 考虑某些特殊要求。

a. 当部件的径向尺寸受到限制而径向载荷又很大时，则可选用滚针轴承。

b. 对跨距较大的或难以保证两轴承孔的同轴度时，则可选用向心球面球轴承或向心球面滚子轴承。这类轴承在内外圈轴线有不大的相对偏斜时，仍能正常工作，具有一定的调心性能，但必须在轴的两端成对使用，否则一端安装能调心的轴承，另一端却是不能调心的轴承，则起不到调心作用。

④ 考虑经济性。普通结构的轴承比特殊结构的轴承便宜；球轴承比圆柱、圆锥滚子轴承便宜；球面滚子轴承最贵。所以只要能满足使用的基本要求，应尽可能选用球轴承。在选用轴承精度等级时，一般尽可能用普通级（G），只有对旋转精度有较高要求时（如车床、磨床的主轴等）才选用精度较高的轴承。

2）拆装前的准备工作。

① 按所要拆装的轴承准备好所需工具和量具。

② 按图样要求检查与轴承相配的零件，如轴颈、箱体孔、端盖等表面的尺寸是否符合图样要求，是否有凹陷、毛刺、锈蚀和固体微粒等，并用汽油或煤油清洗，仔细擦净，然后薄薄地涂上一层油。

③ 检查轴承型号与图样是否一致，并清洗轴承。如轴承是用防锈油封存的，可用汽油或煤油清洗；如轴承是用厚油和防锈油脂封存的，可用轻质矿物油加热熔解清洗（油温不

超过 100℃）。

④ 把轴承浸入油内，待防锈油脂熔化后即从油中取出，冷却后再用汽油或煤油清洗，擦净待用。对于两面带防尘盖、密封圈或涂有防锈和润滑两用油脂的轴承，则不需要进行清洗。

3）滚动轴承的装配方法。滚动轴承的装配方法应根据轴承结构、尺寸大小及轴承部件的配合性质来确定。

① 圆柱孔轴承的装配。

a. 座圈的安装顺序　按轴承的类型不同，轴承内、外圈有不同的安装顺序。

不可分离型轴承（如深沟球轴承等）应按座圈配合松紧程度决定其安装顺序。当内圈与轴颈配合较紧、外圈与壳体孔配合较松时，应先将轴承装在轴上。压装时，以铜或软钢做的套筒垫在轴承内圈上，如图 1-22a 所示。然后，连同轴一起装入壳体中。当轴承外圈与壳体孔为紧配合、内圈与轴颈为较松配合时，应将轴承先压入壳体中，如图 1-22b 所示。这时，套筒的外径应略小于壳体孔直径。当轴承内圈与轴，外圈与壳体孔都是紧配合时，应把轴承同时压在轴上和壳体孔中，如图 1-22c 所示。这时，套筒的端面应做成能同时压紧轴承内、外圈端面的圆环。总之，装配时的压力应直接加在待配合的套圈端面上，决不能通过滚动体传递压力。

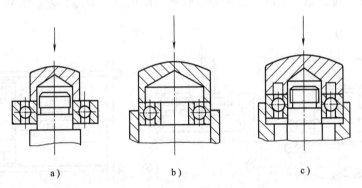

图 1-22　轴承与轴及轴承座孔的装配
a）轴与轴承紧配合　b）轴与座孔紧配合　c）均为紧配合

分离型轴承（如圆锥滚子轴承）由于其外圈可以自由脱开，装配时内圈和滚动体一起装在轴上，外圈装在壳体孔内，然后再调整它们之间的游隙。

b. 座圈压装方法选择。座圈压装方法及所用工具的选择主要由配合过盈量的大小确定。当配合过盈量较小时，可用铜棒套筒压装法，注意严格禁止用锤子直接击打滚动轴承的内、外圈；当过盈量较大时，可用压力机压装；当过盈量很大时，常采用温差装配法。

② 推力球轴承的装配。推力球轴承有松环和紧环之分，装配时要注意区分。松环的内孔比紧环内孔大，与轴配合有间隙，能与轴相对转动。紧环与轴取较紧的配合，与轴相对静止。如图 1-23 所示的推力球轴承，装配时一定要使紧环靠在转动零件的平面上，松环靠在静止零件的平面上，否则将使滚动体丧失作用，同时也会加快紧环与零件接触面间的磨损。

4）滚动轴承的拆卸。滚动轴承的拆卸方法与其结构有关。对于拆卸后还要重复使用的轴承，拆卸时不能损坏轴承的配合表面，也不能将拆卸的作用力加在滚动体上。图 1-24 所示是不正确的轴承拆卸方法。

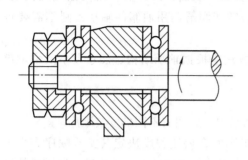

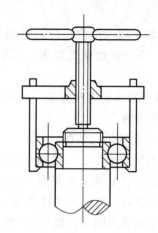

图 1-23 推力球轴承装配　　　　　　　　图 1-24 不正确的轴承拆卸方法

　　拆卸圆柱孔轴承时，可以用压力机、拉出器或根据具体情况自制工具进行拆卸，如图 1-25所示。圆锥孔轴承直接装在锥形轴颈上或装在紧定套上，可以拧松锁紧螺母，然后利用软金属棒和锤子向锁紧螺母方向敲击，将轴承敲出。

　　当轴承尺寸与过盈量较大时，常需要对轴承内圈用热油加热，才能拆卸下来。在加热前

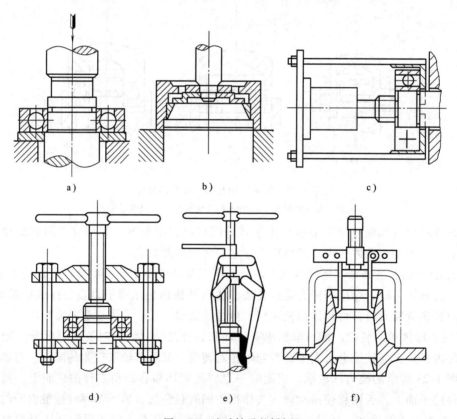

图 1-25 滚动轴承的拆卸

a) 从轴上拆卸轴承　b) 可分离轴承拆卸　c) 自制工具　d) 双杆顶拔器
e) 三杆顶拔器　f) 拉杆顶拔器

用石棉把靠近轴承的那一部分轴隔开，将拆卸器的卡爪钩住轴承内圈，然后迅速将温度为 100℃的热油倒入轴承，使轴承加热，随之从轴上开始拆卸轴承，以免轴承和轴颈遭到损坏。

5）滚动轴承的检验。机器设备在拆装时应将轴承彻底清洗干净，并逐个予以检验。检验主要内容有以下三个方面。

① 外观检视。检视内外圈滚道、滚动体有无金属剥落及黑斑点，有无凹痕，保持架有无裂纹，磨损是否严重，铆钉是否有松动现象。

② 空转检验。手拿内圈旋转外圈，轴承是否转动灵活，有无噪声、阻滞等现象。

③ 游隙测量。轴承的磨损大小，可通过测量其径向游隙来判定。如图 1-26 所示，将轴承放在平台上，使百分表的测头与轴承外圈接触，一只手压住轴承内圈，另一只手往复推动外圈，则百分表指针指示的最大与最小数值之差，即为轴承的径向游隙。所测径向游隙值一般应为 0.015~0.1mm。

6）滚动轴承的保养与修理。滚动轴承在使用过程中有时会出现故障，长期使用也会磨损或损坏。发现故障后应及时调整、修理，否则轴承将会很快被严重损坏。滚动轴承常见故障和磨损的现象、原因和解决方法如下：

① 轴承工作时发出尖锐噪声。原因是轴承间隙过小或润滑不良。应及时调整间隙，对轴承进行清洗，重新润滑。

② 轴承工作时发出不规则声音。原因是有杂物进入轴承。应及时清洗轴承，重新润滑。

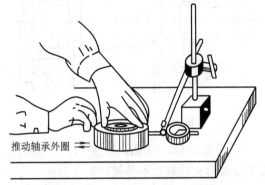

推动轴承外圈

图 1-26　检查滚动轴承径向游隙

③ 轴承工作时发出冲击声。原因是滚动体或轴承圈有破裂处，应及时更换新轴承。

④ 轴承工作时发出轰隆声。原因是轴承内、外圈槽严重磨损剥落，应更换新轴承。

交流与讨论

在拆卸深沟球轴承与推力球轴承时有何区别？

⑤ 拆卸轴承时，若发现轴颈磨损，则可采用镀铬法修复；若发现轴承座孔磨损，则可用喷涂法或镶套法修复，并经机械加工达到要求的尺寸。

⑥ 在检验中，如发现内外圈滚道、滚动体有严重烧伤变色或出现金属剥落及大量黑斑点，内外圈、滚动体或保持架发现裂纹或断裂，空转检验时转动不灵活，径向游隙过大等情况时，则应更换轴承。如损坏情况轻微，在一般机械中可继续使用。

⑦ 如发现轴承内圈与轴或外圈与座孔松动时，可采取金属喷镀轴颈，或电镀轴承内、外圈表面的方法进行修复，以便继续使用。

7）滚动轴承的固定。轴工作时，既不允许有径向移动，也不允许有较大的轴向移动，又不致因受热膨胀而卡死，因此，要求轴承有合理的固定方式。轴承的径向固定是靠外圈与外壳孔的配合来解决的，轴承的轴向固定有两端单向固定和一端双向固定两种方式。

① 两端单向固定。滚动轴承两端单向固定如图1-27所示。每个轴承都靠轴肩和轴承盖做单向固定，两个轴承合起来限制了轴的轴向移动。为避免轴受热伸长被卡死，在右端轴承外圈与轴承盖间留有0.5~1mm的间隙，间隙的大小可以通过调整垫片组的厚度来实现。这种固定方式结构简单，装拆方便，但不适合于高速、重载及轴承工作时发热量大的场合。

② 一端双向固定。滚动轴承一端双向固定如图1-28所示。将右端轴承内、外圈双向固定，左端轴承外圈两侧均不固定，可随轴做轴向移动。这种固定方式工作时不会产生轴向窜动，轴受热时又能自由地向一端伸长，轴不会被卡死。

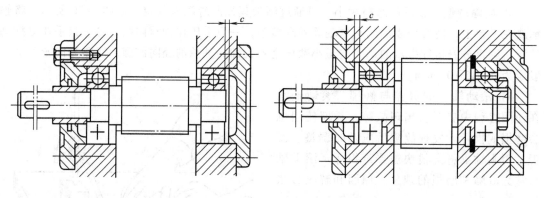

图1-27　两端单向固定　　　　　　　　　　图1-28　一端双向固定

③ 两端游动。如图1-29所示，两端的轴承均不限制轴的轴向移动。例如人字齿轮轴，由于轮齿两侧螺旋角不易做到完全对称，为了防止轮齿卡死或两侧受力不均匀，应采用轴系能有左右微量轴向游动的结构，图中两端都选用圆柱滚子轴承，滚动体与外圈间可轴向移动。与其相啮合的另一轴系则必须采用两端固定的形式，以使该轴系在箱体中有固定位置。

8）轴承游隙的调整。

① 滚动轴承的游隙。滚动轴承的游隙是指将轴承的一个套圈固定，另一个套圈沿径向或轴向的最大活动量。按方向分径向游隙和轴向游隙两类（一般用百分表测量）；按轴承所处状态不同，游隙又分为原始游隙、配合游隙和工作游隙。原始游隙是指轴承在未安装前自由状

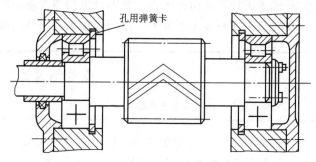

孔用弹簧卡

图1-29　两端游动

态下的游隙。配合游隙是指轴承装在轴上和箱体孔内的游隙，其游隙大小由过盈量决定，配合游隙小于原始游隙。工作游隙是指轴承在承受载荷运转时的游隙，由于此时因轴承内外圈的温差使游隙减小，而工作载荷的作用使滚动体和套圈产生弹性变形，导致游隙增大。一般情况下，工作游隙大于配合游隙。

② 滚动轴承游隙的调整。滚动轴承的游隙不能过大，也不能过小。游隙过大，将使同时承受载荷的滚动体减少，单个滚动体载荷增大，降低轴承寿命和旋转精度，引起振动和噪声，受冲击载荷时，尤为显著；游隙过小，则加剧磨损和发热，也会降低轴承的寿命。因

此，轴承在装配时，应控制和调整适当的游隙，以保证正常工作并延长轴承使用寿命。其方法是使轴承内、外圈做适当的轴向相对位移。例如向心推力球轴承、圆锥滚子轴承和双向推力球轴承等，在装配时以及使用过程中，可通过调整内、外套圈的轴向位置来获得合适的轴向游隙。

为保证轴承正常运转，在装配轴承时，滚动轴承内、外套圈与滚动体之间存在一定的间隙，常用的轴承间隙的调整方法有两种。

a. 调整垫片。如图 1-30 所示，靠加减轴承盖与机座间的垫片厚度进行调整。

b. 可调压盖。如图 1-31 所示，靠端盖上的螺钉调整轴承外圈可调压盖的位置来调整轴承间隙，调整后用螺母锁紧防松。

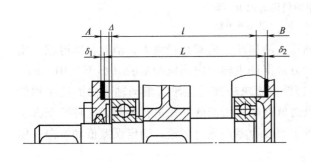

图 1-30　调整垫片　　　　　　　　　　图 1-31　可调压盖

③ 滚动轴承的预紧。所谓预紧就是在安装轴承时用某种方法产生并保持一个轴向力，以消除轴承中的游隙，并在滚动体和内、外圈接触处产生初变形。对于承受载荷较大、旋转精度要求较高的轴承，大多要求在无游隙或少量过盈状态下工作，安装时必须进行预紧。预紧后的轴承受到工作载荷时，其内、外圈的径向及轴向相对移动量要比未预紧的轴承大大减少。这样也就提高了轴承在工作状态下的刚度和旋转精度。

a. 成对使用角接触球轴承的预紧。成对使用角接触球轴承有三种布置方式，如图 1-32 所示。若按图示箭头方向施加预紧力，使轴承紧靠在一起，即达预紧目的。成对使用的轴承之间配置不同厚度的间隔套，可以得到不同的预紧力。

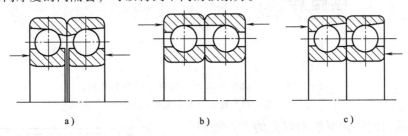

a)　　　　　　　　　　b)　　　　　　　　　　c)

图 1-32　成对安装角接触球轴承

a) 背靠背　b) 面对面　c) 同向

b. 单个使用轴承预紧。如图 1-33a 所示，旋转螺母可调节作用在轴承外圈上的弹簧伸缩量，即可产生不同的预紧力。

c. 带有锥孔内圈的轴承预紧。如图 1-33b 所示，轴承内圈有锥孔，可以调节其在轴向

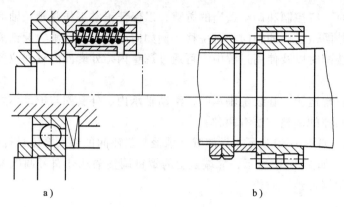

a)　　　　　　　　　　　b)

图 1-33　单独使用的轴承预紧

a）弹簧预紧　b）锥孔轴承预紧

位置实现预紧。拧紧螺母使锥形孔内圈向轴颈大端移动，内圈直径增大，消除径向游隙，实现预紧。卧式车床主轴前轴承就是采用这种方法保证主轴径向圆跳动量的（小于 0.01mm）。

9）滚动轴承的装配精度检测。对于旋转精度要求较高的主轴，滚动轴承内圈往主轴的轴颈上装配时，可采用两者回转误差的高点对低点相互抵消的办法进行装配，这种装配方法称为定向装配法。装配前须对主轴及轴承等主要配合零件进行测量，确定误差值和方向并做好标记。

测量轴承外圈径向圆跳动误差的方法如图 1-34 所示。转动外圈并沿百分表方向上下（左右）施加一定的载荷，标出外圈径向圆跳动的最高（低）点和数值。

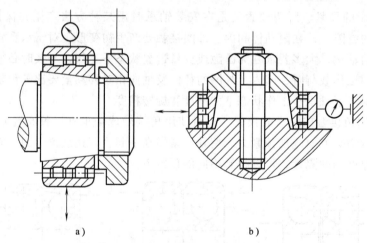

a)　　　　　　　　　　　b)

图 1-34　测量轴承外圈径向圆跳动误差的方法

a）在主轴上测量　b）在工具上测量

测量轴承内圈径向圆跳动误差的方法如图 1-35 所示。检测时外圈固定不动，内圈端面上加适当载荷，使内圈旋转一周，便可测量出内圈内孔的径向圆跳动误差的大小和方向。

主轴锥孔中心线偏差的测量如图 1-36 所示。测量时将主轴轴颈置于 V 形块上，在主轴

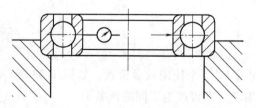

图 1-35　测量轴承内圈径向圆跳动误差的方法

锥孔中插入测量心棒，转动主轴一周，测得偏差数值和方向。

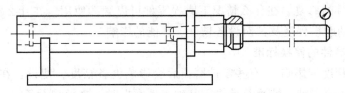

图1-36　主轴锥孔中心线偏差的测量

（4）滑动轴承的装配与修复　滑动轴承装配的技术要求主要是在轴颈与轴承之间获得合理的间隙，保证轴颈与轴承的良好接触，使轴颈在轴承中旋转平稳可靠。滑动轴承的装配方法取决于它们的结构形式。

1）整体式滑动轴承的装配。

① 将轴套和轴承座孔去除毛刺，清理干净后在轴承座孔内涂润滑油。

② 根据轴套尺寸和配合时过盈量的大小，采取敲入法或压入法将轴套装入轴承座孔内，并进行固定。轴套的固定形式如图1-37所示。

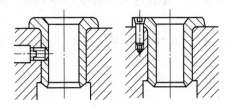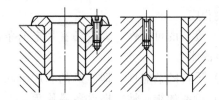

图1-37　轴套的固定形式

轴套压入轴承座孔后，易发生尺寸和形状变化，应采用铰削或刮削的方法对内孔进行修整、检验，以保证轴颈与轴套之间有良好的间隙配合。

2）剖分式滑动轴承的装配。剖分式滑动轴承的装配顺序如图1-38所示。先将下轴瓦装入轴承座内，再装垫片，然后装上轴瓦，最后装上轴承盖并用螺母固定。

剖分式滑动轴承的装配要点：上、下轴瓦与轴承座、轴承盖应接触良好，同时轴瓦的台肩应紧靠轴承座两端面。为提高配合精度，轴瓦孔与轴应进行研点配刮。

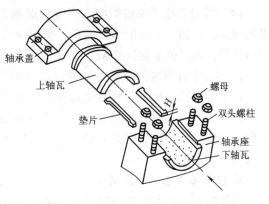

图1-38　剖分式滑动轴承的装配

3）滑动轴承的修复。

① 滑动轴承上的轴承合金磨损后，或局部有砂眼、气孔、脱壳，都可用覆焊轴承合金的方法来修复。其修复方法如下：覆焊前，先用锉刀和刮刀将轴承合金磨损处或需要覆焊处清理到发出金属光泽，并用热碱溶液洗去油污，用水把碱溶液冲洗干净，然后把轴瓦底部浸入水中（覆焊表面不大时，可不必浸入水中），水平面应低于覆焊表面10～15mm。滑动轴承的损坏形式有工作表面的磨损、烧熔、剥落及裂纹等。造成这些缺陷的主要原因是油膜因某种原因被破坏，而导致轴颈与轴承表面的直接摩擦。

② 整体式滑动轴承的修复一般采用更新轴套的方法。

③ 剖分式滑动轴承轻微磨损时，可通过调整垫片、重新修刮的办法处理。

（5）磨损零件的修复 在什么情况下磨损零件可以继续使用，在什么情况下必须更换，主要决定于零件的磨损程度及其对设备精度、性能的影响。

7. 设备磨损零件的修换标准

（1）对设备精度的影响 有些零件磨损后会影响设备精度，使设备在使用中不能满足工艺要求。如设备的主轴、轴承及导轨等基础零件磨损时，会影响设备加工出的工件的几何形状。此时，磨损零件就应修复或更换。当零件磨损尚未超出规定公差，继续使用到下次修复也不会影响设备精度时，则可以不修换。

（2）对完成预定使用功能的影响 当零件磨损而不能完成预定的使用功能时，如离合器失去传递动力的作用，就该更换。

（3）对设备性能的影响 当零件磨损，降低了设备的性能，如齿轮工作噪声增大，效率下降，平稳性破坏，这时就要进行修换。设备的性能是指设备对设计要求的满足程度。它所包含的内容主要是：

1）设备的生产性，即设备满足工作要求的性能。一般表现为设备生产率和对产品质量的满足程度。

2）设备的可靠性，即设备在规定的条件下和规定的时间内，完成预定功能而不发生机械失效的能力。

3）设备的节能性，即能源的利用率和耗能情况。

4）设备的维修性，即设备易修程度。

5）设备的环保性，即设备产生的噪声和排放有害物质对环境的污染程度。

6）设备的耐用性，即设备在使用过程的寿命期。

7）设备的配套性，对单机来说是指设备和各种随机工具、附件、部件要配套。

8）设备的灵活性，即设备在使用中方便、灵活、通用的程度。

9）设备的安全性，即设备具有安全防护措施，避免发生人、机事故的能力。

（4）对设备生产率的影响 当零件磨损，会导致不能利用较高的切削用量或增加空行程的时间，增加了工人的体力消耗，从而降低了生产率。如导轨磨损，间隙增加，配合零件表面研伤，此时就应对其修换。

（5）对零件强度的影响 如锻压设备的曲轴、锤杆出现裂纹，继续使用可能迅速发生变化，引起严重事故，此时必须加以修复或更换。

（6）对磨损条件恶化的影响 磨损零件继续使用，除将加剧磨损外，还可能出现发热、卡住和断裂等事故。如渗碳主轴的渗碳层被磨损，继续使用就会引起剧烈的磨损，此时就必须修换。

8. 磨损零件的更换原则

设备拆卸以后，零件经过清洗，必须及时进行检查，以确定磨损零件是否需要修换。如果不能继续使用的零件没有及时修换，就会影响机械设备使用功能及性能的正常发挥，并且要增加维修工作量。如果可用零件被提前修换，就会造成浪费，增加修理费用。

磨损零件在保证设备精度的条件下，应尽量修复，避免更换。零件是否修复要根据下列原则而定。

1）修理的经济性。在判断修复旧件和更换新件的经济性时，必须以两者的费用与使用期限的比值来比较。即以零件修复费用与修复后的使用期限的比值与新件费用与使用期限的比值来比较，比值小为经济合理。

2）修复后要能恢复零件的原有技术要求、尺寸公差、几何公差和表面粗糙度等。

3）修理后的零件必须保持或恢复足够的强度和刚度。

4）修理后要考虑零件的耐用度，至少要能够维持到下次修理。

5）工厂现有的修理工艺技术水平直接影响修理方法的选择和确定是否更换新件。

6）一般零件的修理周期应比重新制作的周期要短，否则，就要考虑更换。

磨损零件是修复还是更换主要考虑强度和刚度方面。轴类零件的螺纹部分损坏，若要重新进行加工，会使螺纹直径明显减小。这时要考虑螺纹处的强度能否满足使用要求。若能满足要求，才能在原螺纹位置处减小螺纹直径，重新进行加工。否则必须重新加工整个轴，对旧轴进行更换。机械设备的导轨经过多次大修以后，导轨所处基础件的刚度要受到明显削弱，若不能满足使用要求，就必须进行更换。

9. 机械零件修复的原则

机械零件进行修复时，合理选择修复工艺是关系到维修质量的一个重要问题，特别是对于零件存在多种损坏形式或一种损坏形式可用几种修复工艺进行维修时，选择最佳修复工艺显得尤为重要。应遵循技术上可能、质量上可靠、经济上合理的原则，可概括为"工艺合理、经济性好、效率要高、生产可行"16个字。

（1）工艺合理　选择修复工艺要根据损坏形式有的放矢，能够满足待修零件的使用要求，这就要求合理选择修复工艺。也就是说，采用该工艺修复时应满足待修机械零件的工况和技术要求，并能充分发挥该工艺的特点。因此，在确定工艺前应先做如下各项分析。

1）满足机械零件的工况条件。机械零件的工况条件包括承受载荷的性质和大小、工作温度、运动速度、润滑条件、工作面间的介质和环境介质等，选择的修复工艺必须满足机械零件工作条件要求。用所选择的修复工艺进行修复时，温度高，就会使金属机械零件退火，原表面热处理性能被破坏，热变形及热应力增加，材料的力学性能就会下降。因此，进行修复时应根据机械零件的工作条件，初步确定合适的工艺方法。

2）满足零件技术要求和特征。修复工艺要满足待修零件的技术要求和特征，如零件材料成分、尺寸、结构、形状、热处理和金相组织、力学和物理性能、加工精度和表面质量。由于每一种修复工艺都有其适应的材质，所以，在选择修复工艺时，首先应考虑待修机械零件的材质对修复工艺的适应性。例如，热喷涂工艺在零件材质上的适用范围较宽，碳钢、合金钢、铸铁和绝大部分有色金属及其合金等几乎都能进行喷涂。金属中只有少数的有色金属及其合金（纯铜、铝合金等）喷涂比较困难，主要是由于这些材料的热导率很大，当粉末熔滴撞击表面时，接触温度迅速下降，不能形成起码的熔合，常导致喷涂失败。

3）覆盖层的力学性能。在充分了解待修零件的使用要求和工作条件之后，还要对各种修复工艺覆盖层的性能和特点进行综合分析和比较，选出比较合适的修复方法。修复工艺覆盖层的力学性能主要是指覆盖层与基体的结合强度、加工性能、耐磨性、硬度、致密度、疲劳强度以及机械零件修复后表面强度的变化情况等。这些指标中，覆盖层与基体的结合强度是首要的评定指标，直接决定了修复工艺对特定工作条件下零件修复的可行性。

4）各种修复工艺覆盖层的厚度。每个机械零件由于磨损等损伤情况不一样，修复时要求的覆盖层厚度也不一样。而各种修复工艺所能够达到的覆盖层厚度均有一定的限制，超过这一限度，覆盖层的力学性能和应力状态会发生不良变化，与基体结合强度会下降。因此，在选择修复工艺时，必须了解各种修复工艺所能达到的覆盖层厚度。

5）对同一机械零件不同的损伤部位所选用的修复工艺方法应尽可能少，由此简化修复过程，降低维修成本。

6）照顾到下次修复的便利。多数机械零件不只是修复一次，因此要考虑照顾到下次修复的便利，例如专业修理厂在修复机械零件时应采用标准尺寸修理法及其相应的工艺。

（2）经济性好　在保证机械零件修复工艺合理的前提下，应进一步对修复工艺的经济性进行分析和评定。评定单个零部件修复的经济合理性主要是用修复所花的费用与更换新件所花的费用进行比较，选择费用较低的方案。单纯用修复工艺的直接消耗，即修复费用，往往不合理，因为在大多数情况下修复费用比更换新件费用低，但修复后的零部件寿命比新件短。因此，还需考虑用某工艺修复后机械零件的使用寿命，即必须两方面结合起来考虑、综合评价，同时还应注意尽量组织批量修复，这有利于降低修复成本，提高修复质量。

在实际生产中，还必须考虑到会出现因备品配件短缺而停机停产使经济蒙受损失的情况。这时即使所采用的修复工艺使得修复旧件的单位使用寿命费用较大，但从整体的经济效益方面考虑还是可取的。有的工艺虽然修复成本很高，但其使用寿命却高出新件很多，也可认为是经济合理的工艺。

（3）效率要高　修复工艺的效率可用自始至终各道工序时间的总和表示。总时间越长，效率就越低。

（4）生产可行　许多修复工艺需配置相应的工艺设备和一定的技术人员，而且会涉及整个维修组织管理和维修生产进度。所以选择修复工艺时，还要注意本单位现有的生产条件、修复用的装备状况、修复技术水平、协作环境等，综合考虑修复工艺的可行性。但是应当指出，要注意不断更新现有修复工艺技术，通过学习、开发和引进，结合实际采用较先进的修复工艺。组织专业化机械零件修复并大力推广先进的修复技术是保证修复质量、降低修复成本、提高修复技术的发展方向。

10. 机械零件修复和修理工艺的方法与步骤

1）了解和掌握待修机械零件的损伤形式、损伤部位和程度，机械零件的材质、物理力学性能和技术条件，以及机械零件在机械设备上的功能和工作条件。为此，需查阅机械零件的鉴定单、图册或制造工艺文件、装配图及其工作原理等。

2）考虑和对照本单位的修复工艺装备状况、技术水平和经验，估算旧件修复的数量。

3）按照选择修复工艺的基本原则，对待修机械零件的各个损伤部位，选择相应的修复工艺。如果待修机械零件只有一个损伤部位，则到此就完成了修复工艺的选择过程。

4）全面权衡整个机械零件各损伤部位的修复工艺方案。实际上，一个待修机械零件往往同时存在多处损伤，尽管各部位的损伤程度不一，有的部位可能处于未达到极限损伤状态，但仍应当全面加以修复。此时按照机械零件修复的原则，确定机械零件各单个损伤的修复工艺之后，就应当加以综合权衡，确定其全面修复的方案。为此，必须按照下述原则合并某些部位的修复工艺：在基本保证修复质量的前提下，力求修复方案中修复工艺种类最少；力求避免各种修复工艺之间的相互不良影响（例如热影响）；尽量采用简便而又能保证质量的工艺。

5）择优确定一个修复工艺方案。当待修机械零件的全面修复工艺方案有多个时，需要再次根据修复工艺选择基本原则，择优选定其中一个方案作为最后采纳的方案。

新闻链接

大国工匠——顾秋亮

"两丝"钳工顾秋亮是中国船舶重工集团公司第七〇二研究所水下工程研究开发部职工，蛟龙号载人潜水器首席装配钳工技师，能把中国载人潜水器的组装做到精密度达"丝"级。顾秋亮同志对工作兢兢业业，刻苦钻研，不断提高技术水平和能力，有较强的创新和解决技术难题的技能，出色完成了各项高科技高难度高水平的工程安装调试任务，并为我国大型试验基地各大型实验室重大试验设施的建设、调试和维护正常运行等做出了积极的贡献。

---

11. 磨损零件修复的一般技术规定

（1）轴承的修复

1）主轴滑动轴承有调节余量时，可进行修刮，否则应更换。

2）滚动轴承的滚道或滚动体发生伤痕、裂纹、保持架损坏以及滚动体松动时，均应更换新件。

3）轴套发生磨损，轴瓦发生裂纹、剥层时，应进行更换。

（2）键的修复

1）键磨损和损坏时，一般应更换新键。

2）轴与轮上的键槽损坏时，可将轴槽和毂槽用锉削或铣削的方法将键槽加宽，再配制新键。

3）大型花键轴磨损时，可采用镀铬或振动堆焊，然后再加工到规定尺寸的方法进行修复。振动堆焊需要专门设备——振动堆焊机，堆焊时要缓慢冷却，以防花键轴变形。

4）定心花键轴轴颈的表面粗糙度 Ra 值不大于 $6.3\mu m$，间隙配合的公差等级不超过次一级精度时，可继续使用。

5）花键轴键侧表面粗糙度 Ra 值不大于 $6.3\mu m$，磨损量不大于键厚的 2% 时，可继续使用。

6）花键轴键侧没有压痕及不能消除的擦伤，倒棱未超过侧面高度的 30% 时，可继续使用。

12. 机械零件常用的修复方法

（1）电镀修复法　用电镀法修复零件时，一般为镀铬或镀铁，以镀硬铬应用最为广泛。在磨损零件用电镀法修复时，不仅能恢复磨损零件的尺寸，还能改善零件的表面性能，如提高硬度、耐磨性、耐蚀性和改善润滑条件等。但电镀法生产过程较长，且镀铬层较脆，受冲击的零件不宜用镀铬法修复。

为了保证镀层的质量和结合强度，电镀前应对零件进行磨削和除油。对零件磨损的部位进行磨削加工，可以消除不均匀的损伤，恢复零件表面的正确几何形状，使镀层表面光滑均匀。如果不能磨削加工时，可用细砂纸打光来代替磨削。电镀后要检查镀层质量，主要检查镀层有无裂纹、斑点和镀层与零件表面的结合情况。合格后，按零件的技术要求进行磨削加工，磨削工艺与磨削淬火零件相同，磨削时要加充足的冷却液。

（2）涂覆修复法　涂覆修复法是将非自熔金属合金或尼龙塑料的丝或粉末，利用氧乙炔焰或电弧熔化并吹成雾状，向零件磨损部位喷射，使之沉积在处理过的零件表面成为涂层。金属或非金属涂层中有许多微孔，可以储存润滑油，因而提高了修复表面的耐磨性，这种方法多用于轴和轴颈的修复，也可以用来修复导轨、青铜轴承等。喷涂后的零件表面还要进行磨削加工，因此，要留有磨削余量。用喷涂金属合金的方法还可以填补铸铁零件的裂纹。尼龙塑料喷涂是向零件磨损部位喷涂尼龙1010、尼龙9、聚乙烯等。喷涂后零件表面具有强度高、韧性好、耐高压、耐磨性好等优良的力学性能，并具有耐油、耐蚀等优点。但由于尼龙塑料不耐高温，通常用于修复80℃以下工作的轴、轴承、活塞、叶轮、机床镶条、压板等零件。不能用这种方法修复在高速、高温条件下工作的零件。

（3）焊接修复法　零件磨损或局部断裂时，可用堆焊或焊接的方法进行修复。通过振动电堆焊可以在零件磨损表面加焊耐磨涂层，是零件修复中广泛应用的方法。其原理是：焊丝接振动堆焊机正极，工件接负极，工件旋转，焊丝等速进给并按一定的频率和振幅振动，于是焊丝与工件之间产生脉冲电弧放电和高温，使焊丝以较小的熔滴均匀地过渡到工件表面，使工件磨损表面堆焊出一层质量良好的焊层。振动堆焊法可以对主轴、花键轴、齿轮等零件进行修复，但一般中小型工厂不具备振动电堆焊修复能力。修复断裂损坏的碳素钢、合金钢、铸铁和有色金属及其合金制成的零件常用气焊。气焊可以修复薄壁零件和低熔点金属，且设备简单、轻便。修复碳素钢、合金钢和铸铁制成的零件也常用焊条电弧焊。焊条电弧焊修复零件时可焊接厚件，焊缝质量好，设备简单，维修方便，但其焊接质量直接受到操作工人的技术水平和熟练程度影响，质量较难控制。随着焊接技术与工艺的发展，气体保护焊在机械零件焊接修复中应用越来越多。由于焊接时有氩、氦或二氧化碳等气体保护，焊接质量好，但成本较高。其中氩、氦弧焊用于修复不锈钢、耐热钢、铝、镁、钛合金等制成的零件。用熔点低于零件材料的填充金属（钎料）将零件连接或填补缺陷的方法称为钎焊。由于钎焊温度低，焊接后零件材料的组织、性能不变，变形小，适用于碳素钢、合金钢、铸铁、有色金属及其合金等制成的零件，还可以连接不同金属的零件，但其工艺复杂，连接强度低。钎焊还可用于车刀、面铣刀等刀具的刀片与刀体的焊接。焊修前，应对零件焊修部位进行清洗和清理，去除油污；电焊修复时，厚壁处要开坡口。为防止零件因焊接变形（尤其是铸铁零件），焊修前应进行预热处理、焊接过程中保温和焊后热处理退火等方法，以取得较好的焊接或补焊质量。

（4）粘接修复法　粘接修复法是利用粘接剂对零件的磨损、缺陷部位进行修补，对轴、套、拨叉等零件断裂处进行修复的方法。粘接修复法的粘接强度大，能粘接各种金属、非金属材料，并能粘接两种不同材质的零件；粘接时温度低，不会引起工件变形；工艺简便，密封性好，且耐油、耐水、耐酸碱腐蚀。但粘接处不耐高温，抗冲击能力差，耐老化性差，影响长期使用。

机床导轨磨损后，有关部件经过修理也无法恢复原位（如车床床鞍导轨磨损后，虽然修刮导轨，床鞍也会下沉）。而采用粘接修复法可以在导轨面上镶钢、铸铁或其他材料的板或导轨面，就可解决上述问题。导轨面局部划伤或砸伤时，也可用粘接修复的方法解决。

如对轴、套、拨叉等零件的断裂处可用粘接修复法进行修复，也可以对磨损的轴、尾座孔、齿轮等用镶套再粘接的方法进行修复。图1-39所示为用粘接法对镶条磨损后进行厚度补偿。为了防止镶条与溜板粘住，粘接前应在溜板和镶条非粘接面上

图1-39　粘接镶条示意图

1—溜板　2—镶条

3—油脂　4—燕尾导轨

涂油脂，然后将镶条装入所需的位置，施加一定压力，待粘接剂硬化后，取出镶条，即可进行修刮。

铸件上的缩孔、砂眼和气孔等缺陷，可用粘接剂进行粘补。粘补前要清理缺陷部位，在粘接剂中加填料（如铸铁粉末）后填入缺陷孔内，填实后用滚轮滚压，以压平、压实。

如蜗轮的齿圈与轮体、直角尺的尺座与尺身等，都可用环氧树脂粘接剂粘接为一体。

（5）机械加工修复法

1）改变尺寸修理法。相配合零件的配合表面在使用中因磨损而产生尺寸误差，并按其新尺寸配作与之配合的零件（如套），达到配合要求，这种方法称为改变尺寸修复法。修复的原则是：对结构复杂而贵重的零件进行切削加工恢复精度，而对其相配件重新配作。

2）镶加零件修复法。在结构允许的情况下，修复已磨损的两个配合零件，并增加一个零件来补偿因修复而减少的部分，以恢复配合零件精度的方法称为镶加零件修复法。常用的有以下三种方法。

① 镶套法。箱体类零件上的孔磨损后，可将箱体孔通过切削加工扩大尺寸，并达到几何公差和表面粗糙度要求，然后按孔的新尺寸和过渡配合（或过盈配合）精度制造套，将套镶入箱体孔中，再用骑缝钉或销紧固，如图1-40所示。

② 加垫法。当轴肩磨损时，可用切削加工方法将磨损部位去掉，加一个适当尺寸的垫进行补偿。

③ 机械加固法。当大型铸件的非受力部位产生裂纹时，可用1~2块钢板结合螺钉或铆钉进行加固的方法修复，如图1-41所示。修复前要在裂纹的尽头处钻卸荷孔，以防止裂纹继续发展。

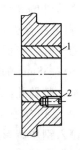

图1-40　镶套法修复箱体孔
1—套　2—骑缝钉

3）局部修复法。当零件只是某一部位严重磨损或损坏，而其他部位尚可使用时，可将磨损或损坏部位切除，制造新件后，用压配、键联接、螺纹联接、铆接、焊接或粘接等方法加以组合固定，这种方法称为局部修复法。例如对于模数较大、圆周速度不高的齿轮，如果一个或几个轮齿断裂时，可用镶齿法进行修复：方法是先在断齿部位划线，按划线刨去残齿并刨出镶块用的燕尾槽，然后按划线加工出齿形镶块。将镶块嵌入燕尾槽固定后，以相邻齿面为基准，用齿形样板锉修镶齿齿面。固定方法可采用螺钉固定或粘接固定，如图1-42所示。

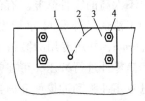

图1-41　钢板机械加固法
1—卸荷孔　2—裂纹
3—钢板　4—螺钉

图1-43所示为四联齿轮，其中一个齿轮失效。修复时，制造一个新的内圈，新内圈用过盈配合与原齿轮连接，并以定位销定位和固定。

4）金属扣合法。机床床身、机架、箱体及其他大型铸件产生裂纹或折断时，可采用金属扣合法来修复。方法是在垂直于铸件裂纹或折断的方向，用铣、钻、錾等方法加工出一定形状、尺寸的扣合槽，嵌入与之相吻合的扣合键，使产生裂纹或折断铸件的两面连接在一起，使之具有一定的强度和密封性。

根据扣合的方法和特点，金属扣合法可分为强固扣合法、热扣合法、强密扣合法和优级扣合法四种。

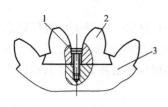

图 1-42　用螺钉固定镶嵌齿块

1—圆柱头螺钉　2—齿形镶块　3—齿轮

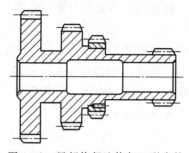

图 1-43　局部修复法修复四联齿轮

① 强固扣合法。这种方法适用于壁厚为 8~40mm、一般强度的铸件。强固扣合法一般采用波形键为扣合键，通过冷铆的方法扣合。

② 热扣合法。这种方法是将加热的扣合件装入扣合部位的槽内，冷却后，扣合件产生冷缩而将铸件的裂纹牢固地扣合起来。

③ 强密扣合法。这种扣合方法除了能满足强度要求外，还可满足铸件的密封要求，能使裂损的气缸、容器、阀门等具有防漏性能。其工艺过程是先把铸件用波形键扣合，然后沿裂纹钻 $\phi5~\phi8mm$ 的骑缝孔，在孔中铆入低碳钢、纯铜等软材料制成的缀缝栓，使裂纹全部密封起来，骑缝孔深度应小于或等于波形槽深。

④ 优级扣合法。这种方法主要用于承受大载荷的厚壁铸件。方法是在垂直于裂纹或折断面上镶入钢质砖形加强件，在加强件和铸件的结合面上用缀缝栓把两者联接起来，有时还用波形键加强。

5）塑性变形法。塑性变形法有镦粗法、扩张法和挤压法等，适用于塑性好而对精度要求不太高的零件修复。有色金属套筒等零件，可以通过镦粗法增大其外径尺寸，然后用切削加工法恢复外径尺寸精度。镦粗时，要求套筒的长径比小于或等于 2，外径磨损小于 0.6mm，并用专用的镦粗工具操作，以防止零件变形。扩张法是在专用模具上用扩张冲头对套筒零件进行冲压，可在常温或加热后进行，以增大套筒类零件的外径和孔径。挤压法是通过专用冲头和冲模使套筒类零件外径缩小的方法，可以于常温或加热后在压力机上进行。

（6）切削加工修复法

1）锉削。

① 锉削的定义、特点及应用。用锉刀对工件表面进行切削的加工方法称为锉削。锉削一般是在錾削、锯削之后对工件进行精度较高的加工，其精度可达 0.01mm，表面粗糙度值 Ra 可达 0.8μm。锉削的应用范围较广，可以锉削工件的内、外表面及各种沟槽，如平键、轴端面等。

② 钳工锉。钳工锉又称锉刀或钢锉，用于锉削或修正金属工件余量较大的表面和孔、槽等部位，形状如图 1-44 所示。

③ 锉刀的保养。

a. 新锉刀要先使用一面，用钝后再使用另一面。

b. 在粗锉时，应充分使用锉刀的有效全长。

c. 锉刀上不能沾油和水。

d. 如锉屑进入齿缝内，必须及时用钢丝刷沿着锉齿的纹路进行清除。

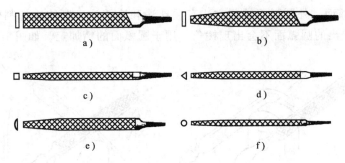

图 1-44　钳工锉

a) 齐头扁锉　b) 尖头扁锉　c) 方锉　d) 三角锉　e) 半圆锉　f) 圆锉

　e. 不能锉毛坯上的硬皮及经过淬硬的工件。

　f. 铸件表面如有硬皮，应先使用砂轮磨去或用旧锉刀锉去，然后再进行正常锉削。

　g. 锉刀使用完毕必须清刷干净，以免生锈。

　h. 不能与其他工具或工件放在一起，不得与其他锉刀相互重叠堆放。

④ 使用技巧。

a. 锉削平面。要锉出平直的平面，必须在运动中调整两手的压力，使锉刀始终保持水平，如图 1-45 所示。粗锉时用交叉法，不仅锉得快，而且在工件表面的锉削面上能显示出高低不平的痕迹，容易锉出准确的平面，如图 1-46 所示。待基本锉平时，再用细锉或光锉以推锉法修光，如图 1-47 所示。

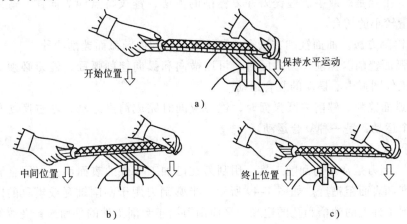

图 1-45　锉平面技巧

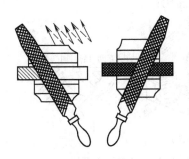

图 1-46　交叉锉法

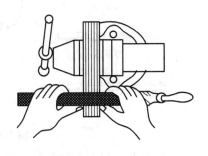

图 1-47　推锉法

b. 锉削外圆弧面。外圆弧面锉削方法有顺锉法和滚锉法。顺锉法切削效率高，适用于粗加工；滚锉法锉出的圆弧面不会出现棱角，用于圆弧面的精加工，如图1-48所示。

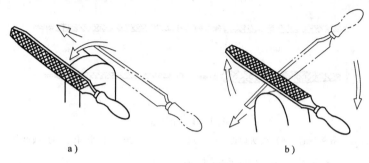

图1-48　锉削外圆弧方法

a）顺锉法　b）滚锉法

⑤ 平面锉削方法。

平面锉削方法有顺向锉、交叉锉和推锉三种。

a. 顺向锉。顺向锉是锉刀顺一个方向锉削的方法，具有锉纹清晰、美观和表面粗糙度值小的特点，通常用于平面和粗锉后精锉的场合。

b. 交叉锉。交叉锉是从两个以上不同方向交替交叉锉削的方法，有锉削平面度好的特点，但表面粗糙度值较大。

c. 推锉。推锉是用双手横握锉刀往复锉削的方法，锉纹特点同顺向锉，适用于狭长平面和修整余量较小的场合。

⑥ 曲面锉削方法。曲面锉削方法有外圆弧面锉削和内圆弧面锉削两种。

a. 外圆弧面锉削。锉削外圆弧面时，可以横向和弧向锉削弧面，锉刀必须同时完成前进运动和绕工件圆弧中心摆动的复合运动。

b. 内圆弧面锉削。锉削内圆弧面时，锉刀应同时完成前进运动、左右摆动和绕圆弧中心转动的三个运动，是一种复合运动。

2）刮削。

① 刮刀。刮刀是常用的刮削工具，用刮刀在已加工零件的表面刮去一层金属，以获得良好的平面度和表面粗糙度。如图1-49所示，半圆刮刀用于刮削轴瓦或模具的凹面，三角刮刀用于刮削工件上的油槽和孔的边缘，平面刮刀用于刮削工件的平面或铲花纹等。

图1-49　刮刀及其应用

② 刮削的定义。利用刮刀刮去工件表面金属薄层的加工方法称为刮削。

③ 刮削的特点及应用。切削量小、切削力小、切削热少、切削变形小，能获得很高的尺寸精度、几何精度、接触精度、传动精度和很小的表面粗糙度值。刮削后的表面，形成微浅凹坑，创造了良好的储油条件，有利于润滑，减小摩擦。刮削工作的劳动强度大，生产率较低。机床导轨、滑板、滑座、轴瓦等的接触表面常用刮削的方法进行加工。

④ 刮削加工主要的工具有刮刀、校准工具（校准平板、校准直尺等）及显示剂（红丹粉或蓝油）等。

3）錾削。

① 錾削的定义、特点和方法。用锤子击打錾子对金属零件进行切削加工的方法称为錾削。錾削是一种粗加工，一般按所划线进行加工，平面度可控制在 0.5mm 之内。目前，錾削工作主要用于不便于机械加工的场合，如清除毛坯上的多余金属、分割材料，錾削平面及沟槽等。錾子一般用碳素工具钢（T7A）锻造成形，经热处理后硬度可达 56～62HRC。锤子一般用碳素工具钢制成，并经淬硬处理，规格用其质量表示，常用的有 0.25kg、0.5kg 、1kg。錾子的种类及握法如图 1-50 所示。平錾用于錾平面和錾断金属，其刃宽一般为 10～15mm。槽錾用于錾槽。油槽錾用于錾油槽，錾刃磨成与油槽形状相似的形状。

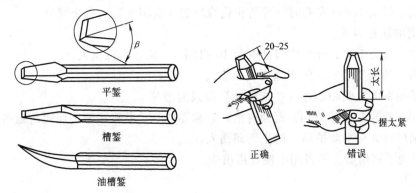

图 1-50　錾子的种类及握法

② 使用技巧。錾削的姿势应便于用力，不易疲劳，眼睛应注视錾刃，挥锤要自然，如图 1-51 所示。

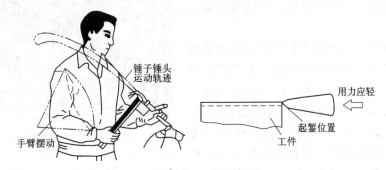

图 1-51　錾削姿势及起錾

起錾时应将錾子握平或使錾头稍向下倾斜，以便錾刃切入工件。粗錾时，錾刃表面与工件之间夹角 α 为 3°～5°；细錾时 α 值略大些；当錾削到工件尽头时，应从工件另一端錾掉剩余部分，如图 1-52 所示。

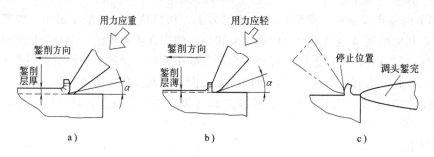

图 1-52 錾削方法

a）粗錾 b）细錾 c）掉头錾完

③ 錾削的方法。錾削操作的基本要求是"稳、准、狠"。

a. 錾削前应根据錾削面的形状、大小、宽窄选用錾子。

b. 起錾时，可取较大的负后角，将工件边缘尖角处剔出斜面后，再从斜面处起錾。

c. 錾削时，錾削者的眼睛要对着工件的錾削部位。

d. 錾削余量一般选取 0.5~2mm 为宜。

e. 錾削距终端 10mm 左右时，为防止边缘崩裂，应调头錾去剩余部分。

④ 錾削的注意事项。

a. 零件应装夹牢固，伸出钳口高度为 10~15mm，防止击飞伤人。

b. 锤头、锤柄要装牢，防止锤头飞出伤人。

c. 錾子尾部的毛刺和卷边（俗成帽花）应及时磨掉。

d. 錾子刃口经常修磨锋利，避免打滑；触拿零件时，要防止錾削面锐角划伤手指。

e. 錾削的前方应加防护网，防止切屑伤人。

f. 应用刷子刷切屑，不得用手擦或用嘴吹。

4）研磨。

① 研磨的定义。用研磨工具（研具）和研磨剂从工件表面磨掉一层极薄的金属，使工件表面获得精确的尺寸、形状和极小的表面粗糙度值的加工方法，称为研磨。研磨操作如图 1-53 所示。

② 研磨的特点。研磨可以获得其他方法难以达到的高尺寸精度和形状精度。研磨后的尺寸精度可达到 0.001~0.005mm；容易获得极小的表面粗糙度值，一般情况下表面粗糙度 Ra 值为 0.1~1.6μm，最小可达 0.012μm；加工方法简单、不需复杂设备，但加工效率低；经研

图 1-53 研磨操作

磨后的零件能提高表面的耐磨性、耐蚀性及疲劳强度，从而延长了零件的使用寿命。

③ 研磨时常用的工具与材料。研磨时常用的工具与材料主要有研具（研磨平板、研磨环、研磨棒等如图 1-54 所示）、研磨剂（磨料与研磨液调和而成）。

a. 研磨平板的方法。一种是三板互研法，所谓三板互研法是指三块平板相互之间依次互研，并且每块铸铁平板做下板两遍，实际共研磨 6 遍。用这种方法研磨压砂的结果是，三

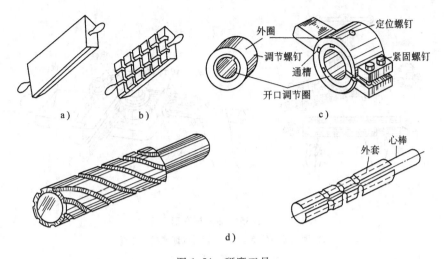

图 1-54　研磨工具
a）光滑研磨平板　b）有槽研磨平板　c）研磨环　d）研磨棒

块平板的平面度都很好，三块平板的压砂效果基本相同，三块平板都可以使用，不用经常压砂。另一种方法是两块板互研法，也叫子母板压法，这种方法是只用两块铸铁平板一上一下互研。用这种方法研磨压砂结果是，两块平板的平面基本吻合，上面平板的平面凹，下板的平面凸，并且下板的压砂效果要比上板的好。由于上板中间凹，不容易修理量块，一般不用上板，只用下板这一块平板。

b. 使用铸铁平板研磨时的注意事项。在使用两块铸铁平板研磨时，两块平板的吸合力不能过大，否则容易烧焦铸铁平板，使砂子堆积在平板的表面。要根据温度、湿度等一些具体情况，适当地增减煤油、硬脂和压砂剂，每次时间不能过长或过短，在 4~6min 较为合适。压砂过程结束后，由于受温度和研磨等因素的影响，其平面度还不稳定，所以应恒温2h 左右，然后滴数滴煤油在铸铁平板的表面上，用高级卫生纸用力来回擦拭，以便更好地去除铸铁平板表面的硬脂和残余的金刚砂，再用汽油把表面清洗干净后，就可以进行最后一道工序——打磨。打磨时，天然磨石或硬质合金的打磨面应与铸铁平板的表面吻合，打磨块作圆弧形运动，每次的压力要小、均匀，打磨的次数根据具体需要而定，其原则是将砂的棱角磨掉，但又不能将砂打磨得毫无切削力。

5）矫正与弯形。

① 矫正。消除金属材料或工件不直或不应有的翘曲等缺陷的操作方法称为矫正。手工矫正常用的工具有平板、铁砧、锤子、螺旋压力机。机械维修时，常利用螺旋压力机矫正轴类零件的弯曲，如图 1-55a 所示。

② 弯形。将坯料弯成所需形状的操作称为弯形。常用于板料、管料或较细的棒料的加工，机械维修时很少使用，如图 1-55b 所示。

6）钻孔。钻孔的方法和麻花钻如图 1-56 所示。

① 钻孔的定义和特点。钻头在实体材料上加工孔的方法，称为钻孔。钻削时钻头是在半封闭的状态下进行切削的，转速高，切削量大，排屑困难，摩擦严重，钻头易抖动，加工精度低，一般尺寸公差等级只能达到 IT10~IT11，表面粗糙度 Ra 值只能达到 12.5~50μm。麻花钻是目前孔加工中应用最广泛的刀具。它主要用来在实体材料上钻削直径在 0.1~80mm

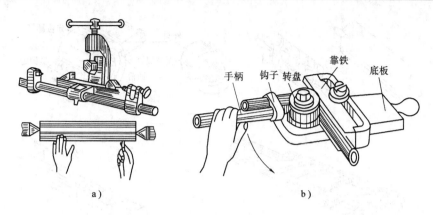

图 1-55　矫正与弯形
a）轴类零件的矫正　b）管料或细棒料的弯形

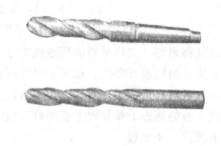

图 1-56　钻孔的方法和麻花钻

的孔。

② 钻孔的方法。

a. 零件的装夹。钻孔时可使用台虎钳、压板、V形架、角铁、C形夹头及专用夹具装夹工件，在钻床工作台上钻孔。

b. 起钻。钻孔时先使钻头对准孔中心钻出一浅坑，以便找正。

c. 手动进给操作。手动进给时，进给用力不应使钻头产生弯曲现象；钻小直径孔或深孔进给力要小，并经常退钻排屑，一般在钻孔深度达到孔直径的 3 倍时，一定要退钻排屑；将要钻穿时，进给力必须减小。

③ 钻头的保养与维护及钻孔的注意事项。钻头使用后，应立即检查有无破损、钝化等不良状况，若有应立即加以研磨、修整。存放时，钻头应对号入座，以节省再寻找钻头的时间。

钻通孔时，当钻头即将钻穿的瞬间，扭力最大，故此时需以较轻压力慢进刀，以避免钻头因受力过大而扭断。

钻孔前必须先打中心点，可导引钻头在正确的钻孔位置上。

钻孔时，应充分使用切削液且注意排屑。

钻交叉孔时，应先钻大直径孔，再钻小直径孔。

钻头钻削时，出现破碎或突然停止的现象，可能是进刀太快，钻孔时急冷急热的原故。

钻削时钻头中心裂开，可能是钻唇间隙角太小，进刀太快，钻头钝化，压力太大，缺乏切削液，钻头或工件夹置不良所致。

钻削时钻头折断，可能是钻唇间隙角太小或钻削速度太高，进刀大或钻头已钝化又继续加压切削等所致。

钻削时切边破裂，可能是工件材料中有硬点砂眼或进刀太快，钻削速度选择不当，钻削时没加切削液所致。

钻削所钻出的孔径太大，可能是两切边不等长或两钻顶半角不相等，中心点偏离，主轴同心度差等原因所致。

钻削时仅排出一条切屑，可能是两切边不等长或钻顶半角不相等的原因所致。

钻削时发出吱吱叫的声音，可能是孔不直或钻头钝化等原因所致。

钻削时切屑性质产生异常变化，可能是切边已钝化或破碎等原因所致。

钻孔时，平口钳的手柄端应放置在钻床工作台的左向，以防止转矩过大造成平口钳落地伤人。

钻孔前要做好准备工作。检查工作场地，清除机床附近障碍物，检查机床润滑及防护装置。

钻孔时操作者衣袖要扎紧，戴好工作帽，但严禁戴手套，操作者头部不要离钻头太近。

钻孔时工件要夹紧，尽量不要用手按住工件加工，以防发生危险。

清除切屑时要用毛刷或专用工具，不要用棉纱、布片，更不允许用嘴吹或用手去清除，以免发生伤害事故。

禁止钻孔时用手拧钻夹头，变速时应先停机再变速。

工件下面应放垫铁，防止钻伤工作台面。

使用手电钻时，要防止触电。

7）扩孔和铰孔。

① 扩孔的定义、特点和方法。用扩孔钻对工件上原有的孔进行扩大加工的方法称为扩孔，如图 1-57a 所示。扩孔钻无横刃、背吃刀量小、强度高、扩孔加工质量较高（IT9～IT10，$Ra = 3.2 \sim 12.5 \mu m$）。

常用的扩孔方法有麻花钻扩孔和扩孔钻扩孔。用麻花钻扩孔时，应把钻头外缘处的前角修磨得小一些，并适当控制进给量。用扩孔钻扩孔时，必须选择合适的预钻孔直径和切削用量。一般预钻孔直径为扩孔直径的 1/10～1/2；进给量是麻花钻扩孔时的 1.5～2 倍；切削速度可在钻孔时的 1/2 范围内选择。

② 铰孔的定义、特点和方法　用铰刀从工件孔壁上切除微量金属层，以获得较高尺寸精度和较小表面粗

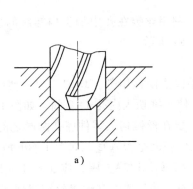
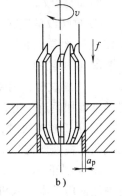

图 1-57　扩孔和铰孔
a）扩孔　b）铰孔

糙度值的方法称为铰孔，如图1-57b所示。一般尺寸公差等级可达IT7～IT9级，表面粗糙度Ra值可达$0.8～3.2\mu m$。

铰削余量是指上道工序（钻孔或扩孔）完成后留下的直径方向的加工余量。确定铰削余量时，应考虑到孔径大小、材料软硬、尺寸精度、表面粗糙度要求、铰刀类型及加工工艺过程等诸因素的综合影响。

铰削时切削速度和进给量的选择：用高速钢铰刀铰削钢件时，$v=4～8m/min$；铰削铸铁件时，$v=6～8m/min$；铰削铜件时，$v=8～12m/min$；铰削钢件及铸铁件时，$f=0.5～1mm/r$；铰削铜或铝材料时，$f=1～1.2mm/r$。

铰削韧性材料（钢材）或不通孔时，用短切削刃的铰刀；铰脆性材料或通孔时，用长切削刃铰刀；手用铰刀铰孔时，铰刀必须与孔垂直，两手均匀地向下施压，顺时针方向旋转铰刀，不允许反向旋转，否则切削刃会快速磨钝且使孔壁表面质量降低。机用铰刀铰孔时，最好在工件的一次装夹中连续钻孔、锪孔、铰孔，保证孔的加工精度；铰孔时用力要均匀，进给量要适当，同时合理选用润滑液（通常用机油）；在铰孔过程中，要经常清除切屑。铰刀如果不旋转，说明切屑卡住铰刀或遇到金属材料硬点，此时应把铰刀小心旋出，清除切屑。遇到硬点时要减少进给量并降低转速，慢慢把孔铰完；无论手用或机用铰刀退出时均要沿顺时针方向退出，不可倒转。在机床上铰孔时，待铰刀退出孔后再停车；铰通孔完毕时，铰刀刃部不能全部突出孔外，否则被铰孔出口处会破坏，铰刀也较难退出；铰刀是精加工刀具，用完应擦拭干净，涂油收好，防止碰伤切削刃。

手工铰孔的一般注意事项：

a. 工件要夹正。

b. 铰削过程中，两手用力要平衡。

c. 铰刀退出时，不能反转，因铰刀有后角，铰刀反转会使切屑塞在铰刀刀齿后面和孔壁之间，将孔壁划伤；同时，铰刀易磨损。

d. 铰刀使用完毕，要清擦干净，涂上机油，装盒以免碰伤刃口。

e. 铰削直径较小的锥销孔时，应按小头直径钻孔；对于直径大且深的锥销孔，可分别用不同的钻头钻出阶梯孔，以减小铰削余量，再用锥铰刀铰削，将极大提高铰削效率。铰削圆锥孔如图1-58所示。

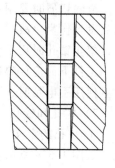

图1-58 铰削圆锥孔

8）攻螺纹。

① 攻螺纹的定义。利用丝锥在孔中加工内螺纹的操作称为攻螺纹。攻螺纹的主要工具是铰杠和丝锥，如图1-59所示。

② 攻螺纹的技巧。

a. 攻螺纹时，两手握住铰杠中部，均匀用力，使铰杠保持水平转动，并在转动过程中对丝锥施加垂直压力，使丝锥切入内孔1～2圈，如图1-60a所示。

b. 手工攻螺纹时，要在丝锥切入零件底孔两圈之前校正丝锥与螺纹底孔端面的垂直度。用直角尺检查丝锥与工件表面是否垂直，如图1-60b所示。

c. 攻削正常后，纹扣每转1/2～1圈，应逆转1/4圈断屑，如图1-60c所示。在加工过程中经常用毛刷加入机油，并且要经常退出丝锥清理切屑。

d. 更换或退出丝锥时，应该用手直接旋转丝锥，直到手旋不动时才能使用铰杠。

e. 攻不通孔时，应经常退出丝锥排屑。

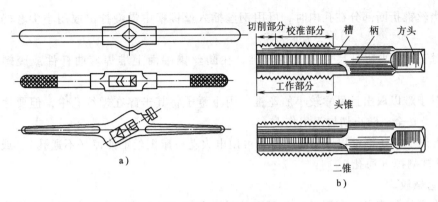

图 1-59　铰杠和丝锥

a）铰杠　b）丝锥

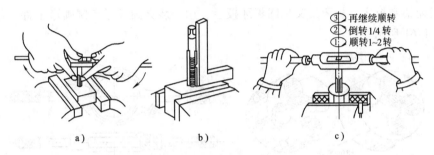

图 1-60　攻螺纹技巧

a）攻螺纹　b）检查丝锥与工作表面是否垂直　c）深入攻螺纹

f. 攻削较硬的零件时，应该头锥、二锥交替攻削。

g. 攻削通孔时，丝锥校准部分不能全部攻出底孔口。

h. 攻不通孔螺纹时，丝锥上要做好标记。

i. 攻螺纹完毕后，应将丝锥轻轻倒转，退出丝锥。禁止因用力过猛、退出速度过快而使丝锥断裂。

③ 攻螺纹前底孔直径与孔深的计算公式。

攻钢和其他塑性较大的材料时：

$$D_孔 = D - P$$

攻铸铁和其他塑性较小的材料时：

$$D_孔 = D - (1.05 \sim 1.1)P$$

孔深：

$$H_深 = h_{有效} + 0.7D$$

式中　$D_孔$——攻螺纹前底孔直径（mm）；

　　　D——螺纹大径（mm）；

　　　P——螺距（mm）；

　　$H_深$——攻螺纹前孔深（mm）；

　$h_{有效}$——所需螺孔深度（mm）。

④ 丝锥断在螺纹孔内的取出方法。

a. 当折断部分露出孔外时，可用钳子拧出或用尖錾轻击旋出。

b. 当丝锥折断部分在孔内时，可用钢丝插入丝锥槽中慢慢拧出或用小尖錾轻击丝锥周围取出。

c. 对于难以取出且尺寸较大的丝锥，在断丝锥端面上堆焊弯曲杆件或废螺栓，然后拧出。

d. 对于难以取出且尺寸较小的丝锥，用小錾子将其击碎在螺纹孔中，但要注意保护螺纹孔和人身安全，防止切屑飞出伤人。

e. 若以上方法都难以取出断丝锥，可用电火花机床把丝锥蚀掉（不通孔），或用线切割机床把丝锥割掉（通孔）。

9）套螺纹。

① 套螺纹的定义。利用板牙在圆杆或圆管上加工出外螺纹的操作称为套螺纹。套螺纹的主要工具是板牙和板牙架。

② 板牙架和板牙。板牙架又称圆板牙扳手，用于装夹圆板牙套制圆形工件上的外螺纹，形状如图 1-61 所示。

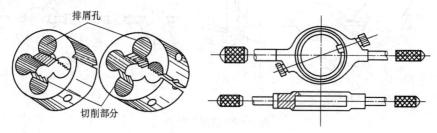

图 1-61　板牙架与板牙

③ 板牙架和板牙的使用技巧。

a. 套削前，圆杆端部应倒 15°～20°角，倒角处小端直径应小于螺纹小径。

b. 工件要夹正紧固，且防止夹变形，伸出端应尽量低。

c. 板牙开始套螺纹时，要检查校正，务必使板牙与工件垂直，然后适当加压力按顺时针方向扳动板牙架，当切入 1～2 牙后就不可加压力旋转。套牙时要经常反转，使切屑及时排出，如图 1-62 所示。

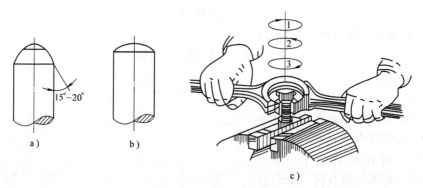

图 1-62　套螺纹操作

a）正确　b）错误　c）圆板牙与工件垂直

d. 起削时，在扳转板牙架转动的同时应向下旋加压力，以便起削形成螺纹。

e. 板牙切入圆杆 2~3 圈之前，应校正板牙端面与圆杆中心线的垂直度。

f. 套削过程中要不断逆转板牙进行断屑。

10）锯削。

① 锯削的定义。用手锯把材料或零件进行分割或切槽等加工的加工方法称为锯削。它可以锯断各种原材料或半成品、工件上多余的部分或在工件上锯槽。

② 钢锯架和锯条。手用钢锯条装在钢锯架上，以手工锯割金属等材料。锯条由碳素工具钢制成，并经低温退火处理。规格用锯条两端安装孔之间的距离表示，厚度 0.8mm，宽度 12mm，长度 300 mm，形状如图 1-63 所示。

图 1-63　钢锯架

a）钢板制锯架（调节式）　b）钢管制锯架（固定式）

③ 锯削的加工技巧。

a. 起锯角度要小，一般不超过 15°。

b. 锯削时，推力和扶锯压力不宜太大，回程不加压力。

c. 锯削速度一般以 20~40 次/min 为宜，手锯往复长度应不小于锯条长度的 2/3。

d. 锯削硬材料时应加适量切削液。

e. 锯削软材料或厚材料时选用粗齿锯条，锯削硬材料或薄料时选用细齿锯条。

f. 安装锯条时锯齿应向前，用两个手指用力旋紧，应松紧适当，不能歪斜和扭曲，否则锯条易折断。

g. 零件装夹要牢固，伸出钳口不宜过长；锯缝应靠近装夹部位。将工件夹在台虎钳左边以便于操作，锯线应和钳口平行，工件伸出钳口长度应适当，防止锯削时产生振动。

h. 锯削时身体正前方与台虎钳中心线大约成 45°角，右脚与台虎钳中心线成 70°角，左脚与台虎钳中心线成 30°角，如图 1-64a 所示。握锯方法是右手握柄，左手扶弓，推力和压力的大小主要由右手掌握，左手压力不要太大，如图 1-64b 所示。

④ 起锯方法。

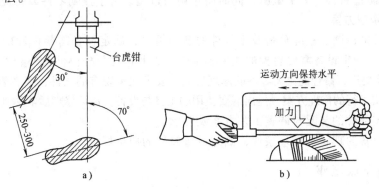

图 1-64　锯削时站立姿势和握锯方法

a）锯削时站立姿势　b）握锯方法

a. 远起锯。即从工件远离自己一端起锯，锯齿逐步切入材料，不宜被卡住，建议初学者采用该锯法，如图1-65a所示。

b. 近起锯。即从工件靠近自己一端起锯，锯齿容易被棱边卡住而崩裂，较难掌握，如图1-65b所示。

无论哪种起锯方法，起锯角α都不能超过15°。为使起锯的位置准确和平稳，起锯时可用左手大拇指指甲挡住锯条的方法来定位。

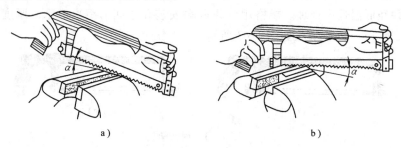

a)　　　　　　　　　　　　　b)

图1-65　起锯方法

a) 远起锯　b) 近起锯

⑤ 锯削的基本方法。

a. 棒料的锯削。锯削棒料时应根据断面的不同要求采取不同的锯削方法，对断面要求比较平整的应从起锯开始的一个方向锯到结束。对于断面要求不高的，可以分几个方向锯削完成，锯削毛坯材料也可分几个方向锯削。

b. 管子的锯削。厚壁管子的锯削方法与棒料相同，对于薄壁和精加工过的管子，应将管子水平地夹在两块V形木衬垫之间进行锯削，以防夹扁和夹伤表面。锯削薄壁管子时，应只锯削到管子内壁处，然后把管子转过一个角度再锯削到内壁处，不断改变方向，直到锯断为止。转动方向时，应使已锯部分转向锯条推进方向。

c. 薄板的锯削。锯薄板时，零件容易产生振动和变形，而且锯齿易被钩住造成爆齿。因此，在锯削薄板时可将薄板零件夹在两块木板之间然后按线锯下即可。

d. 深缝锯削。锯削时，应先按正常锯削方式一直锯到锯弓将要碰到工件为止；然后将锯条转过90°安装后再锯，这时注意应减轻压力，以防锯条折断。

⑥ 锯削安全技术。要防止锯条折断后弹出碎锯条伤人；零件要装夹牢固，在零件即将被锯断时，要防止断料掉下来砸脚；同时防止用力过猛，将手撞到零件或台虎钳上受伤。

13. 制订修理方案

1）根据故障诊断、故障分析及零部件的磨损情况，确定设备需要拆卸的部位、拆卸方法及修理范围，确定设备需要更换的主要零部件，尤其铸件、外协件及外购件。

2）制订需要进行修理的主要零件的修理工艺。要求根据现有的条件，或者委托修理的实际条件制订出切实可行的修理方案，提出需要使用的工具与设备，估计修理后能达到的修复精度。

3）制订零部件的装配与调整工艺方案及要求。

4）根据设备的现状与修理条件，确定设备修复的质量标准。

1.2.3　拆装车床尾座

1. CA6140型卧式车床尾座的拆装

本部件采用的是修配装配法。修配装配法是将尺寸链中各组成环按经济加工精度制造，装配时，通过改变尺寸链中某一预定的组成环（修配环）尺寸的方法保证装配精度。由于对这一组成环的修配是为补偿其他各组成环的累积误差，故又称补偿环。这种方法的关键问题是确定修配环及修配环在加工时的实际尺寸，使修配时有足够的，而且是最小的修配量。

尾座零件拆卸完，待清洗干净后，按照与拆卸相反的顺序安装。以床身上尾座导轨为基准，配刮尾座底板，使其达到精度要求，再将尾座部件装在床身上。

安装时，将试配过的丝杠装上，盖上压盖并将螺钉孔和销孔加工完毕。套筒和尾座体要配合良好，以手能推入为宜。零件全部装好后，注入润滑油，运动部位的运动要感觉轻快自如。尾座套筒的前端有一对压紧块，它与套筒有一抛物线状接触面，若接触面积低于70%，要用涂色法并用锉刀或刮刀修整，使其接触面符合要求。接触表面的表面粗糙度值要尽量小些，防止研伤套筒。为了便于操作，压紧块手柄夹紧后的位置如图1-66所示。

车床尾座套筒锥孔被划伤后，拉伤位置距端口近时，可以用刮刀将凸起刮掉，位置不便操作时可以在内圆磨床上将其磨掉。

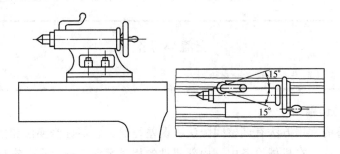

图 1-66　压紧块手柄的位置

2. 尾座部件的检测

尾座体与尾座垫板的接触要好，可先将尾座体的接触面在刮研平板上刮出，并以此为准，刮出尾座垫板。刮研尾座体底面时，要经常测量套筒孔中心线与底面的平行度误差。尾座本身和对于主轴中心线的误差，可通过修刮垫板底部与床身的接触面来保证。

（1）套筒孔（即顶尖套筒）轴线与床身（底面）导轨平行度误差的检测　尾座的关键部件是套筒。虽然它的精度主要取决于机加工质量，但如果钳工装配不当，尾座的精度同样会降低。尾座套筒经过加工，键槽和油槽两侧会产生毛刺和翻边，这时可将套筒夹在台虎钳上用锉刀倒角（注意不要划伤套筒的外表面），倒角可稍大些。然后用手检查外圆表面，有无隆起或凹坑。套筒两端孔的端面也可用磨石做倒角处理。将尾座固定在床身上，使套筒伸出躯体100mm（或最大伸出量的1/2），并与躯体锁紧。移动床鞍，使床鞍上的百分表触于套筒的上母线和侧母线上，表上反映的读数差，即为套筒轴线与床身导轨的平行度误差，如图1-67所示。

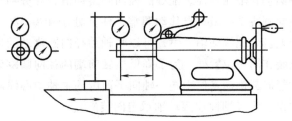

图 1-67　顶尖套筒轴线与床身导轨的平行度误差测量

上母线允许误差：在100mm长度内为0.01mm，只许套的前端偏上。

侧母线允许误差：在100mm长度内为0.03mm，只许套的前端偏向操作者。

（2）主轴锥孔轴线和尾座套筒锥孔轴线对床身导轨等离度的测量（见图 1-68）　在车床主轴锥孔中插入一顶尖，并校正其与主轴轴线的同轴度。尾座套筒锥孔中同样插入一顶尖，两顶尖间顶一标准检验棒。移动床鞍，使床鞍上百分表触于检验棒的上母线上，表上反映的读数差，即为主轴锥孔轴线与尾座套筒锥孔轴线对床身导轨的等高度误差。为了消除顶尖套中顶尖本身误差对测量的影响，一次检验后将顶尖套中的顶尖退出，旋转 180°重新插入检验一次，误差值即为两次测量结果代数和的 1/2。上母线允许误差：0.06mm（只许尾座高）。

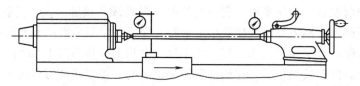

图 1-68　主轴锥孔轴线与尾座套筒锥孔轴线对床身导轨等高度的测量

交流与讨论

套筒孔与床身导轨的平行度误差如何检测？

3. 设备精度的调整

设备精度调整的常用方法有调整间隙法、误差补偿法、零件修换法和配加零件法 4 种。

（1）调整间隙法　在机械设备中，内部零件的相对运动普遍存在。有运动就有摩擦，有摩擦就要引起相关零件之间的尺寸、形状和表面质量的变化，产生磨损，增大相关零件之间的配合间隙。当间隙超过合理范围以后，只有通过调整间隙才能保证零件之间相对运动的准确性。因此，机械设备的运动部件之间，一般都设计有间隙调整机构。通过间隙调整机构调整间隙是保证设备精度稳定最常用也是最简单的方法。

（2）误差补偿法　误差补偿是把零件自身误差通过恰当装配，在一定程度上相互抵消，以保证设备运动轨迹准确性的一种调整方法。在机械设备维修中，常用的误差补偿方法有移位补偿和综合补偿两种。

1）移位补偿。移位补偿常用于单项精度的误差补偿。

① 径向圆跳动的补偿。对于轴上装配的零件，例如齿轮、蜗轮等，应先测量出零件在外圆上和轴在零件装配处的径向圆跳动值，并分别确定出最高点处的位置。装配时，将两者径向圆跳动的最高点移动调整，使其处于相差 180°的方向上，以相互抵消部分径向圆跳动误差。装配滚动轴承时，可以将轴颈径向圆跳动的最高点和滚动轴承内孔径向圆跳动的最低点装在同一位置处。为了降低主轴前端的径向圆跳动值，可以使前、后轴承处各自产生的最大径向圆跳动点位于同一轴向平面内的主轴中心线同侧，并且使前轴承的误差值小于后轴承的误差值（即前述滚动轴承定向装配）。

② 轴向窜动的补偿。首先应测量出主轴上轴承定位端面与主轴中心线的垂直度误差及其方位，再测量出推力轴承的轴向圆跳动误差及其最高点的位置，最后测量出轴承定位端面的最高点移位，以便和推力轴承轴向圆跳动的最低点装配在一起，这样就可减小轴向窜动的误差量。

2）综合补偿。综合补偿在普通加工机械中，常表现为用设备自身安装的刀具加工已经装配调整正确无误的工作台面，以消除各项精度误差的综合结果。

（3）零件修换法 调整间隙法和误差补偿法，都属于范围有限的调整法，超过规范，就会不起作用。这种情况下，只有对有关零件进行修理或者更换才能达到调整设备精度的目的。例如，可调节式滑动轴承、斜镶条就是这样。设备中还有许多机构，从设计上来说，就是要求通过换修有关零件以进行精度调整，如齿轮、无调节式单螺母丝杠机构、轴套等。

（4）配加零件法

1）箱体中的轴承孔由于拆卸轴承次数过多，孔径会变大，或者受到其他损坏。若不能再使用时，可以将原轴承孔的孔径镗大，镶套后，重新进行加工，以满足安装轴承的精度要求。镗孔时，既要考虑到使镶套的厚度不能太薄，以增强镶嵌的牢固度，又要考虑到对箱体的强度不能有过多的削弱。

2）精度调整中，有时在静止配合面之间可以加入适当厚度的垫片，以调整配合面之间的运动精度。例如，在推力轴承静圈与轴承座支承面之间，以及径向滚动轴承的外圈端面与轴承盖端面之间，增加垫片可以消除过大的轴向间隙。在蜗轮的定位端面或者在蜗杆轴承座底面下增加垫片，可以调整蜗杆副的啮合位置，提高蜗杆副的装配精度。在齿条背面可以通过增加垫片，减小齿条和齿轮之间的啮合间隙，提高装配质量，保证啮合精度的要求。

4. 装配尺寸链

产品的装配过程不是简单地将有关零件连接起来的过程，每一步装配工作都应满足预定的装配要求，即应达到一定的装配精度。一般产品装配精度包括零件、部件间距离精度（如齿轮与箱壁轴向间隙）、相互位置精度（如平行度、垂直度等）、相对运动精度（如车床床鞍移动对主轴的平行度）、配合精度（间隙、过渡或过盈）及接触精度等。

（1）装配尺寸链的基本概念 图 1-69 所示为轴和孔的配合关系。装配精度为轴和孔的配合精度——配合间隙 A_0，$A_0 = A_1 - A_2$，A_1、A_2、A_0 组成最简单的装配尺寸链。由此可知，所谓装配尺寸链即在装配关系中，由相关零件的尺寸（表面或轴线距离）或相互位置关系（同轴度、平行度、垂直度等）所组成的尺寸链。

1）装配尺寸链的特征。

① 各有关尺寸连接成封闭的外形。

② 构成这个封闭外形的每个尺寸的偏差都影响装配精度。

2）装配尺寸链的分类。装配尺寸链还可按各环的几何特征和所处的空间位置分为：

① 线性尺寸链。由长度尺寸组成，且各尺寸互相平行，所涉及的一般为距离尺寸的精度问题，如图 1-69 所示。

② 角度尺寸链。由角度、平行度、垂直度等尺寸所组成的尺寸链。所涉及的一般为相互位置的精度问题。例如检验项目是刀架横向移动对主轴轴线的垂直度，允许误差为 0.02mm/300mm（偏差方向 $\alpha \geqslant 90°$）。该项要求可简化为图 1-70 所示的角度装配尺寸链。其中，A_0 为封闭环，即为该项装配精度要求；A_1 为主轴回转轴线与床身前梭形导轨在水平面内的平行度；A_2 为溜板的上燕尾形导轨对床身梭形导轨的垂直度，一般可通过刮研

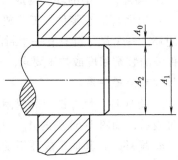

图 1-69 轴和孔的装配尺寸链

或磨削来达到其精度值。A_0、A_1、A_2 组成一个简单的角度装配尺寸链。

③ 平面尺寸链。平面尺寸链是由成角度关系布置的长度尺寸构成，且各环处于同一平面或彼此平行的平面内。

图 1-71 所示为溜板箱与床鞍装配的平面尺寸链示意图。图中，P_7 表示床鞍中齿轮的分度圆半径；P_6 表示其轴心到结合面间的距离；P_5 表示其轴心与紧固孔间的距离；P_4 表示溜板箱上的螺孔中心线与床鞍上的通孔中心线之间的偏移距离；P_3 表示溜板箱中齿轮轴心与紧固孔间的距离；P_2 表示溜板箱中齿轮轴心到结合面间的距离；P_1 表示溜板箱中齿轮的分度圆半径。为了保证齿轮啮合有一定的间隙，在尺寸链中以 P_0 表示（可通过有关齿轮参数折算得到）。因此在装配时需要将溜板箱沿其装配结合面相对于床鞍移动到适当位置，即改变 P_4 的大小。然后用螺钉紧固（即调整装配法），再打定位销。这样，P_6、P_5、P_2、P_3、P_7、P_1、P_4、P_0 将组成平面尺寸链，P_0 为封闭环。

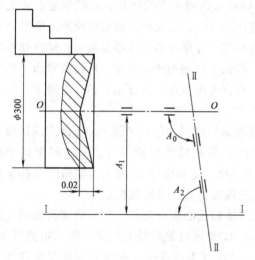

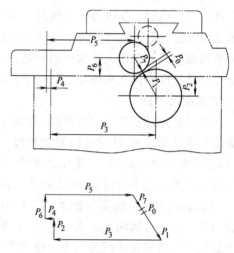

图 1-70 角度装配尺寸链

OO—主轴回转中心线　Ⅰ Ⅰ—棱形导轨的中心线
Ⅱ Ⅱ—下滑板移动轨迹

图 1-71 平面尺寸链示意图

④ 空间尺寸链。空间尺寸链由位于三维空间的尺寸构成。在一般机器装配中较为少见。本书重点讨论线性尺寸链。

3）装配尺寸链的组成和查找方法。

① 装配尺寸链的环。构成尺寸链的每一个尺寸称为环，每个尺寸链至少应有 3 个环。

a. 封闭环。在零件加工或机器装配过程中，最后自然形成（间接获得）的尺寸，称为封闭环。一个尺寸链只有一个封闭环，如图 1-69 中的 A_0。装配尺寸链的封闭环就是装配所要保证的装配精度或技术要求。这是因为装配精度或技术要求是将零部件装配后才最后形成的尺寸或位置关系。

b. 组成环。尺寸链中除封闭环以外的环称为组成环。同一尺寸链中的组成环，用同一字母表示，如图 1-69 中的 A_1、A_2。

c. 增环。在其他组成环不变的条件下，当其组成环增大时，封闭环随之增大，那么该组成环称为增环。在图 1-69 中，A_1 为增环，用符号 $\overrightarrow{A_1}$ 表示。

d. 减环。在其他组成环不变的条件下，当某组成环增大时，封闭环随之减小，那么该组成环称为减环。在图1-69中，A_2为减环，用符号$\overleftarrow{A_2}$表示。

增环和减环的判断方法：由尺寸链任一环的基面出发，绕其轮廓转一周，再回到这一基面，按旋转方向给每个环标出箭头，凡是箭头方向与封闭环上所标箭头方向相反的为增环，箭头方向与封闭环上所标箭头方向相同的为减环。

② 装配尺寸链组成的查找方法。正确地查明装配尺寸链的组成，是进行尺寸链计算的依据。因此在进行装配尺寸链计算时，其首要问题是查明装配尺寸链的组成。

如前所述，装配尺寸链的封闭环就是装配后的精度要求。对于每一封闭环，都可通过对装配关系的分析，找出对装配精度有直接影响的零、部件的尺寸和位置关系，即可查明装配尺寸链的各组成环。

装配尺寸链组成的一般查找方法是：首先根据装配精度要求确定封闭环，再取封闭环两端的那两个零件为起点，沿装配精度要求的位置方向，以装配基准面为联系的线索，分别查找装配关系中影响装配精度要求的相关零件，直至找到同一个基准零件甚至是同一基准表面为止。装配尺寸链组成的查找方法，还可自封闭环一端开始，依次查至另一端；也可自共同的基准面或零件开始，分别查至封闭环的两端。不管哪一种方法，关键的问题在于整个尺寸链系统要正确封闭。

下面举例说明装配尺寸链的查找方法。

图1-72所示为车床主轴锥孔中心线和尾座顶尖锥孔中心线对床身导轨等高度的装配尺寸链组成示例。在图示高度方向上的装配关系，主轴方面为：主轴以其轴颈装在滚动轴承内环的内表面上，轴承内环通过滚子装在轴承外环的内滚道上，轴承外环装在主轴箱的主轴孔内，主轴箱装在车床床身的平导轨面上；尾座方面为：尾座顶尖套筒以其外圆柱面装在尾座的导向孔内，尾座以其底面装在尾座底板上，尾座底板装在床身的导轨面上。通过同一个装配基准件——床身，将装配关系最后联系和确定下来。因此，影响该项装配精度的因素有：

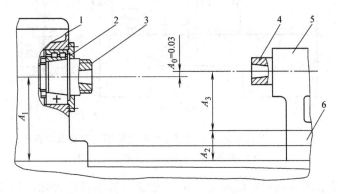

图1-72　影响车床等高度的尺寸链联系简图

1—主轴箱体　2—滚动轴承　3—主轴　4—尾座套筒　5—尾座　6—尾座底板

A_1——主轴锥孔中心线至车床平导轨的距离；

A_2——尾座底板厚度；

A_3——尾座顶尖套锥孔中心线至尾座底板距离；

车床主轴锥孔中心线和尾座顶尖套筒锥孔中心线对床身导轨等高度的装配尺寸链组成如

图 1-73 所示。

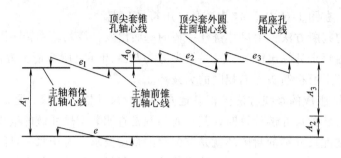

图 1-73 车床等高度装配尺寸链

e_1——主轴箱体孔轴心线至主轴前锥孔轴心线的同轴度；

e_2——尾座套筒锥孔与外圆的同轴度；

e_3——尾座套筒外圆与尾座孔内圆的同轴度；

e——床身上安装主轴箱的平导轨面和安装尾座的导轨面之间的等高度偏差。

③ 装配尺寸链的原则。在确定和查找装配尺寸链时，应注意以下原则：

a. 装配尺寸链的简化原则。机械产品的结构通常比较复杂，对装配精度有影响的因素很多。确定和查找装配尺寸链时，在保证装配精度的前提下，可不考虑那些影响较小的因素，以使装配尺寸链的组成环适当简化。以上称为装配尺寸链的简化原则。如在上例中，由于 e_1、e_2、e_3、e 的数值相对 A_3、A_2、A_1 的误差较少，可简化。故上例的装配尺寸链的组成可简化为如图 1-74b 所示的装配尺寸链。

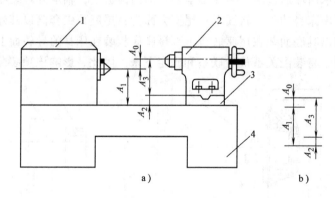

图 1-74 卧式车床床头和尾座两顶尖的等高度要求示意图
1—主轴箱 2—尾座 3—底板 4—床身

b. 装配尺寸链组成的最短路线原则。由尺寸链的基本理论可知，封闭环的误差是由各组成环误差累积而得到的。在封闭环公差一定的情况下，即在装配精度要求一定的条件下，组成环数目越少，则各组成环的公差值就越大，零件的加工就越容易，越经济。

为了达到这一要求，在产品结构已定的情况下组成装配尺寸链时，应使每一个有关零件仅以一个组成环列入尺寸链，即将连接两个装配基准面间的位置尺寸直接标注在零件图上。这样，组成环的数目就等于有关零、部件的数目，即一件一环，这就是装配尺寸链的最短路线（环数最少）原则。

下面举例说明装配尺寸链组成的最短路线原则。

图 1-75 所示为车床尾座顶尖套筒的装配图。尾座套筒装配时，要求后盖 3 装入后，螺母 2 在尾座套筒 1 内的轴向窜动不大于某一数值。由于后盖的尺寸标注不同，可建立两个装配尺寸链，如图 1-75b、c 所示。由图可知，图 1-75c 比图 1-75b 多了一个组成环。其原因是和封闭环 A_0 直接有关的凸台高度 A_3 由尺寸 B_1 和 B_2 间接获得，这是不合理的；而图 1-75b 所示的装配尺寸链，体现了一件一环的原则，是合理的。

通过以上实例可以看出，为使装配尺寸链的环数最少，应仔细分析各有关零件装配基准的连接情况，选取对装配精度有直接影响，且把前后相邻零件联系起来的尺寸或位置关系作为组成环，这样与装配精度有关的零件仅以一个组成环列入尺寸链，组成环的数目仅等于有关零件的数目，装配尺寸链组成环的数目也就会最少。

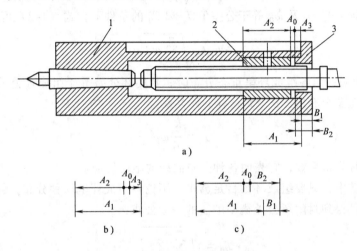

图 1-75　车床尾座顶尖套筒的装配图
1—尾座套筒　2—螺母　3—后盖

4）装配尺寸链的计算。装配尺寸链建立后，即需要通过计算来确定封闭环和各组成环的内在关系。装配尺寸链的计算方法有两种：极值法和概率法。用极值法计算时，封闭环的极限尺寸是按组成环的极限尺寸来计算的，封闭环和组成环公差之间的关系为 $T_0 = \sum T_i$。显然，此时各零件具有完全的互换性，产品的性能得到充分的保证。这种方法的特点是简单、可靠。但是当封闭环精度要求较高，而组成环数目又较多时，则各组成环的公差值 T_i 必将取得很小，从而导致加工困难，制造成本增加。极值法常用于工艺尺寸链的解算中。概率法是应用概率论原理来进行尺寸链计算的一种方法，在上述情况下极值法计算更合理。本节主要讨论概率法。

① 各环公差值的概率法计算。从装配尺寸链的基本概念中可知，在装配尺寸链中，各组成环是有关零件上的加工尺寸或位置关系，这些加工数值是一些彼此独立的随机变量。根据概率论的原理，各独立随机变量（装配尺寸链的组成环）的标准差 σ_i 与这些随机变量之和（装配尺寸链的封闭环）的标准差 σ_0 之间的关系为

$$\sigma_0 = \sqrt{\sum_{i=1}^{m} \sigma_i^2} \tag{1-1}$$

式中　m——组成环的环数。

但由于在解算尺寸链时，是以误差量或公差量之间的关系来计算的，所以上述公式还需转化成所需要的形式。

当加工误差呈正态分布时，其误差量（尺寸分散带）ω 与标准差 σ 间的关系为

$$\omega = 6\sigma$$

$$\sigma = \frac{1}{6}\omega$$

所以，当尺寸链各环呈正态分布时，各组成环的尺寸分散带 $\omega_i = 6\sigma_i$，封闭环的尺寸分散带 $\omega_0 = 6\sigma_0$；即 $\sigma_i = 1/6\omega_i$，$\sigma_0 = 1/6\omega_0$。将 σ_i 和 σ_0 代入式（1-1），可得

$$\omega_0 = \sqrt{\sum_{i=1}^{m} \omega_i^2} \tag{1-2}$$

在取各环的误差量 ω_i 及 ω_0 等于公差值 T_i 和 T_0 的条件下，式（1-2）可改写为

$$T_0 = \sqrt{\sum_{i=1}^{m} T_i^2} \tag{1-3}$$

式（1-3）表明：当各组成环呈正态分布时，封闭环公差等于组成环公差平方和的平方根。当组成环非正态分布时，σ_i 和 ω_i 有下列关系：

$$\sigma_i = \frac{K_i}{6}\omega_i \tag{1-4}$$

式中　K_i——相对分布系数，它表明各种分布曲线的不同性质。

在装配尺寸链中，只要组成环数目足够多，不论各组成环呈何种分布，封闭环总趋于正态分布，因此，可得到封闭环公差概率解法的一般公式：

$$T_0 = \sqrt{\sum_{i=1}^{m} K_i^2 T_i^2} \tag{1-5}$$

若组成环的公差带都相等，即 $T_i = T_{av}$，则可得各组成环平均公差 T_{av} 为

$$T_{av} = \frac{T_0}{\sqrt{m}} = \frac{\sqrt{m}}{m}T_0 \tag{1-6}$$

将上式与极值法的 $T_{av} = T_0/m$ 相比，可明显看出，概率法可将组成环的平均公差扩大 $\sqrt{m}$ 倍，m 越大，T_{av} 越大。可见概率法适用于环数较多的尺寸链。

应当指出，用概率法计算之所以能扩大公差，是因为确定封闭环正态分布的尺寸分散带为 $\omega_0 = 6\sigma_0$，而这时部件装配后在 $T_0 = 6\sigma_0$ 范围内的数量可占总数的 99.73%，只有 0.27% 的部件装配后不合格，这个不合格率常常可忽略不计，只有在必要时才通过调换个别组件或零件来解决废品问题。

② 各环平均尺寸 A_{av} 的计算。装配尺寸链计算的一个主要目的是在产品设计阶段，根据装配精度指标确定组成环公差、标注组成环公称尺寸及其偏差，然后将这些已确定的公称尺寸及基本偏差标注到零件图上。由尺寸链计算的基本公式可知，当各环公差确定以后，如能确定各环的平均尺寸 A_{av} 或平均偏差 ΔA，则各环的极限尺寸通过公差相对平均尺寸的对称分布即能很方便地求出。因此各环公差在概率法确定后，即应进一步确定各环的平均尺寸或平均偏差。

各环的平均尺寸和平均偏差与各环公差带的分布位置有关，而尺寸分布的集中位置是用

算术平均值表示的。因此在研究各环的平均尺寸或平均偏差之前，先研究各环算术平均值间的关系。

根据概率论原理，封闭环的算术平均值$\overline{A_0}$等于各组成环算术平均值$\overline{A_i}$的代数和，即

$$\overline{A_0} = \sum_{i=1}^{K} \overrightarrow{A_i} - \sum_{i=k+1}^{m} \overleftarrow{A_i} \tag{1-7}$$

式中　K——增环的环数。

当各组成环的分布曲线呈正态分布，且分布中心与公差带中心重合时，如图1-76所示，平均尺寸A_{av}可用式（1-8）表示。

$$A_{av} = \sum_{i=1}^{K} \overrightarrow{A_{iav}} - \sum_{i=k+1}^{m} \overleftarrow{A_{iav}} \tag{1-8}$$

将式（1-8）各环减去其公称尺寸，即可得各环平均偏差ΔA_0，其关系式为

$$\Delta A_0 = \sum_{i=1}^{K} \Delta \overrightarrow{A_i} - \sum_{i=k+1}^{m} \Delta \overleftarrow{A_i} \tag{1-9}$$

以上两式和极值法的计算公式完全相同。

当组成环的尺寸分布属于不对称分布时，算术平均值$\overline{A}$相对平均尺寸A_{av}有一偏移量b，$b = \overline{A} - A_{av} = \alpha T/2$，如图1-77所示，$\alpha$表示偏移程度，称为相对不对称系数。

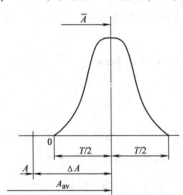

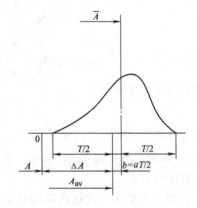

图1-76　对称分布的尺寸计算关系　　　　图1-77　不对称分布的尺寸关系

不对称分布时，$\overline{A}$与A_{av}的关系式为

$$\overline{A} = A_{av} + \alpha T/2 = A + \Delta A + \alpha T/2 \tag{1-10}$$

将式（1-10）代入式（1-7），并考虑在封闭环为正态分布时$\alpha_0 = 0$，即得到各环平均尺寸的关系式

$$A_{0av} = \sum_{i=1}^{K} (\overrightarrow{A_{iav}} + \frac{1}{2} \overrightarrow{\alpha_i} \overrightarrow{T_i}) - \sum_{i=k+1}^{m} (\overleftarrow{A_{iav}} + \frac{1}{2} \overleftarrow{\alpha_i} \overleftarrow{T_i}) \tag{1-11}$$

相应的平均偏差的关系式为

$$\Delta A_0 = \sum_{i=1}^{k} (\Delta \overrightarrow{A_i} + \frac{1}{2} \overrightarrow{\alpha_i} \overrightarrow{T_i}) - \sum_{i=K+1}^{m} (\Delta \overleftarrow{A_i} + \frac{1}{2} \overleftarrow{\alpha_i} \overleftarrow{T_i}) \tag{1-12}$$

当按式（1-3）和式（1-12）分别求得T_0和ΔA_0以后，封闭环的上、下极限偏差可按

下式计算：

$$
\left.
\begin{aligned}
ES_0 &= \Delta A_0 + \frac{T_0}{2} \\
EI_0 &= \Delta A_0 - \frac{T_0}{2}
\end{aligned}
\right\}
$$

【例1-1】 用概率法求解图1-75所示尺寸链中封闭环的公称尺寸、公差及上、下极限偏差。设图中 $A_1 = 60^{+0.2}_{0}$ mm、$A_2 = 57^{0}_{-0.2}$ mm、$A_3 = 3^{0}_{-0.1}$ mm，各组成环均呈正态分布，且分布中心与公差带中心重合。

解：（1）封闭环公称尺寸

$$A_0 = A_1 - A_2 - A_3 = (60 - 57 - 3)\,\text{mm} = 0$$

（2）封闭环公差

$$T_0 = \sqrt{\sum_{i=1}^{m} T_i^2} = \sqrt{(0.2)^2 + (0.2)^2 + (0.1)^2}\,\text{mm} = 0.3\,\text{mm}$$

（3）封闭环平均偏差

$$\Delta A_0 = \Delta A_1 - (\Delta A_2 + \Delta A_3) = [0.1 - (-0.1 - 0.05)]\,\text{mm} = 0.25\,\text{mm}$$

（4）封闭环上、下极限偏差

$$ES_0 = \Delta A_0 + \frac{T_0}{2} = \left(0.25 + \frac{0.3}{2}\right)\,\text{mm} = 0.4\,\text{mm}$$

$$EI_0 = \Delta A_0 - \frac{T_0}{2} = \left(0.25 - \frac{0.3}{2}\right)\,\text{mm} = 0.1\,\text{mm}$$

（5）封闭环尺寸

$$A_0 = 0^{+0.40}_{+0.10}\,\text{mm}$$

若用极值法求解上例封闭环尺寸，则会得到：封闭环公差 $T_0 = 0.5$ mm，封闭环尺寸 $A_0 = 0^{+0.5}_{0}$ mm，如果上例要求 $T_0 < 0.5$ mm，采用极值法计算，则必须缩小组成环 A_1、A_2、A_3 的公差，才能达到要求。

（2）修配装配法 机械产品的精度要求，最终是靠装配实现的，不同的零部件采用的装配法不同，本部分内容主要介绍修配装配法。

修配装配法是将尺寸链中各组成环按经济加工精度制造，装配时，通过改变尺寸链中某一预定的组成环（修配环）尺寸的方法保证装配精度。由于对这一组成环的修配是为补偿其他各组成环的累积误差，故又称补偿环。这种方法的关键问题是确定修配环及修配环在加工时的实际尺寸，使修配时有足够的，而且是最小的修配量。

1）选择补偿环和确定其尺寸及极限偏差。

① 选择修配环。采用修配法装配时，应正确选择修配环，修配环一般应满足以下要求：

a. 便于装拆，易于修配。一般应选形状比较简单、修配面积较小的零件。

b. 尽量不选公共环。公共环是指那些同属于几个尺寸链的组成环，它的变化会引起几个尺寸链中封闭环的变化。若选公共环为补偿环，则可能出现保证了一个尺寸链的精度，而又破坏了另一个尺寸链精度的情况。

② 补偿环尺寸的确定。补偿环被修配后对封闭环尺寸的影响有两种情况：一是使封闭

环尺寸变大，二是使封闭环尺寸变小。因此，用修配法解装配尺寸链时，应分别根据以上两种情况来进行计算。

图 1-78 为组成环公差按经济精度加工后，实际封闭环的公差带和设计要求封闭环的公差带之间的对应关系图。图中 T_0、A_{0max}、A_{0min} 分别表示设计要求封闭环的公差、上极限尺寸和下极限尺寸；T_0'、A_{0max}'、A_{0min}' 分别表示放大组成环公差后实际封闭环的公差、上极限尺寸和下极限尺寸；F_{max} 表示最大修配量。

a. 修配补偿环，封闭环尺寸变大（简称"越修越大"）。如图 1-78a 所示，此时为了有足够的和最小的修配量，应使

$$A_{0max}' = A_{0max} \tag{1-13}$$

b. 修配补偿环，封闭环尺寸变小（简称"越修越小"）。如图 1-78b 所示，此时为了有足够和最小的修配量，应使

$$A_{0min}' = A_{0min} \tag{1-14}$$

上述两种情况下的最大修配量 F_{max} 为

$$F_{max} = T_0' - T_0 = \sum_{i=1}^{m} T_i' - T_0 \tag{1-15}$$

2）尺寸链的计算方法和步骤。

① 建立装配尺寸链。

② 选择补偿环。

③ 确定各组成环公差。

④ 计算补偿环的最大补偿量。

⑤ 确定各组成环（除补偿环外）的极限偏差。

⑥ 计算补偿环的极限尺寸。

【例 1-2】 图 1-75 所示为卧式车床床头和尾座两顶尖等高度（要求为 0～0.06mm，只允许尾座高于床头）的结构示意图。已知 $A_1 = 202$mm，$A_2 = 46$mm，$A_3 = 156$mm，现采用修配装配法，试确定各组成环公差及其分布。

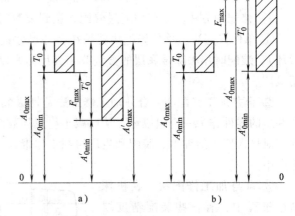

图 1-78　封闭环公差带要求值和实际公差带的相对关系
a）越修越大时　b）越修越小时

解：（1）建立装配尺寸链　如前所述，装配尺寸链如图 1-75b 所示。实际生产中通常尾座和尾座底板的接触面配刮好，而将两者作为一个整体，以尾座底板的底面做定位基准精锉尾座上的顶尖套孔，并控制该尺寸精度为 0.1mm，这样尾座和尾座底板是成为配对件后进行总装的。因此原组成环 A_2 和 A_3 合并而成为 $A_{2,3}$，原四环尺寸链变成三环尺寸链，如图 1-79 所示。

（2）选择补偿环　按合并后的三环尺寸链，选择 $A_{2,3}$ 为补偿环。补偿环公称尺寸为

$$A_{2,3} = A_2 + A_3 = (46 + 156)\text{mm} = 202\text{mm}$$

（3）确定各组成环公差　根据各组成环的加工方法，按经济精度确定各组成环公差为

$$T_1 = T_{2,3} = 0.1\text{mm}$$

（4）计算补偿环 $A_{2,3}$ 的最大补偿量

$$F_{max} = \sum_{i=1}^{m} T'_i - T_0 = T_1 - T_{2、3} - T_0 = (0.1 + 0.1 - 0.06) \, mm = 0.14 mm$$

（5）确定各组成环（除补偿环外）的极限偏差 A_1 表示孔位置的尺寸，公差常选为对称分布，即

$$A_1 = (202 \pm 0.05) \, mm$$

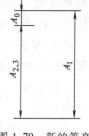

图 1-79 新的等高
度尺寸链

（6）计算补偿环 $A_{2、3}$ 的极限尺寸 由于修配补偿环 $A_{2、3}$ 会使封闭环尺寸变小，属于"越修越小"的情况，利用式（1-14）有

$$A_{0min} = A_{2、3min}$$

即

$$0 = A_{2、3min} - 202.05 mm$$

所以

$$A_{2、3min} = 202.05 mm$$

$$A_{2、3max} = A_{2、3min} + T_{2、3} = (202.05 + 0.1) \, mm = 202.15 mm$$

即

$$A_{2、3} = 202^{+0.15}_{+0.05} mm$$

实际生产中，为提高接触精度，底板的底面与床身配合的导轨面还需配刮，而按式（1-14）计算的最小修刮量为零，无修刮量。故需将求得的 $A_{2、3}$ 尺寸放大一些，留以必要的修刮量。取最小刮研量为 0.15mm，则合并加工后的尺寸

$$A_{2、3} = 202^{+0.15}_{+0.05} mm + 0.15 mm = 202^{+0.03}_{+0.20} mm$$

3）修配的方法。生产中通过修配来达到装配精度的方法很多，常见的有以下三种。

① 单件修配法。单件修配法就是在多环尺寸链中，选定某一固定的零件作修配件（补偿环），装配时用去除金属层的方法改变其尺寸，以达到装配精度的要求。此法在生产中应用最广。

② 合并加工修配法。合并加工修配法是将两个或更多的零件合并在一起进行加工修配。合并后的零件作为一个组成环，从而减小组成环数，有利于减小修配量。但是由于要合并零件，对号入座，给加工、装配和生产组织工作带来不便，因此，这种方法多用于单件小批量生产中。

③ 自身加工修配法。在机床制造过程中，有一些装配精度要求，总装时用自己加工自己的方法去达到要求，这种方法称为自身加工修配法。如图 1-80 所示的转塔车床，在总装时，利用在车床主轴上安装的镗刀作切削运动，转塔作

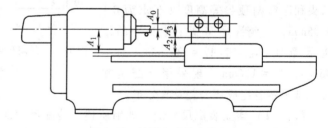

图 1-80 转塔车床的自身加工

纵向进给运动，镗削转塔上的六个孔，更好地保证主轴轴线与转塔各孔轴线同高。

修配装配法适用于成批生产中，封闭环公差要求较严，组成环较多，或在单件小批量生产中，封闭环公差要求较严，组成环较少的场合。

1.2.4 技能提高 CA6140 型卧式车床的机械故障处理一

1. 精车圆柱表面时出现混乱的波纹

【故障原因分析】

① 主轴的轴向游隙超差。

② 主轴滚动轴承滚道磨损，某粒滚珠磨损或间隙过大。

③ 主轴的滚动轴承外圈与主轴箱主轴孔的间隙过大。

④ 用卡盘夹持工件切削时，因卡盘后面的连接盘磨损而与主轴配合松动，使工件在车削中不稳定，或卡爪呈喇叭孔形状，使工件夹紧不牢。

⑤ 溜板（即床鞍、中滑板、小滑板）的滑动表面之间的间隙过大。

⑥ 刀架在夹紧车刀时发生变形，刀架底面与小滑板表面的接触不良。

⑦ 使用尾座顶尖车削时，尾座顶尖套夹紧不稳固，或回转顶尖的轴承滚道磨损，间隙过大。

⑧ 进给箱、溜板箱、托架的三个支承不同轴，转动时有卡阻现象。

【故障排除与检修】

① 可调整主轴后端推力轴承的间隙。

② 应调整或更换主轴的滚动轴承，并加强润滑。

③ 用千分尺、气缸表等检查主轴孔。圆度公差为 0.012mm，圆柱度公差为 0.01mm，前、后轴孔的同轴度公差为 0.015mm，轴承外圈与主轴孔的配合过盈量为 0~0.02mm。如果主轴孔的圆度、圆柱度等已超差，必须先设法刮圆、刮直，然后再采用局部镀镍等方法，以达到与新的滚动轴承外圈的配合要求。如果超差值过大，无法用局部镀镍的方法修复，则可采用镗孔镶套的办法予以解决。

④ 可先行拧紧卡盘后面的连接盘及安装卡盘的螺钉，如不见效，再改变工件的夹持方法，即用尾座顶住进行切削，如乱纹消失，即可肯定是由于卡盘后面的连接盘的磨损所致，这时可按主轴的定心轴颈配作新的卡盘连接盘。如果是卡爪呈喇叭孔时，一般用加垫铜皮的方法即可解决。

⑤ 调整床鞍、中滑板、小滑板的镶条和压板到合适的配合，使之移动平稳、轻便，用 0.04mm 塞尺检查时插入深度应小于或等于 10mm，以克服由于溜板在床身导轨上纵向移动时受齿轮-齿条及切削力的倾覆力矩的影响而沿导轨面跳跃的缺陷。

⑥ 在夹紧刀具后用涂色法检查方刀架底面与小滑板接合面的接触精度，应保证方刀架在夹紧刀具时仍保持与它均匀地全面接触，否则应用刮研法予以修正。

⑦ 应先检查顶尖套是否夹紧了，如已夹紧，则应检查顶尖套与尾座体的配合以及夹紧装置是否配合合适，如果确定顶尖套与尾座体的配合过松，则应对尾座进行修理，研磨尾座体孔，顶尖套镀铬后精磨与之相配，间隙控制在 0.015~0.025mm，回转顶尖有间距，则更换回转顶尖。

⑧ 找正光杠、丝杠与床身导轨的平行度，校正托架的安装位置，调整进给箱、溜板箱、托架三个支承的同轴度，使床鞍在移动时无卡阻现象。

2. 尾座锥孔内钻头、顶尖等顶不出来或钻头等锥柄受力后在锥孔内发生转动

【故障原因分析】

① 尾座丝杠头部磨损。

② 工具锥柄与尾座套筒锥孔的接触率低。

【故障排除与检修】

① 烧焊加长尾座丝杠的头部。

② 修磨尾座套筒的锥孔，涂色检查接触应靠近大端，接触应不低于工作长度的 75%。或

者是对尾座套筒实施改装，在锥孔后增加一个扁形槽，使用锥柄后带扁尾的刀具，在这样的扁尾套筒内就不会出现转动的情况。当然对尾座丝杠的头部也要进行相应的改动，车成 16mm×40mm 尺寸，使得丝杠头部在使用时也能通过套筒中宽为 18mm 的扁形槽，把刀具顶出来。

1.2.5 技能拓展 C620-1 型卧式车床溜板箱的拆装

C620-1 型卧式车床是我国于 20 世纪 50 年代自行设计、独立制造的第一代金属切削机床。该机床具有结构完善、耐用度高、性能稳定、工艺范围宽等优点。

1. C620-1 型卧式车床的型号含义、工艺范围及基本结构

（1）C620-1 型卧式车床的型号含义　C620-1 型卧式车床的型号是按照旧的方法编制的，其含义是普通卧式车床，中心高为 200mm，经过第一次重大改进。

（2）C620-1 型卧式车床的工艺范围　本机床主要车削内外圆柱面、圆锥面及其他旋转面，车削断面及各种螺纹：如米制、英制、模数及径节螺纹，加工工件公差等级最高可达 IT7 级、表面粗糙度值 Ra 为 0.8~3.2μm。

（3）C620-1 型卧式车床的基本结构　C620-1 型卧式车床的外形如图 1-81 所示。

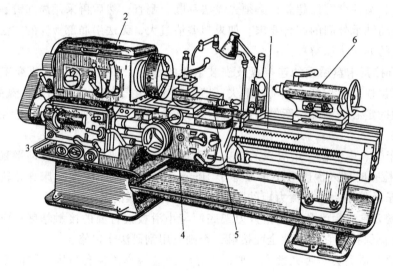

图 1-81　C620-1 型卧式车床的外形
1—床身　2—主轴箱　3—进给箱　4—溜板箱　5—溜板及刀架　6—尾座

1）床身。床身用经过孕育处理的铸铁铸成，并经时效处理。内部横筋为 H 形，刚性好。床身上有棱形和平面导轨各两条，均经精细加工，保证床鞍与尾座移动的精确度。床身固定在左右床腿上，在床身上安装车床的各个主要部件，使它们工作时保证准确的相对位置。

2）主轴箱。以宽阔的结合面稳固地装在床身左端，主轴前轴承为可调间隙的双列向心短圆柱滚子轴承，后轴承为圆锥滚子轴承。轴向载荷由一个推力球轴承承受。主轴的刚度和旋转精度较高，主轴正反转运动由斜齿轮接入，使传动平稳。主轴上的双向多片式摩擦离合器可将正反转传递给主轴，主轴的正反转与主轴制动装置互锁，由同一操纵杆操纵，操纵调节方便。主轴箱中有一个柱塞液压泵为主轴前轴承和摩擦离合器供油润滑，其余大部分零件采用飞溅润滑。主轴箱中装有主轴变速传动机构，工件通过主轴前端卡盘等夹具带动实现机床的主运动，其主要功用是支承主轴并把动力经变速机构传给主轴。

3）尾座。尾座可以沿床身导轨移动并可在任意位置固定，作为细长工件加工时的支承；可以横向移位，以加工锥度不大的长圆锥；尾座套筒内可以安装孔加工刀具，对工件的轴向孔进行钻孔、扩孔、铰孔；还可以安装螺纹加工刀具加工螺纹。

4）溜板及刀架组件。溜板共分三层，即大溜板（又称床鞍，可沿床身导轨纵向运动）、中溜板（可沿床鞍导轨横向运动）、小溜板（安装在中溜板的刀架回转盘上，可在水平面内正负偏转 60°，以车削短圆锥面）、转塔四方刀架（可以同时安装四把刀具）。

5）进给箱。固定在床身左侧的前端面，进给箱中装有进给运动的变速机构，用以调节车削加工时的进给量及加工螺纹时的螺距（或导程）。进给运动由光杠或丝杠传出，光杠供一般零件加工时进给，丝杠供加工螺纹时进给。

6）溜板箱。悬挂于车床的大溜板下，内部装有脱落蜗杆机构、互锁机构、纵向与横向机动进给切换机构。

7）交换齿轮架。固定在床身与床头箱左端面，主要作用是切换加工螺纹的旋向及加工螺纹的制式。

8）操纵系统。在各主要箱体的前面分布着各自的操纵手柄，机床的操纵系统主要由这些手柄及位于床身导轨下方的操纵杆组成。操纵机床时应注意：床头箱与进给箱手柄只许在低速或停车时使用；起动机床前，必须检查各手柄位置；装卸工件或离开机床时必须停止电动机转动。

（4）C620-1 型卧式车床主要技术规格与机床工作精度

1）C620-1 型卧式车床的主要技术规格如下：

床身上最大工件回转直径	400mm
刀架上最大工件回转直径	210mm
最大工件长度（4 种）	750mm、1000mm、1400mm、2000mm
中心高	202mm
主轴孔能通过棒料最大直径	37mm
主轴中心孔前端锥度	莫氏锥度 No 5
主轴转速	
正转（21 级）	12～1200r/min
反转（12 级）	18～1500r/min
车削螺纹范围	
米制螺纹（43 种）	1～192mm
英制螺纹（20 种）	2～24 牙/in
模数螺纹（38 种）	0.5～48mm
径节螺纹（37 种）	1～96 牙/in
进给量	
纵向（35 种）	0.08～1.59mm/r
横向（35 种）	0.027～0.52mm/r
刀架行程	
最大纵向行程（4 种）	650mm、900mm、1300mm、1900mm
最大横向行程	260mm

小刀架最大行程	100mm
主电动机功率	7kW

2）C620-1型卧式车床的工作精度。

圆度	0.01mm
精车端面平行度	0.015mm/100mm
表面粗糙度	1.6~3.2μm

2. C620-1型卧式车床的传动系统

（1）C620-1型卧式车床的主运动传动路线 车床的主运动是主轴的旋转运动，传动链的两端件是电动机和主轴。

由图1-82可知，电动机的运动经过传动比为130/260的带轮，经V带传到Ⅰ轴，Ⅰ轴上装有一个双向片式摩擦离合器 M_1，用它来控制主轴的正、反转及停车。当离合器 M_1 向左压紧时，运动经双联滑移齿轮传到Ⅱ轴，传动比为51/39或56/34，使Ⅱ轴得到2级正转转速；当 M_1 向右压紧时，则Ⅰ轴的运动经中间齿轮传动到Ⅱ轴，传动比为（50×36)/(24×36)，使Ⅱ轴得到1级反转转速。

Ⅱ轴的运动经Ⅲ轴上的三联滑移齿轮传递给Ⅲ轴，传动比为28/44、20/52或36/36，把Ⅱ轴的每1级转速变为3级，使Ⅲ轴得到6级正转转速、3级反转转速。

Ⅲ轴的运动分两路传到Ⅵ主轴：一路是当Ⅵ主轴上的牙嵌式离合器 M_2 向左接合时，运动直接经传动比为50/50的斜齿轮副传递给主轴，使Ⅶ主轴得到6级正转转速、3级反转转速；另一路是当牙嵌式离合器 M_2 向右接合时，Ⅲ轴的运动通过双联滑移齿轮，传动比为20/80或50/50传给Ⅳ轴，经双联滑移齿轮，将传动比为20/80或50/50传给Ⅴ轴，最后经圆柱斜齿轮副，传动比为32/64传动主轴，按常理，这条传动路线应使机床Ⅵ主轴获得6×2×2=24级转速，但由于Ⅲ轴与Ⅵ主轴之间的传动比实际上只有3种，因而使Ⅵ主轴得到6×3=18级正转转速和9级反转转速。

两条传动路线可以使Ⅵ主轴有18+6=24级正转转速，但其中又有三对非常近似的转速，故实际使用的只有21级；反转转速有3+9=12级。

机床的传动过程可以用传动结构式来表示。C620-1型卧式车床主运动的传动结构式如下：

$$\text{电动机} - \frac{130}{260} - \text{I} - \overrightarrow{M_1}\begin{Bmatrix}\frac{51}{39}\\[2pt]\frac{56}{34}\end{Bmatrix} \quad \overrightarrow{M_1}\frac{50}{36}\times\frac{36}{24} - \text{II} - \begin{Bmatrix}\frac{28}{44}\\[2pt]\frac{20}{52}\\[2pt]\frac{36}{36}\end{Bmatrix} - \text{III} - \begin{Bmatrix}\frac{50}{50}-\overleftarrow{M_2}\\[2pt]\begin{Bmatrix}\frac{20}{80}\\[2pt]\frac{50}{50}\end{Bmatrix}-\text{IV}-\begin{Bmatrix}\frac{50}{50}\\[2pt]\frac{20}{80}\end{Bmatrix}-\text{V}-\frac{32}{64}\overrightarrow{M_2}\end{Bmatrix} - \begin{matrix}\text{主}\\\text{轴}\\\text{VI}\end{matrix}$$

（2）C620-1型卧式车床的进给运动传动路线 进给运动传动链的两端件是主轴和刀架。它们运动的关系是：主轴转一转，刀架进给一个距离，用符号"S"表示，称为走刀量。走刀方向平行于主轴中心线的称为纵向进给，走刀方向垂直于主轴中心线的称为横向进给。

C620-1型卧式车床上的进给运动传动链基本上和车螺纹运动的传动链一致，为了减少丝杠的磨损以保持精度，进给运动是由光杠经溜板箱传给刀架的。

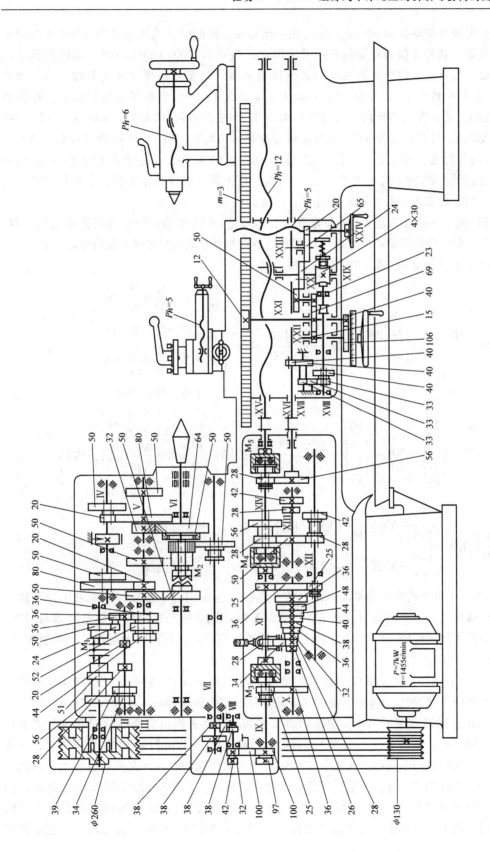

图 1-82　C620-1 型卧式车床传动系统图

注：指引线标注的是齿轮的齿数。

运动由主轴经传动比为 50/50 的齿轮副传至Ⅶ轴，经变向机构传动比为（38/38）×（38/38）传至Ⅷ轴，再经交换齿轮架的交换齿轮传动比为（42/100）×（100/100）齿轮副传至进给箱的Ⅸ轴，然后经过摆移齿轮机构的两条传动路线（即车米制螺纹或英制螺纹的传动路线），增倍机构和传动比为 28/56 的齿轮副传给光杠 XVI。光杠上的滑移齿轮将运动传给溜板箱内 XVII 轴上的空套双联齿轮，传动比为 40/40，经变向机构（33/33）×（33/33）或 40/40 传至蜗杆 XVIII 轴，经传动比为 4/30 的蜗杆蜗轮副传动 XIX 轴，当 $z = 24$ 的滑移齿轮与 XX 轴上的 $z = 50$ 的齿轮啮合时，则运动传至 XX 轴，传动比为 24/50，再经传动比为 23/69 的齿轮副传动至 XXI 轴，XXI 轴上的小齿轮 $z = 12$，与固定在床身上的齿条相啮合，小齿轮在床身齿条上滚动，同时使溜板箱及刀架做纵向进给运动。

如将 XIX 轴上的滑移齿轮 $z = 24$ 和 XXIII 轴上的齿轮 $z = 65$ 啮合，则运动经传动比为（24/65）×（65/20）的齿轮副传给横向进给丝杠 XXIV，通过螺母带动刀架做横向进给运动。

C620-1 型卧式车床进给运动的传动结构式如下：

$$\text{VI主轴}-\frac{50}{50}-\text{VII}-\left\{\begin{matrix}\frac{38}{38}\times\frac{38}{38}\\\\\frac{38}{38}\end{matrix}\right\}-\text{VIII}-\frac{42}{100}\times\frac{100}{100}-\text{IX}-\left\{\begin{matrix}\frac{25}{36}-\text{X}-\frac{z_{塔}}{34}\times\frac{34}{28}-\text{XI}\\\text{（第一传动路线）}\\\\\overrightarrow{\text{M}_3}-\text{XI}-\frac{28}{34}\times\frac{34}{z_{塔}}-\text{X}\\\text{（第二传动路线）}\end{matrix}\right.$$

$$\left.\begin{matrix}\frac{25}{36}\times\frac{36}{25}\\\\\frac{36}{25}\end{matrix}\right\}-\text{XII}-\left\{\begin{matrix}\frac{28}{56}\\\\\frac{56}{42}\end{matrix}\right\}-\text{XIII}-\left\{\begin{matrix}\frac{56}{28}\\\\\frac{28}{56}\end{matrix}\right\}-\text{XIV}-\frac{28}{56}-\text{光杠 XVI}-\frac{40}{40}-\text{XVII}-\left\{\begin{matrix}\frac{33}{33}\times\frac{33}{33}\\（变向机构）\\\\\frac{40}{40}\end{matrix}\right\}$$

$$-\text{XVIII}-\frac{4}{30}-\text{XIX}-\left\{\begin{matrix}\frac{24}{50}-\text{XX}-\frac{23}{69}-\text{XXI}-12\ (m=3\text{mm})\text{——纵向进给}\\\\\frac{24}{65}-\text{XXIII}-\frac{65}{20}-\text{丝杠}\ (Ph=5\text{mm})\text{——横向进给}\end{matrix}\right.$$

（3）C620-1 型卧式车床车螺纹运动的传动路线　在车床上车螺纹时，要求工件每转一转，刀架准确地移动一个螺距（或导程），所以车螺纹运动传动链的两端件是主轴与刀架。根据机床的使用技术性能，C620-1 型卧式车床能加工各种左、右旋的米制螺纹、英制螺纹、模数螺纹和径节螺纹。

1）车削米制螺纹。米制螺纹的螺距用米制长度单位（mm）来表示。米制螺纹的螺距数列是一个分段等差级数。C620-1 型卧式车床丝杠的螺距是米制的，螺距为 12mm。

由图 1-82 传动系统图可知，从主轴到刀架之间，传动过程由交换齿轮架和进给箱来变速。VI 主轴的运动，经传动比为 50/50 的齿轮副传到 VII 轴，又经滑移齿轮的变向机构传到 VIII 轴，这个变向机构是用于变换加工左、右旋螺纹的进给方向的。再经交换齿轮架上传动比为（42/100）×（100/100）两对齿轮副传给进给箱中的 IX 轴，经传动比为 25/36 的齿轮副传到 X 轴，再经齿数分别为 26、28、32、36、38、40、44、48 的塔齿轮传到摆移齿轮副 34/28，使 XI 轴得到 8 级不同的转速。再经传动比为（25/36）×（36/25）的两对齿轮副，使运动传到

XII轴。其中 $z=36$ 的过桥齿轮是空套在 X 轴上面的。经 XII 轴上的双联滑移齿轮副，传动比为 28/56 或 42/42，使 XIII 轴得到 $8×2=16$ 级转速。再经传动比为 56/28 或 28/56 的双联滑移齿轮副使 XIV 轴得到 $16×2=32$ 级转速，最后经 XIV 轴上的滑移齿轮接通内齿离合器 M_5，使丝杠转动，通过合上开合螺母，而使刀架获得车米制螺纹时的进给运动。其传动结构式如下：

$$VI\ 主轴—\frac{50}{50}—VII—\left\{\begin{array}{c}\frac{38}{38}×\frac{38}{38}\\（变向机构）\\ \frac{38}{38}\end{array}\right\}—VIII—\frac{42}{100}×\frac{100}{100}—IX—\frac{25}{36}—X—\left\{\begin{array}{c}\frac{26}{34}×\frac{34}{28}\\ \frac{28}{34}×\frac{34}{28}\\ \frac{32}{34}×\frac{34}{28}\\ \frac{36}{34}×\frac{34}{28}\\ \frac{38}{34}×\frac{34}{28}\\ \frac{40}{34}×\frac{34}{28}\\ \frac{44}{34}×\frac{34}{28}\\ \frac{48}{34}×\frac{34}{28}\end{array}\right\}—XI$$

$$—\frac{25}{36}×\frac{36}{25}—XII—\left\{\begin{array}{c}\frac{28}{56}\\ \frac{42}{42}\end{array}\right\}—XIII—\left\{\begin{array}{c}\frac{56}{28}\\ \frac{28}{56}\end{array}\right\}—XIV—M_5—丝杠\ XV\ （Ph=12mm）—开合螺母—刀架$$

2）车削英制螺纹。英制螺纹常在加工机修零件及管螺纹时遇到，英制螺纹的螺距是用每英寸长度里具有的螺纹牙数 n 来表示，车床的丝杠是米制的，可以把英制的螺距换算成米制的螺距来进行。

因为 $1in=25.4mm$，所以

$$P=25.4/n$$

式中　 P——螺距（mm）；

　　　　n——每英寸的牙数，是一个等差数列。

从上面的关系式中可以看出，英制螺纹的每英寸牙数 n 是在分母的位置，在换算成米制的螺距时，还存在一个特殊因子 25.4。

在进给箱的传动路线中，只要能解决英制基本组螺距的变量在分母上及解决 25.4 这个特殊因子的换算，就可以加工出英制螺纹了。

车削英制螺纹的传动过程：主轴的旋转运动经变向机构，交换齿轮架传至进给箱 IX 轴后，经离合器 M_3，传动至 XI 轴，由摆移齿轮 $(28/34)×(34/z_{塔})$ 传动至 X 轴，经传动比为 36/25 的齿轮副传动至 XII 轴，然后和米制螺纹的传动路线一样，经增倍机构、离合器 M_5 传动丝杠，由开合螺母带动刀架进给。

3）车削模数螺纹。模数螺纹就是米制蜗杆，用模数 m 来表示。单头的模数螺纹，其螺

距 $P = \pi m$。标准的 m 值，也是按等差级数排列的，它与米制螺距的关系中，有一特殊因子"π"，可以利用米制螺纹的传动路线，但必须解决"π"的问题。C620-1 型卧式车床通过改变交换齿轮架的交换齿轮传动比来解决"π"的问题。故先将交换齿轮（42/100）×（100/100）换成（32/100）×（100/97），就可以利用米制螺纹的传动路线加工模数螺纹。

4）车削径节螺纹。径节螺纹就是英制的蜗杆。其表示方法是用每英寸节圆直径上的齿数来表示，称为径节，其符号是"D_P"，"D_P"是按等差级数排列的。

5）车大螺距螺纹。在车床上，有时需要加工大螺距的螺旋槽，如油槽或多线螺纹等。这就要求工件转一转时，刀架移动一个较大的距离。这样必须提高丝杠的转速，车床上有一扩大螺距装置适应这一要求。

车大螺距螺纹时，将主轴变速箱内Ⅶ轴上的滑移齿轮（$z = 50$）拨至与Ⅲ轴上最右端的齿轮（$z = 50$）啮合，Ⅶ轴在车普通螺距的螺纹时，是由主Ⅵ轴带动的，而车大螺距螺纹时，则由Ⅲ轴带动。

由主运动的传动系统可知，Ⅵ主轴的转速是Ⅲ轴的转速的 1/2、1/8 或 1/32，即Ⅲ轴的转速比Ⅵ主轴的转速高 2 倍、8 倍或 32 倍。于是从Ⅵ主轴经Ⅴ轴、Ⅳ轴到Ⅲ轴，接下去传动丝杠，可以使丝杠的转速比车普通螺纹时提高 2 倍、8 倍或 32 倍。也就是说，主轴在 11.5 ~ 37.5r/min 的范围内，螺距可以扩大 32 倍，主轴在 46 ~ 150r/min 的范围内，螺距可以扩大 8 倍。扩大 2 倍没有实际使用价值，通常不用。主轴由Ⅲ轴传动 6 级高转速时，扩大螺距机构不起作用。

3. C620-1 型卧式车床溜板箱的拆装

溜板箱的作用是将光杠传来的旋转运动转变为纵向或横向进给运动，或将丝杠的旋转运动转为切削螺纹直线进给运动的部件。图 1-83 是溜板箱的展开图，对照上下视图，可以看出各传动轴在溜板箱中的位置，了解各传动轴的轴承结构，以及轴向定位的方法。由于溜板箱中传动轴的转速较低，故各传动轴都采用滑动轴承。为了防止箱壁的磨损及方便装配，ⅩⅪ轴、ⅩⅩ轴的支承都是镶套的，镶套抵着轴的台阶，固定轴的轴向位置。ⅩⅪ轴上的小齿轮（$z = 12$）与床身上的齿条啮合，并在其上滚动，带动溜板箱做纵向直线进给运动。进给移动的距离，可以从刻度盘 4 中读出。刻度盘 4 的转动是由ⅩⅪ轴上的小齿轮 1 带动齿轮套筒 2，经过弹簧片 3 的摩擦力带动的。溜板箱中主要有脱落蜗杆机构、开合螺母机构及光杠和丝杠互锁机构。

（1）脱落蜗杆机构 脱落蜗杆机构是防止过载与自动断开进给运动的机构。图 1-84 是脱落蜗杆机构示意图，图 1-85 是脱落蜗杆机构的工作原理图。运动由光杠经变向机构传给轴 1，又通过万向接头 2 传至轴 3，蜗杆 4 空套在轴 3 上，蜗杆 4 的右端是端面呈螺旋曲面的牙嵌式离合器 6，牙嵌式离合器 6 的右半部，其形状如右上图所示，它是用花键与轴 3 联接的，并用弹簧 7 的压力，使离合器处在结合的状态。于是，轴 3 的转动通过离合器 6 而传动至蜗杆 4，带动蜗轮 5 转动，从而实现纵向或横向的进给运动。

机床在切削过程中发生过载现象时，刀架溜板则不能移动，蜗杆就转不动了，但这时光杠传来的运动使轴 3 继续带动牙嵌式离合器 6 的右半部转动，于是沿离合器的螺旋曲面，轴向推力越来越大，压缩弹簧 7 推开离合器的右半部，它的台肩又推动杠杆 8 绕轴心顺时针转动，脱开了蜗杆支架 9，使轴 3 绕铰链 10 而向下脱落，蜗杆则不能与蜗轮啮合，于是传动被蜗杆切断，自动进给即停止。当需要重新实现自动进给时，只要操纵溜板箱上的手柄 11

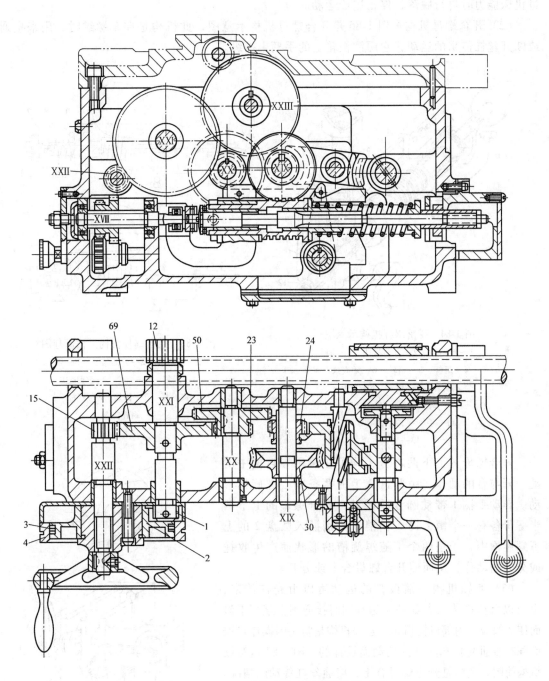

图 1-83　C620-1 型卧式车床溜板箱的展开图

1—小齿轮　2—齿轮套筒　3—弹簧片　4—刻度盘

注：其余指引线标注的是齿轮的齿数。

而使杠杆 8 转回原位，重新抬起并支承着支架 9，则轴 3 也随着抬起而使蜗杆与蜗轮啮合，进给运动则又重新接通。脱落蜗杆的负载能力由弹簧 7 的压力来决定，弹簧 7 的压力由螺母12 来调整，应保证在切削时，使用可靠，能正常传递动力进行纵横进给，又要能在载荷超过机床能力时自行脱落，停止进给运动。

（2）开合螺母机构 图1-86是开合螺母机构示意图，此机构是在车螺纹时，用来接通或断开丝杠传来的运动，它用溜板箱上的手柄来操纵。

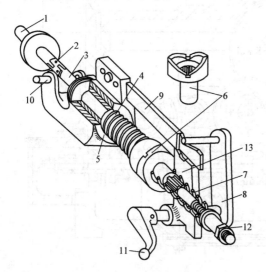

图1-84 脱落蜗杆机构示意图

1—传给轴 2—万向接头 3—轴
4—蜗杆 5—蜗轮 6—牙嵌式
离合器 7—弹簧 8—杠杆
9—蜗杆支架 10—铰链
11—手柄 12—调整螺母
13—支架

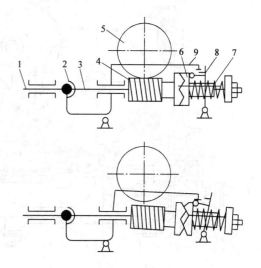

图1-85 脱落蜗杆机构工作原理图

1—传给轴 2—万向接头 3—轴
4—蜗杆 5—蜗轮 6—牙嵌式
离合器 7—弹簧 8—杠杆
9—蜗杆支架

开合螺母的上下两部分，均可在燕尾导轨槽中滑动，开与合的动作，由圆盘2上的两条偏心螺旋槽带动。转动手柄1带动圆盘2转动，开合螺母的上下两半螺母各有一个销，销5和销6分别插入圆盘2的上下螺旋槽中，于是两个销随螺旋槽的形状而产生收拢或分开的动作，从而使开合螺母合上或分开。

（3）互锁机构 溜板箱的运动可以由光杠传来，也可以由丝杠传来，如两个运动同时接通则会互相干涉而使溜箱板的内部机构损坏。互锁机构是防止因操作错误而同时接通光杠和丝杠的运动而设计的。图1-87是互锁机构简图。图中是开合螺母合上，接通丝杠传动的情况。手柄8是操纵开合螺母的，轴7上固定着互锁套筒，这时互锁套筒6上的凸块正好卡在拨叉3的凹槽里，此时如要接通光杠传来的进给运动而转动手柄1，由于拨叉3被互锁套筒6的凸块卡着而不能转动，手柄1就被锁住。而当转动手柄8而使开合螺母分开时，互锁套筒6的凸块同时转出拨叉3的凹槽之外，这时手柄1才可以自由接通纵向或横向进给。当 $z=24$ 的齿轮带动 $z=50$

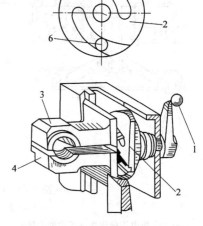

图1-86 开合螺母机构示意图

1—手柄 2—圆盘 3—上半螺母
4—下半螺母 5、6—销

的齿轮时，接通纵向进给；当 $z=24$ 的齿轮带动 $z=65$ 的齿轮时，则接通横向进给。因纵向与横向进给都是使用滑移齿轮（$z=24$）来接通，因此无需考虑误操作的问题。而接通了纵向或横向进给时，因拨叉3转动了位置，此时若要转动手柄8而合上开合螺母，则因互锁套筒6上的凸块转不进拨叉3的凹槽中，手柄8无法动转，开合螺母则合不上。互锁机构保证溜板箱的传动机构不因同时接通光杠与丝杠的运动而被损坏，是一种安全保护装置。

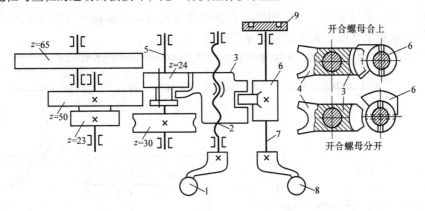

图1-87 互锁机构简图

1、8—手柄 2、4、5、7—轴 3—拨叉 6—互锁套筒 9—开合螺母

4. 蜗轮、蜗杆的修复原则

1）齿面粗糙度 Ra 值大于 $3.2\mu m$ 时应进行修复。

2）齿面磨损经修复后，齿厚减薄量不能超过原齿厚的8%。

3）齿的接触面积低于装配要求时，应进行修理。

5. 蜗杆传动机构的修理

当一般传动的蜗杆、蜗轮工作表面磨损或划伤后，通常要更换新的。对于大型蜗轮，为了节约材料，可以采用更换轮缘法修复。方法是车去磨损的轮缘，再压装一个新的轮缘，用定位螺钉定位。对于分度用的蜗杆机构（又称为分度蜗轮副），其传动精度要求很高，修理工作也很复杂和精细，修理难度较大。

 子任务1.3 CA6140型车床尾座套筒的测绘

工作任务卡

工作任务	车床尾座套筒的测绘
任务描述	以项目小组为单位，正确选择测量工具和方法，自主完成制订测绘方案任务，并在此基础上绘制尾座套筒草图和零件图，同时进行实训报告等文件的归档整理，并进行评价
任务要求	1）测量尾座套筒 2）绘制尾座套筒草图 3）绘制尾座套筒零件图

1.3.1 常用测量工具的认识与使用

1. 金属直尺

（1）金属直尺的规格和应用　金属直尺是一种简单的尺寸测量工具，尺面上刻有尺寸线，最小刻线距离为 0.5 mm，其长度规格有 150 mm、300 mm、500 mm、1000 mm 等，主要用来量取尺寸、测量工件，也常用作划直线的导向工具，测量的尺寸精度在 0.25 ~ 0.5mm 之间，适合测量要求精度不高的部位，如图 1-88 所示。

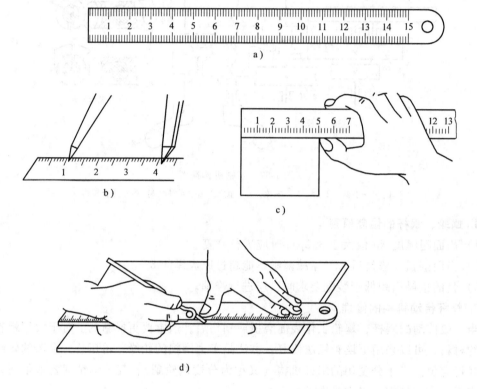

图 1-88　金属直尺
a）金属直尺　b）量取尺寸　c）测量工件　d）划直线

（2）金属直尺的使用方法

1）横测时，应将金属直尺拿稳，用拇指贴靠工件，金属直尺要与工件平行，视线应与工件成 90°。

2）立测时，金属直尺要与工件垂直，视线应与工件成 90°，在测量工件时，握金属直尺的手必须靠近工件，保持金属直尺稳定正确，不能歪斜，否则会影响测量的准确度。

2. 量规

（1）量规的分类　量规可分为工作量规、验收量规和校对量规三种。

1）工作量规。工作量规是指在工件制造过程中，操作者对工件进行检验时所使用的量规。通规用代号 T（"通"的汉语拼音首字母）表示，止规用代号 Z（"止"的汉语拼音首字母）表示。

2）验收量规。验收量规是指检验人员或用户代表在验收产品时所用的量规。验收量规无需另行设计和制造，它是由磨损较多，但未超过磨损极限的工作量规中挑选出来的，验收量规的止规应接近工件最小实体尺寸。这样规定，生产者自检合格的工件，检验人员验收时也一定合格。

若用量规检验工件判断有争议时，国标规定应该使用下述量规解决：通规应等于或接近工件的最大实体尺寸；止规应等于或接近工件的最小实体尺寸。

3）校对量规。校对量规是指用以检验工作量规的量规。对于孔用工作量规的校对，使用通用计量器具测量很方便，不需要校对量规，只有轴用工作量规才设计和使用校对量规。

（2）量规的使用方法　光滑极限量规分为塞规和卡规。检验孔径的光滑极限量规称为塞规，检验轴径的光滑极限量规叫环规或卡规，如图1-89所示。两种量规都有通规与止规之分，通常是成对使用的。

塞规是用来检验孔的。它的通规是根据被检孔的下极限尺寸确定的，止规是按被测孔的上极限尺寸制造的。检验孔时，塞规的通规应通过被检孔，表示被测孔径大于下极限尺寸；塞规的止规应不通过被检孔，表示被测孔径小于上极限尺寸，即说明孔的实际尺寸在规定的极限尺寸范围之内，如图1-89a、b所示。

卡规是检验轴用的极限量规。卡规的通端是按轴的上极限尺寸设计的，止端是按轴的下极限尺寸设计的。在检验轴时，卡规的通规应通过被检验的轴，表示被测轴径小于上极限尺寸；卡规的止规不通过被测轴，表示被测轴径大于下极限尺寸，如图1-89d、e所示。

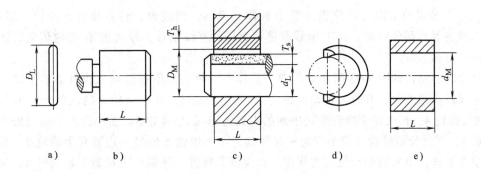

图1-89　光滑极限量规

a）塞规的止规　b）塞规的通规　c）孔、轴的配合
d）卡规的止规　e）卡规的通规（环规）

量规的通规是按最大实体尺寸，止规是按最小实体尺寸制造的。用量规检验零件时，只要通规通过，止规不通过，则说明被测件是合格的，否则工件就不合格。

使用塞规测量孔径时，当"通端"能进去，而"止端"进不去，即为合格。塞规及其使用如图1-90所示。

使用卡规测量轴径时，当"通端"能通过，而"止端"通不过，即为合格。环规用来测量直径，用法同卡规一样，如图1-91所示。

3. 百分表

测量工件时常常使用百分表。百分表是一种指示量仪，其刻度值为0.01mm，刻度值为

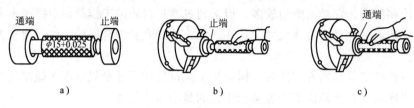

图 1-90　塞规及其使用

a）塞规　b）止端应用　c）通端应用

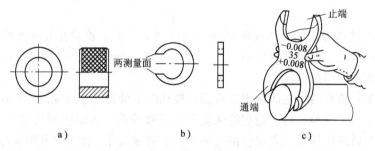

图 1-91　环规、卡规及其使用

a）环规　b）单用卡规　c）双头卡规的使用

0.001 mm 或 0.002 mm 的则称为千分表。百分表主要用于测量工件的形状和位置精度，测量内孔、找正工件在机床上的安装位置或进行零件几何误差检测。常用的百分表有钟表式和杠杆式两种，如图 1-92 所示。

（1）百分表的结构　百分表主要由表体、表圈、刻度盘、转数指针、指针、装夹套、齿杆和触头等几部分组成。其工作原理是将测杆的直线位移，经过齿条-齿轮传动，转变为指针的角位移。

百分表的结构如图 1-93 所示。图中 1 是淬硬的触头，用螺纹旋入齿杆 2 的下端。齿杆的上端有齿。当齿杆上升时，带动齿数为 16 的小齿轮 3，在小齿轮 3 的同轴上装有齿数为 100 的大齿轮 4，再由这个齿轮带动中间的齿数为 10 的小齿轮 5。在小齿轮 5 的同轴上装有长指针 6，因此长指针就随着小齿轮一起转动，在小齿轮 5 的另一边装有大齿轮 7，在其轴下端装有游丝，用来消除齿轮间的间隙，以保证其精度。该轴的上端装有短指针 8，用来记录长指针的转数（长指针转一周时短指针转一格）。拉簧 11 的作用是使齿杆 2 能回到原位。在表盘 9 上刻有线条，共分 100 格。转动表圈 10，可调整表盘刻线与长指针的相对位置。

（2）百分表的使用方法

1）使用前，要认真进行检查。要检查外观，表面玻璃是否破裂或脱落；是否有灰尘和湿气侵入表内。检查量杆的灵敏性，是否移动平稳、灵活，有无卡阻等现象。

2）使用时，必须把它可靠地固定在表座或其他支架上，否则可能摔坏百分表。百分表应固定在可靠的表架上，根据测量需要，可选择带平台的表架或万能表架。

3）百分表既可用作绝对测量，也可用作相对测量。进行相对测量时，用量块作为标准件，具有较高的测量精度。

4）触头与被测表面接触时，齿杆应有 0.3～1mm 的压缩量，可提高示值的稳定性，所以要先使主指针转过半圈到一圈左右。当齿杆有一定的预压量后，再把百分表紧固住。百分表齿杆与被测工件表面必须垂直，否则将产生较大的测量误差。

5）为了读数的方便，测量前一般把百分表的主指针指到表盘的零位，然后再提拉测量杆，重新检查主指针所指零位是否有变化，反复几次直到校准为止。

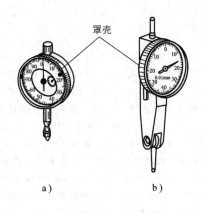

图 1-92　百分表

a）钟表式百分表　b）杠杆式百分表

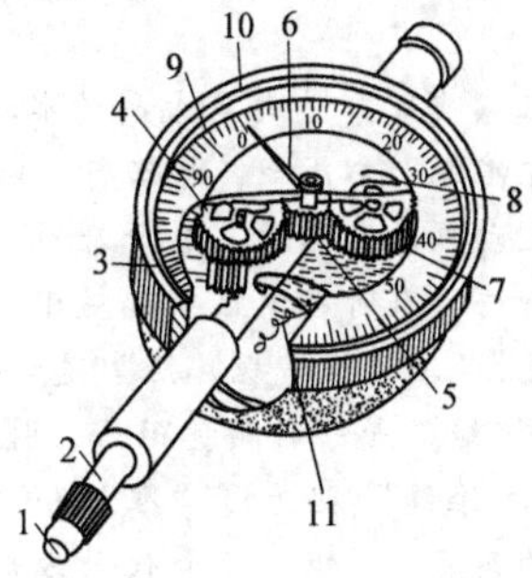

图 1-93　百分表的结构

1—触头　2—齿杆　3、5—小齿轮　4、7—大齿轮　6—长指针
8—短指针　9—表盘　10—表圈　11—拉簧

6）测量工件时应注意量杆的位置。

7）测量时，齿杆的行程不要超过它的测量范围，以免损坏表内零件；避免振动、冲击和碰撞。

8）百分表要保持清洁。

9）测量圆柱形工件时，测杆轴线应与圆柱形工件直径方向一致。

10）在测量时，应轻轻提起测杆，把工件移至触头下面，缓慢下降测头，使之与工件接触，不准把工件强迫推至测头，也不准急速下降测头，以免产生瞬时冲击测力，给测量带来误差。对工件进行调整时，也应按上述操作方法。

11）根据工件的不同形状，可自制各种形状测头进行测量：如可用平测头测量球形的工件，可用球面测头测量圆柱形或平表面的工件；可用尖测头或曲率半径很小的球面测头测量凹面或形状复杂的表面。测量薄形工件厚度时须在正、反方向上各测量一次，取最小值，以免由于弯曲，不能正确反映其尺寸。

12）齿杆上不要加油，以免油污进入表内，影响表的传动机构和齿杆移动的灵活性。

4. 常用量具的维护和保养

为了保持量具的精度，延长其使用寿命，对量具的维护保养必须十分注意。为此，应做到以下几点。

1）测量前应将量具的测量面和工件被测量面擦净，以免脏物影响测量精度和加快量具磨损。

2）量具在使用过程中，不要和工具、刀具放在一起，以免碰坏。

3）量具不应放在热源（电炉、暖气片等）附近，以免受热变形。

4）量具用完后，应及时擦净、涂油，放在专用盒中，保存在干燥处，以免生锈。

5）精密量具应实行定期鉴定和保养。使用者发现精密量具有不正常现象时，应及时送交计量室检修。

你知道吗？

我国最早的测量工具

司马迁在《史记》中写到大禹治水时有这样一段话："（禹）陆行乘车，水行乘舟，泥行乘橇，山行乘檋，左准绳，右规矩，载四行，以开九州，通九道"。在这里，司马迁给我们展现了禹带领测量队治水的生动画卷。你看，禹带着测量人员，肩扛测量仪器，准、绳、规、矩样样具备。他们有时在陆地坐车行进，有时在水上乘船破浪，有时在泥泞的沼泽地里坐着木橇，有时穿着带铁钉的鞋登山。由此可见，"准、绳、规、矩"是古代使用的测量工具。"准"是古代用的水准器。这在《汉书》上就有记载。"绳"是一种测量距离、引画直线和定平用的工具，是最早的长度度量和定平工具之一。禹治水时，"左准绳"就是用"准"和"绳"来测量地势的高低，比较地势之间高低的差别。"规"是校正圆形的用具。"矩"是古代画方形的用具，也就是曲尺。古人总结了"矩"的多种测绘功能，既可以定水平、测高、测深、测远，还可以画圆画方。一个结构简单的"矩"，由于使用时安放的位置不同，便能测定物体的高低远近及大小，它的广泛用途，体现了古代中国人民的无穷智慧。

然而，"准、绳、规、矩"还不是最早的测量工具。1952年，人们在陕西省西安市半坡村发现了一处距今约六七千年的氏族村落遗址。在这个遗址中，有完整的住宅区，其中有四十六座圆形的或方形的房子，门都是朝南开的。由此可以断定，氏族人是能准确地辨别方向的。他们用什么办法来辨认方向呢？据推测，他们是观察太阳、星星来辨别方向的。一般的物体，如树木、房屋等，在太阳光的照耀下，都会投射出影子来，人们在生产和生活实践中常常观察这些影子，慢慢地，人们发现这些影子不仅随着时间的推移而变化着，而且这些影子的变化是有规律的。"立竿见影"便是我国古老的测量工作。古人们用"立竿见影"来确立方向，测定时刻，或者测定节气乃至回归年的长度等。由此可以说，中国最古老、最简单的测量工具是"表"，也就是普通的竹竿、木竿或者石柱等物。人们从远古研究"竿影"不知有多少万年了。经过长期的生产实践，人们通过"竿影"的丈量和推导，创造出一套"测量高远术"来，"立竿见影"也成了汉语中的一句成语。

1.3.2 零件草图的绘制

1. 草图的概念

零件草图虽是徒手目测绘制而成的，但它是绘制零件工作图的原始资料，它必须具备零件图应有的全部内容和要求，它的线型虽然不可能像用尺和仪器绘制的那样均匀挺拔，但应努力做到明显、清晰，图形比例匀称，字体工整，因此不得将草图错误地理解为"潦草"的图，必须认真、仔细地对待。

草图是不借助仪器，仅用铅笔以徒手、目测的方法绘制的图样。由于绘制草图迅速简便，有很大的实用价值，常用于创意设计、测绘机件和技术交流中。草图不要求按照国家标准规定的比例绘制，但要求正确目测实物形状及大小，基本上把握住形体各部分间的比例关系。判断形体间比例要从整体到局部，再由局部返回整体，相互比较。如一个物体的长、宽、高之比为4:3:2，画此物体时，就要保持物体自身的这种比例。

为便于控制尺寸大小，经常在网格纸上画徒手草图，网格纸不要求订在图板上，为了作图方便可任意转动和移动。

2. 草图的画法

（1）直线的画法　水平线应自左至右运笔，如图1-94所示，一般画短的水平线转动手腕，眼光注意着终点，控制方向，把线画直。

如图 1-95 所示，当画的直线较长时，应移动手臂画出。由于手臂的运动，有可能把直线画成很大的圆弧，因此画长直线的步骤如下：

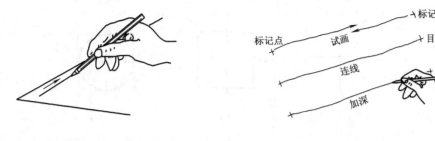

图 1-94　草图上水平线画法　　　　　　　图 1-95　草图上长直线画法

1）在两端作出标记点。

2）在两标记点之间，轻轻地试画几下，以校正视线及手势。

3）在两端点间轻轻地画上 2~3 条较长的线，把两端点连起来，这时，眼光应看着画线方向，同时把刚才试画时的缺点修正。

4）加深，得到光滑均匀的直线。

画线时，也可转动图纸到最顺手的位置，垂直线可以向上或向下画出，如图 1-96 所示，也可转动图纸如水平线一样画出。

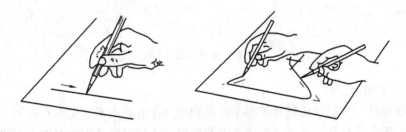

图 1-96　垂直线的画法

（2）常用角度的画法　画 45°、30°、60° 等常见角度时，应根据两直边的比例关系，在两直角边上定出几个点，然后连接而成，画线的运笔方向如图 1-97 所示。

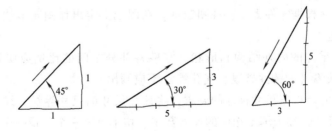

图 1-97　角度线的画法

（3）圆的画法　画圆时，应先定出圆心位置，过圆心画出互相垂直的中心线，在中心线上点出等距的点，过点作圆的外切正四边形，再作出圆，如图 1-98 所示。

当圆较大时，可再增加一些点，过点作半径方向的垂直线（圆的切线），然后连成图，如图 1-99 所示。

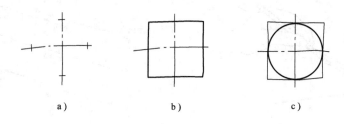

图 1-98　小圆的徒手画法

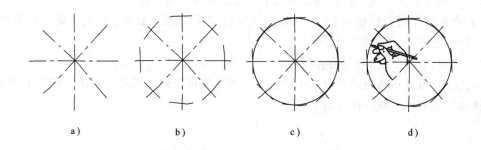

图 1-99　大圆的徒手画法

3. 画零件草图的步骤

（1）分析零件　为把各式各样被测零件准确完整地表达出来，应先对被测零件进行详细的分析，了解零件的名称、类型，在机器中的作用，使用材料及大致的加工方法，进而分析零件的结构、形状，从而酝酿零件的正确表达方案。

（2）选择、比较并决定零件视图的表达方案　一个零件的表达方案并非是唯一的，应根据准确、完整、绘图简便、读图方便的原则确定最佳的一种。

（3）徒手目测画出零件图

1）定位布局。根据零件大小，视图数量，在图纸上定出作图基准线、中心线，注意留出标注尺寸的位置。

2）详细画出零件的内外结构和形状。零件各部分之间的比例应协调。对于零件的破旧、磨损或其他缺陷（如铸件砂眼、气孔等）不应画出。

3）注、量尺寸。根据尺寸标注的要求，将该注尺寸的尺寸界线、尺寸线全部画出，然后集中测量各个尺寸，逐个填上相应的尺寸数字，切不可画一个、量一个、注一个，这样不仅费时，而且容易将所需尺寸画错或遗漏。

4）制订技术要求。根据实践经验或用样板进行比较，确定表面粗糙度。查阅有关书籍及资料确定零件的尺寸公差、几何公差及热处理等要求。

1.3.3 绘制零件图

一张零件图应具备以下四方面的内容：一组表达零件内、外结构形状的视图；制造零件所需要的全部尺寸；表明零件在制造和检验时应达到的技术要求，如表面粗糙度、尺寸公差、几何公差、热处理、表面处理以及其他要求；注明零件名称、数量、材料、图样比例及图号等内容的标题栏。

1. 零件图的视图选择

视图选择的原则是首先选好主视图，然后再选配其他视图，以确定表达方案。选择主视图应注意以下问题。

（1）零件的形状特征 主视图应以能够较好地反映零件各部分形状及组成零件各功能部分的相对位置作为主视图的投射方向，以便于设计和读图。图1-100所示的轴，按 A 方向进行投射所得到的视图，与按 B 向进行投射所得到的视图相比较，前者反映形状特征好，因此应以 A 向作为主视图的投射方向，如图1-100所示。

（2）零件的工作位置 主视图最好能与零件安装在机器（或部件）中的工作位置一致，便于想象零件在机器中的工作状况，方便阅读零件图。像叉架、箱体等零件，由于结构形状比较复杂，加工面较多，并且需要在各种不同的机床上加工，因此，这类零件的主视图应按该零件在机器中的工作位置画出，便于按图装配。

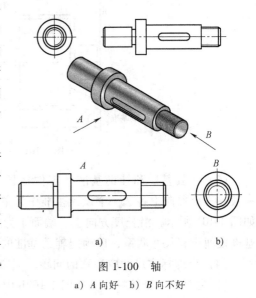

图 1-100   轴
a）A 向好 b）B 向不好

（3）零件的加工位置 主视图最好能与零件在机械加工时的装夹位置一致，以便于加工时看图和尺寸。轴、套、轮和圆盖等零件的主视图，一般按车削加工位置绘制，即将轴线水平放置，如图1-100a所示。

除主视图外，还须选择一定数量的其他视图，才能将零件各部分的形状和相对位置表达清楚。其他视图的选择，应优先考虑基本视图，并在基本视图上作剖视、断面等。

2. 零件图的尺寸标注

（1）主要尺寸和非主要尺寸 凡直接影响零件使用性能和安装精度的尺寸称为主要尺寸，主要尺寸包括零件的规格性能尺寸、有配合要求的尺寸、确定零件之间相对位置的尺寸、连接尺寸、安装尺寸等，一般都有公差要求。

仅满足零件的机械性能、结构形状和工艺要求等方面的尺寸称为非主要尺寸。非主要尺寸包括外形轮廓尺寸，无配合要求的尺寸、工艺要求的尺寸，如退刀槽、凸台、凹坑、倒角等，一般都不注公差。

（2）尺寸基准 零件在设计、制造中确定尺寸位置的几何元素称为尺寸基准。尺寸基准通常可分为设计基准和工艺基准两类。

设计基准是根据零件在机器中的作用和结构特点，为保证零件的设计要求而选定的一些基准。从设计基准出发标注尺寸，可以直接反映设计要求，能体现零件在部件中的功能。它一般是用来确定零件在机器中准确位置的接触面、对称面、回转面的轴线等。如图 3-125 所示的端面 I 是主动齿轮轴轴向设计基准，端面 II 是泵体长度方向的设计基准。在部件装配时它们又体现为装配基准。

工艺基准是在加工或测量时，确定零件相对位置、工装或量具位置的面、线或点。从工艺基准出发标注尺寸，可直接反映工艺要求，便于操作，保证加工和测量质量。

在标注尺寸时，最好能把设计基准和工艺基准统一起来，这样，既能满足设计要求、又能满足工艺要求。如图 1-101 所示齿轮轴的端面 I 既是设计基准又是工艺基准。当设计基准和工艺基准不能统一时，主要尺寸应从设计基准出发标注，如图 1-101 所示的齿轮长 25mm。

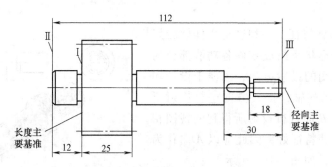

图 1-101　主要基准和辅助基准

（3）主要基准和辅助基准　零件在长、宽、高三个方向上各有一个至几个尺寸基准。一般在三个方向上各选一个设计基准作为主要尺寸基准，其余的尺寸基准是辅助尺寸基准。如图 1-101 所示，沿长度方向上，端面 I 为主要基准，II、III 为辅助基准。辅助基准与主要基准之间应有尺寸联系，以确定辅助基准的位置，如尺寸 12mm、112mm。

（4）合理标注尺寸应注意的问题

1）主要尺寸直接标注。在图 1-102b 中如注成尺寸 b、c，由于加工误差，尺寸 a 误差就会很大，所以，尺寸 a 必须直接从底面注出，如图 1-102a 所示。同理，安装时，为保证轴承上两个 $\phi6mm$ 孔与机座上的孔准确装配，两个 $\phi6mm$ 孔的定位尺寸应该如图 1-102a 所示直接注出中心距 k，而不应如图 1-102b 所示标注两个 e。

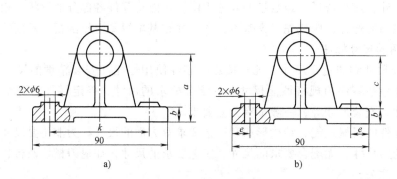

图 1-102　尺寸标注一

a）正确　b）不正确

2）符合加工顺序。按加工顺序标注尺寸，便于看图、测量，且容易保证加工精度。在图 1-103 中，零件的加工顺序如图 c 所示，图 b 的尺寸注法不符合加工顺序，是不合理的。

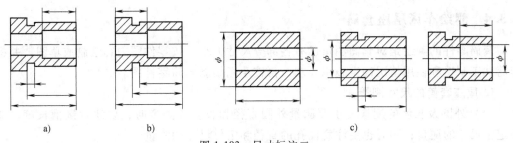

图 1-103　尺寸标注二

a）合理　b）不合理　c）加工顺序

3）便于测量。如图 1-104 所示，在加工阶梯孔时，一般先加工小孔，然后依次加工出大孔。因此，在标注轴向尺寸时，应从端面注出大孔的深度，以便于测量。

4）加工面和非加工面。对于铸造或锻造零件，同一方向上的加工面和非加工面应各选择一个基准分别标注有关尺寸，并且两个基准之间只允许有一个联系尺寸。如图 1-105 所示，零件的非加工面由一组尺寸 M_1、M_2、M_3、M_4 相联系，加工面由另一组尺寸 L_1、L_2 相联系。加工基准面与非加工基准面之间只用一个尺寸 A 相联系。图 1-105b 所标注尺寸是不合理的。

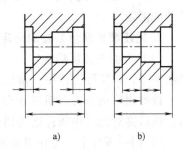

图 1-104　尺寸标注三

a）合理　b）不合理

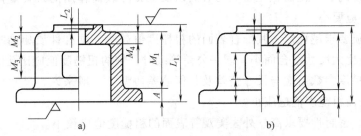

图 1-105　尺寸标注四

a）合理　b）不合理

5）应避免标注成封闭尺寸链。零件上某一方向尺寸首尾相接，形成封闭尺寸链，如图 1-106a 所示，a、b、c、d 组成了封闭尺寸链。为了保证每个尺寸的精度要求，通常对尺寸精度要求最低的一环不标注尺寸，这样既保证了设计要求，又可降低加工成本，如图 1-106b 所示。

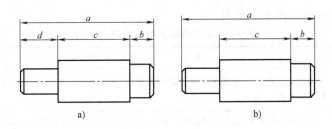

图 1-106　避免注成封闭尺寸链

a）不合理　b）合理

1.3.4　测绘车床尾座套筒

套筒零件的测绘是对套筒测量已有各部分尺寸大小,按零件图内容绘制成草图,并根据套筒加工制造和使用情况确定技术要求,再按草图绘制套筒零件图。

1. 尾座套筒的尺寸测量

(1) 外圆及长度的测量　主要测量外圆直径和长度。测量时,要注意键槽长度、宽度和定位尺寸的测量;同时也要注意油孔的直径和定位尺寸的测量。

(2) 内孔的测量　主要测量内孔直径和长度。测量时,要注意锥孔直径和深度的测量。

(3) 其他部分测量　测量时,要注意套筒端部螺纹孔、销孔的直径、深度及其定位尺寸的测量。

2. 尾座套筒几何公差的确定

(1) 表面粗糙度的确定　检测表面粗糙度常用的方法有比较法、干涉法、光切法及感触法等,但实际工作中,常根据类比法选用表面粗糙度参数值。

按类比法选择表面粗糙度参数时,可先根据经验统计资料初步选定表面粗糙度的参数值,然后再对比工作条件适当调整。调整时应考虑以下几点:

1) 同一零件上,工作表面的粗糙度值应比非工作表面小。

2) 摩擦表面的粗糙度值应比非摩擦表面小,滚动摩擦表面的粗糙度值应比滑动摩擦表面小。

3) 运动速度高、单位面积压力大的表面以及受交变载荷作用的重要零件圆角、沟槽的表面粗糙度值都应要小。

4) 配合性质要求越稳定,其配合表面的粗糙度值越小,配合性质相同时,小尺寸结合面的粗糙度值应比大尺寸结合面小,同一公差等级时,轴的粗糙度值应比孔的小。

5) 表面粗糙度参数值应与尺寸公差及几何公差协调。一般来说,尺寸公差和形状公差小的表面,其表面粗糙度值也应小。

6) 防腐性、密封性要求高、外表美观等表面的粗糙度值应较小。

7) 凡有关标准已对表面粗糙度的要求作出规定(如与滚动轴承配合的轴颈和外壳孔、键槽、各级精度齿轮的主要表面等),则应按标准选用确定的表面粗糙度参数值。

8) 国家标准规定轴线键槽、轮毂键槽宽 b 的两侧面的表面粗糙度参数 Ra 的最大值为 $1.6 \sim 3.2\mu m$,轴键槽底面、轮毂键槽的表面粗糙度参数 Ra 的最大值为 $6.3\mu m$。

对尾座套筒而言,莫氏锥孔、丝杠所在内孔、丝杠螺母配合内孔等有较高的表面粗糙度要求,其余不重要的非配合表面的表面粗糙度要求相对低一些。

表面粗糙度参数值应用举例见表1-1。

表 1-1　表面粗糙度参数值应用举例

$Ra/\mu m$	应用实例
0.008	量块的工作表面,高精度测量仪器的测量面,光学测量仪器中的金属镜面,高精度仪器摩擦机构的支承面
0.012	仪器的测量表面,量仪中高精度间隙配合的工作表面,尺寸超过100mm 的量块工作表面等
0.025	特别精密的滚动轴承套圈滚道,滚珠及滚柱表面,量仪中中等精度间隙配合零件的工作表面,柴油发动机高压油泵中柱塞套的配合表面,保证高精度气密的结合表面等

（续）

Ra/μm	应用实例
0.05	特别精密的滚动轴承套圆滚道,滚珠及滚柱表面,摩擦离合器的摩擦表面,工作量规的测量表面,精密刻度盘表面,精密机床主轴套筒外圆表面等
0.1	工作时承受较大反复应力的重要零件表面,保证零件的疲劳强度、防蚀性及在活动接头工作中耐久性的一些表面,精密机床主轴箱与套筒配合的孔、活塞销的表面,液压传动用孔的表面,阀的工作表面,气缸内表面,保证精确定心的锥体表面,仪器中承受摩擦的表面,如导轨、槽面等
0.2	要求能长期保持所规定的配合特性的孔(IT6、IT5),6 级精度的齿轮工作表面,蜗杆齿面(6~7级),与 P5 级滚动轴承配合的孔和轴颈表面,要求保证定心及配合特性的表面;滑动轴承轴瓦的工作表面,分度盘表面,工作时受反复应力的重要零件,受力螺栓的圆柱表面,曲轴和凸轮轴的工作表面,发动机气门头圆锥面,与橡胶油封相配的轴表面等
0.4	不要求保证定心及配合特性的活动支承面,高精度的活动接头表面,支承垫圈等
0.8	要求保证定心及配合特性的活动表面,锥销与圆柱面的表面,与 P0 级和 P6 级精度滚动轴承相配合的孔和轴颈表面,中速转动的轴颈、过盈配合的孔(IT7)、间隙配合的孔(IT8)、花键轴上的定心表面,滑动导轨面
1.6	要求保证定心及配合特性的固定轴承、衬套,轴承和定位销的压入孔表面,不要求定心及配合特性的活动支承面,活动关节及花键结合面,8 级精度齿轮的齿面,齿条齿面,传动螺纹工作面,低速转动的轴表面,楔形键及键槽上下面,轴承盖凸肩表面(对中心用),端盖内侧滑块及导向面,三角带轮槽表面,电镀前金属表面等
3.2	半精加工表面。外壳、箱体、盖面、套筒、支架和其他零件连接而不形成配合的表面,不重要的紧固螺纹表面,燕尾槽的表面,需要发蓝处理的表面,需要滚花的预加工表面,低速下工作的滑动轴承和轴的摩擦表面,张紧链轮表面,导向滚轮壳孔与轴的配合表面,止推滑动轴承及中间片的工作表面,滑块及导向面(速度 20~50m/min),收割机械切割器的摩擦片、动刀片、压力片的摩擦面,脱粒机隔板工作表面等
6.3	半精加工表面。用于不重要零件的非配合表面,如支柱、轴、支架、外壳、衬套、盖等的端面,螺栓、螺钉、双头螺柱和螺母的自由表面,不要求定心及配合特性的表面,如螺栓孔、螺钉孔和铆钉等的表面,飞轮、带轮、离合器、联轴器、凸轮、偏心轴的侧面,平键及键槽上下面,楔键侧面,花键非定心表面,齿轮顶圆表面,所有轴和孔的退刀槽,不重要的连接配合表面、犁铧、犁侧板、深耕铲等零件的摩擦工作表面,插秧爪面等
12.5	多用与粗加工的非配合表面,如轴端面、倒角、钻孔、齿轮及带轮的侧面,键槽的非工作表面,垫圈的接触表面,不重要的安装支承面,螺钉、铆钉孔表面等

（2）尺寸公差与配合的确定

1）对于高精度和重要配合的轴的尺寸要有尺寸公差,如套筒外圆直径、与螺母配合内孔直径、键槽等。

2）莫氏锥孔。套筒内孔为莫氏锥孔,其值见表 1-2。

表 1-2　莫氏内圆锥　　　　　　　　　　　　　（单位：mm）

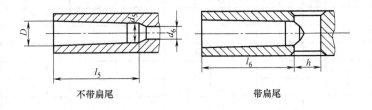

不带扁尾　　　　　　　　　　　　带扁尾

（续）

莫氏锥度号	d_5		d_6	l_{5min}	l_6	h
	基本尺寸	极限偏差	基本尺寸	最小值	基本尺寸	基本尺寸
0	6.7	+0.090 0	—	52	49	15
1	9.7		7	56	52	19
2	14.9	+0.110 0	11.5	67	62	22
3	20.2	+0.130 0	14	84	78	27
4	26.5		18	107	98	32
5	38.2	+0.160 0	23	135	125	38
6	54.6	+0.190 0	27	188	177	47

3）长度。线性尺寸的极限偏差见表1-3。

表1-3　线性尺寸的极限偏差　　　　（单位：mm）

公差等级	公称尺寸							
	0.5~3	>3~6	>6~30	>30~120	>120~400	>400~1000	>1000~2000	>2000~4000
精密等级（f）	±0.05	±0.05	±0.1	±0.15	±0.2	±0.3	±0.5	—
中等级（m）	±0.1	±0.1	±0.2	±0.3	±0.5	±0.8	±1.2	±2
粗等级（c）	±0.2	±0.3	±0.5	±0.8	±1.2	±2	±3	±4
最粗级（v）	—	±0.5	±1	±1.5	±2.5	±4	±6	±8

4）确定公差等级的方法。确定公差等级的方法有计算-查表法与类比法，本任务使用类比法。所谓的类比法，就是参照生产实践中总结出的经验资料，与使用要求对比来选择公差等级的方法。应用类比法确定公差等级时，应考虑以下几个方面：

① 明确零件的使用要求和工作条件，以此确定配合表面的主次。通常，主要配合表面的孔为IT6~IT8级，轴为IT5~IT7级；次要配合表面的孔为IT9~IT12级，轴为同级；非配合表面的孔、轴一般在IT12级以下。

② 根据各种方法所能达到的公差等级进行确定。表1-4为各种加工方法所能达到的公差等级。

表1-4　各种加工方法所能达到的公差等级

加工方法	公差等级																		
	01	0	1	2	3	4	5	6	7	8	9	10	11	12	13	14	15	16	17	18
研磨	○	○	○	○	○	○	○													
珩磨						○	○	○	○											
圆磨							○	○	○	○										
平磨							○	○	○	○										
金刚石车							○	○	○											
金刚石镗							○	○	○											
拉削							○	○	○	○										

③ 根据各公差等级的应用范围进行确定。国家标准推荐的各公差等级的应用范围如下：

a. IT01、IT0、IT1 级一般用于高精度量块和其他精密尺寸标准块的公差。

b. IT2～IT5 级适用于特精密零件的配合。

c. IT5（孔至 IT6）级用于高精度和重要的配合。例如内燃机中活塞销和活塞销孔的配合；精密机床中主轴的轴颈、主轴箱体孔与精密滚动轴承的配合；车床尾座孔和顶尖套筒的配合。

d. IT6（孔至 IT7）级用于精密配合的情况，应用较广。如内燃机中曲轴和轴套的配合等。

e. IT7、IT8 级用于一般精度的配合。例如一般机械中速度不高的轴与轴承的配合；在重型机械中用于精度较高的配合；在农业机械中用于较重要的配合。

f. IT9、IT10 级常用于一般要求的配合，或精度要求较高的槽宽的配合。

g. IT11、IT12 级用于不重要的配合。

h. IT12～IT18 级用于未注尺寸公差的尺寸精度，包括冲压件、铸锻件及其他非配合尺寸的公差。

④ 考虑配合性质。对间隙配合而言，间隙小的配合公差等级应较高，间隙大的配合公差等级可以低些。过渡、过盈配合的公差等级应大致为孔 ≤IT8 级，轴 ≤IT7 级。确定配合类别可参考表 1-5 和表 1-6。

表 1-5　确定配合类别的大致方向

结合件的工作状况			配合类别
有相对运动	转动或转动与移动的复合运动		间隙大或较大的间隙配合
	只有移动		间隙较小的间隙配合
无相对运动	传递转矩	需要精确同轴 永久结合	过盈配合
		可拆结合	过渡配合或基本偏差为 H(h) 的间隙配合紧固件①
		不需要精确同轴	键等间隙配合紧固件①
	不传递转矩		过渡配合或过盈小的过盈配合

注：①紧固件是指键、销、螺钉等。

表 1-6　各种基本偏差的应用实例

配合	基本偏差	特点及应用实例
	A(a) B(b)	可以得到特别大的间隙,应用较少,主要用于工作时温度高,热变形大的零件的配合。如发动机中活塞与缸套的配合为 H9/a9
	C(c)	可得到很大的间隙,一般适用于缓慢、松弛的动配合。用于工作条件较差(如农业机械),工作时受力变形,或为了便于装配而必须保证较大的间隙时,推荐配合为 H11/c11。其较高等级的 H8/c7 配合适用轴在高温工作的紧密动配合,如内燃机排气阀杆与导管配合
	D(d)	与 IT7～IT11 级对应,适用于较松的间隙配合(如滑轮、空转的带轮与轴的配合),以及大尺寸滑动轴承与轴颈的配合(如涡轮机、球磨机等的滑动轴承)。活塞环与活塞槽的配合可用 H9/d9
	E(e)	与 IT6～IT9 级对应,有明显的间隙,用于大跨距及多支点的转轴与轴承的配合,以及高速、重载的大尺寸轴与轴承的配合,如大型电机、内燃机的主要轴承处的配合为 H8/e7
	F(f)	多与 IT6～IT8 级对应,用于一般的转动配合,受温度影响不大,采用普通润滑油的轴颈与滑动轴承的配合,如齿轮箱、小电机、泵等的转轴轴颈与滑动轴承的配合为 H7/f6

（续）

配合	基本偏差	特点及应用实例
	G(g)	多与 IT5~IT7 级对应，形成配合的间隙较小，最适合不回转的精密滑动配合。除很轻负载精密装置外，不推荐用于转动配合。也用于插销的定位配合，滑阀，连杆销等处的配合，钻孔多用 G(g)
	H(h)	多与 IT4~IT11 级对应，广泛用于无相对转动的配合，作为一般的定位配合。若没有温度、变形影响，也用于精度滑动配合
	JS(js)	多用于 IT4~IT7 级具有平均间隙的过渡配合和略有过盈的定位配合，如联轴器，齿圈与轮毂的配合。滚动轴承外圈与外壳孔的配合多用 JS7，一般用手或木锤装配
	K(k)	多用于 IT4~IT7 级平均过盈接近零的配合，推荐用于定位配合，如滚动轴承的内、外圈分别与轴颈、外壳孔的配合，用木锤装配
	M(m)	多用于 IT4~IT7 级平均过盈较小的配合，用于精密定位的配合。如蜗轮的青铜轮缘与轮毂的配合为 H7/m6
	N(n)	多用于 IT4~IT7 级平均过盈较大的配合，很少形成间隙。用锤子或压入机装配。通常用于紧密的组件配合，如压力机上齿轮与轴的配合
	P(p)	用于小过盈配合，与 H6 或 H7 的孔形成过盈配合，而与 H8 的孔形成过渡配合。碳钢和铸铁零件形成的配合为标准压入配合，如卷扬机的绳轮与齿圈的配合为 H7/p6，合金钢制零件的配合需要小过盈时可以使用 P(p)
	R(r)	对铁类零件为中等打入配合；对非铁类零件为轻打入配合，当需要时可拆卸。如蜗轮与轴的配合为 H7/r6，配合 H8/r7 在公称尺寸 ≤100mm 时为过渡配合，直径 >100mm 时为过盈配合
	S(s)	用于钢和铸铁零件的永久性和半永久性结合，可产生相当大的结合力，如套环压在轴、阀座上用 H7/t6
	T(t)	用于钢和铸铁零件的永久性结合，不用键时可传递转矩，常用热套性和冷轴法装配，如联轴器与轴的配合为 H7/t6
	U(u)	用于大过盈配合，最大过盈需验算。用热套法进行装配，如火车轮毂与轴的配合为 H6/u5
	v(v),X(x) Y(y),Z(z)	用于特大过盈配合，目前使用的经验和资料很少，需经试验后才能应用。一般不推荐使用

⑤ 考虑相配件的精度。例如与 P0 级滚动轴承配合的外壳孔规定为 IT7 级，轴颈为 IT6级；而与 P4 级滚动轴承配合的外壳孔规定为 IT5 级，轴颈为 IT4 级。

标准公差数值见表 1-7，公称尺寸 ≤500mm 轴的基本偏差数值见表 1-8，公称尺寸 ≤500mm 孔的基本偏差数值见表 1-9。

表 1-7　标准公差数值（摘自 GB/T 1800.1—2009）

公称尺寸 /mm	公差等级																	
	/µm												/mm					
	IT01	IT0	IT1	IT2	IT3	IT4	IT5	IT6	IT7	IT8	IT9	IT10	IT11	IT12	IT13	IT14	IT15	IT16	IT17	IT18
≤3	0.3	0.5	0.8	1.2	2	3	4	6	10	14	25	40	60	0.10	0.14	0.25	0.40	0.60	1.0	1.4
>3~6	0.4	0.6	1	1.5	2.5	4	5	8	12	18	30	48	75	0.12	0.18	0.30	0.48	0.75	1.2	1.8

（续）

公称尺寸 /mm	公差等级																	
	/μm												/mm					
	IT01	IT0	IT1	IT2	IT3	IT4	IT5	IT6	IT7	IT8	IT9	IT10	IT11	IT12	IT13	IT14	IT15	IT16	IT17	IT18
>6~10	0.4	0.6	1	1.5	2.5	4	6	9	15	22	36	58	90	0.15	0.22	0.36	0.58	0.90	1.5	2.2
>10~18	0.5	0.8	1.2	2	3	5	8	11	18	27	43	70	110	0.18	0.27	0.43	0.70	1.10	1.8	2.7
>18~30	0.6	1	1.5	2.5	4	6	9	13	21	33	52	84	130	0.21	0.33	0.52	0.84	1.30	2.1	3.3
>30~50	0.6	1	1.5	2.5	4	7	11	16	25	39	62	100	160	0.25	0.39	0.62	1.00	1.60	2.5	3.9
>50~80	0.8	1.2	2	3	5	8	13	19	30	46	74	120	190	0.30	0.46	0.74	1.20	1.90	3.0	4.6
>80~120	1	1.5	2.5	4	6	10	15	22	35	54	87	140	220	0.35	0.54	0.87	1.40	2.20	3.5	5.4
>120~180	1.2	2	3.5	5	8	12	18	25	40	63	100	160	250	0.40	0.63	1.00	1.60	2.50	4.0	6.3
>180~250	2	3	4.5	7	10	14	20	29	46	72	115	185	290	0.46	0.72	1.15	1.85	2.90	4.6	7.2
>250~315	2.5	4	6	8	12	16	23	32	52	81	130	210	320	0.52	0.81	1.30	2.10	3.20	5.2	8.1
>315~400	3	5	7	9	13	18	25	36	57	89	140	230	360	0.57	0.89	1.40	2.30	3.60	5.7	8.9
>400~500	4	6	8	10	15	20	27	40	63	97	155	250	400	0.63	0.97	1.55	2.50	4.00	6.3	9.7
>500~630			9	11	16	22	32	44	70	110	175	280	440	0.7	1.1	1.75	2.8	4.4	7	11
>630~800			10	13	18	25	36	50	80	125	200	320	500	0.8	1.25	2	3.2	5	8	12.5
>800~1000			11	15	21	28	40	56	90	140	230	360	560	0.9	1.4	2.3	3.6	5.6	9	14
>1000~1250			13	18	24	33	47	66	105	165	260	420	660	1.05	1.65	2.6	4.2	6.6	10.5	16.5
>1250~1600			15	21	29	39	55	78	125	195	310	500	780	1.25	1.95	3.1	5	7.8	12.5	19.5
>1600~2000			18	25	35	46	65	92	150	230	370	600	920	1.5	2.3	3.7	6	9.2	15	23
>2000~2500			22	30	41	55	78	110	175	280	440	700	1100	1.75	2.8	4.4	7	11	17.5	28
>2500~3150			26	36	50	68	96	135	210	330	540	860	1350	2.1	3.3	5.4	8.6	13.5	21	33

（3）几何公差的确定

1）键槽几何公差的确定。为了保证键宽和键槽宽之间具有足够的接触面积以及避免装配困难，国家标准对键和键槽的几何公差做了规定。

①轴键槽对轴的轴线及轮毂键槽对孔的轴线的对称度公差按《形状和位置公差未注公差值》（GB/T 1184—1996）中对称度公差 IT7~IT9 级选取。

②当键长 L 与键宽 b 之比大于或等于 8 时，键的两侧面的平行度应符合 GB/T 1184—1996 的规定，当 b≤6mm 时按 IT7 级；b 在 8~36mm 之间按 IT6 级；b≥40mm 按 IT5 级。

2）套筒外圆几何公差的确定。对套筒外圆有圆跳动、同轴度、对称度要求。

圆度、圆柱度公差值见表1-10，平行度、垂直度、倾斜度公差值见表1-11，直线度、平面度公差值见表1-12，同轴度、对称度、圆跳动和全跳动公差值见表1-13。

表 1-8　公称尺寸≤500mm 轴的

基本偏差代号	上极限偏差 es											js[②]	j			
	a[①]	b[①]	c	cd	d	e	ef	f	fg	g	h					
公称尺寸/mm	所有的级												IT5与IT6	IT7	IT8	IT4至IT7
大于　　至																
3	−270	−140	−60	−34	−20	−14	−10	−6	−4	−2	0		−2	−4	−6	0
3　　6	−270	−140	−70	−46	−30	−20	−14	−10	−6	−4	0		−2	−4	—	+1
6　　10	−280	−150	−80	−56	−40	−25	−18	−13	−8	−5	0		−2	−5	—	+1
10　　14	−290	−150	−95	—	−50	−32	—	−16	—	−6	0		−3	−6	—	+1
14　　18	−290	−150	−95	—	−50	−32	—	−16	—	−6	0		−3	−6	—	+1
18　　24	−300	−160	−110	—	−65	−40	—	−20	—	−7	0		−4	−8	—	+2
24　　30	−300	−160	−110	—	−65	−40	—	−20	—	−7	0		−4	−8	—	+2
30　　40	−310	−170	−120		−80	−50	—	−25	—	−9	0		−5	−10	—	+2
40　　50	−320	−180	−130		−80	−50	—	−25	—	−9	0		−5	−10	—	+2
50　　65	−340	−190	−140		−100	−60	—	−30	—	−10	0		−7	−12	—	+2
65　　80	−360	−200	−150		−100	−60	—	−30	—	−10	0		−7	−12	—	+2
80　　100	−380	−220	−170		−120	−72	—	−36	—	−12	0	基本偏差等于 ±IT/2	−9	−15	—	+3
100　　120	−410	−240	−180		−120	−72	—	−36	—	−12	0		−9	−15	—	+3
120　　140	−460	−260	−200		−145	−85	—	−43	—	−14	0		−11	−18	—	+3
140　　160	−520	−280	−210	—	−145	−85	—	−43	—	−14	0		−11	−18	—	+3
160　　180	−580	−310	−230		−145	−85	—	−43	—	−14	0		−11	−18	—	+3
180　　200	−660	−340	−240		−170	−100	—	−50	—	−15	0		−13	−21	—	+4
200　　225	−740	−380	−260	—	−170	−100	—	−50	—	−15	0		−13	−21	—	+4
225　　250	−820	−420	−280		−170	−100	—	−50	—	−15	0		−13	−21	—	+4
250　　280	−920	−480	−300		−190	−110	—	−56	—	−17	0		−16	−26	—	+4
280　　315	−1050	−540	−330	—	−190	−110	—	−56	—	−17	0		−16	−26	—	+4
315　　355	−1200	−600	−360		−210	−125	—	−62	—	−18	0		−18	−28	—	+4
355　　400	−1350	−680	−400	—	−210	−125	—	−62	—	−18	0		−18	−28	—	+4
400　　450	−1500	−760	−440		−230	−135	—	−68	—	−20	0		−20	−32	—	+5
450　　500	−1650	−840	−480	—	−230	−135	—	−68	—	−20	0		−20	−32	—	+5

注：① 公称尺寸小于 1mm 时各级的 a 和 b 均不采用。

② js 的数值：在 IT7～IT11 时，若以 μm 来表示的 IT 数值是一个奇数，则取 $js = \pm \dfrac{IT-1}{2}$。

基本偏差数值（摘自 GB/T 1800.1—2009）　　　　　　　　　　　（单位：μm）

下极限偏差 ei

k	m	n	p	r	s	t	u	v	x	y	z	za	zb	zc
≤IT3 ≥IT8						所有的级								
0	+2	+4	+6	+10	+14	—	+18	—	+20		+26	+32	+40	+60
0	+4	+8	+12	+15	+19	—	+23	—	+28		+35	+42	+50	+80
0	+6	+10	+15	+19	+23	—	+28		+34		+42	+52	+67	+97
0	+7	+12	+18	+23	+28	—	+33	—	+40		+50	+64	+90	+130
								+39	+45	—	+60	+77	+108	+150
0	+8	+15	+22	+28	+35	—	+41	+47	+54	+63	+73	+98	+136	+188
						+41	+48	+55	+64	+75	+88	+118	+160	+218
0	+9	+17	+26	+34	+43	+48	+60	+68	+80	+94	+112	+148	+200	+274
						+54	+70	+81	+97	+114	+136	+180	+242	+325
0	+11	+20	+32	+41	+53	+66	+87	+102	+122	+144	+172	+226	+300	+405
				+43	+59	+75	+102	+120	+146	+174	+210	+274	+360	+480
0	+13	+23	+37	+51	+71	+91	+124	+146	+178	+214	+258	+335	+445	+585
				+54	+79	+104	+144	+172	+210	+254	+310	+400	+525	+690
0	+15	+27	+43	+63	+92	+122	+170	+202	+248	+300	+365	+470	+620	+800
				+65	+100	+134	+190	+228	+280	+340	+415	+535	+700	+900
				+68	+108	+146	+210	+252	+310	+380	+465	+600	+780	+1000
0	+17	+31	+50	+77	+122	+166	+236	+284	+350	+425	+520	+670	+880	+1150
				+80	+130	+180	+258	+310	+385	+470	+575	+740	+960	+1250
				+84	+140	+196	+284	+340	+425	+520	+640	+820	+1050	+1350
0	+20	+34	+56	+94	+158	+218	+315	+385	+475	+580	+710	+920	+1200	+1550
				+98	+170	+240	+350	+425	+525	+650	+790	+1000	+1300	+1700
0	+21	+37	+62	+108	+190	+268	+390	+475	+590	+730	+900	+1150	+1500	+1900
				+114	+208	+294	+435	+530	+660	+820	+1000	+1300	+1650	+2100
0	+23	+40	+68	+126	+232	+330	+490	+595	+740	+920	+1100	+1450	+1850	+2400
				+132	+252	+360	+540	+660	+820	+1000	+1250	+1600	+2100	+2600

表 1-9　公称尺寸 ≤500mm 孔的基本偏差数值

公称尺寸/mm 大于	至	A①	B②	C	CD	D	E	EF	F	FG	G	H	JS	J IT6	J IT7	J IT8	K ≤IT8	K >IT8	M ≤IT8	M >IT8	N ≤IT8	N >IT8
									下极限偏差 EI（所有的级）													
—	3	+270	+140	+60	+34	+20	+14	+10	+6	+4	+2	0		+2	+4	+6	0	0	-2	-2	-4	-4
3	6	+270	+140	+70	+46	+30	+20	+14	+10	+6	+4	0		+5	+6	+10	-1+Δ	—	-4+Δ	-4	-8+Δ	0
6	10	+280	+150	+80	+56	+40	+25	+18	+13	+8	+5	0		+5	+8	+12	-1+Δ	—	-6+Δ	-6	-10+Δ	0
10	14	+290	+150	+95	—	+50	+32	—	+16	—	+6	0		+6	+10	+15	-1+Δ	—	-7+Δ	-7	-12+Δ	0
14	18	+290	+150	+95	—	+50	+32	—	+16	—	+6	0		+6	+10	+15	-1+Δ	—	-7+Δ	-7	-12+Δ	0
18	24	+300	+160	+110	—	+65	+40	—	+20	—	+7	0		+8	+12	+20	-2+Δ	—	-8+Δ	-8	-15+Δ	0
24	30	+300	+160	+110	—	+65	+40	—	+20	—	+7	0		+8	+12	+20	-2+Δ	—	-8+Δ	-8	-15+Δ	0
30	40	+310	+170	+120	—	+80	+50	—	+25	—	+9	0		+10	+14	+24	-2+Δ	—	-9+Δ	-9	-17+Δ	0
40	50	+320	+180	+130	—	+80	+50	—	+25	—	+9	0		+10	+14	+24	-2+Δ	—	-9+Δ	-9	-17+Δ	0
50	65	+340	+190	+140	—	+100	+60	—	+30	—	+10	0		+13	+18	+28	-2+Δ	—	-11+Δ	-11	-20+Δ	0
65	80	+360	+200	+150	—	+100	+60	—	+30	—	+10	0		+13	+18	+28	-2+Δ	—	-11+Δ	-11	-20+Δ	0
80	100	+380	+220	+170	—	+120	+72	—	+36	—	+12	0	基本偏差等于 $\pm\dfrac{IT}{2}$	+16	+22	+34	-3+Δ	—	-13+Δ	-13	-23+Δ	0
100	120	+410	+240	+180	—	+120	+72	—	+36	—	+12	0		+16	+22	+34	-3+Δ	—	-13+Δ	-13	-23+Δ	0
120	140	+460	+260	+200	—	+145	+85	—	+43	—	+14	0		+18	+26	+41	-3+Δ	—	-15+Δ	-15	-27+Δ	0
140	160	+520	+280	+210	—	+145	+85	—	+43	—	+14	0		+18	+26	+41	-3+Δ	—	-15+Δ	-15	-27+Δ	0
160	180	+580	+310	+230	—	+145	+85	—	+43	—	+14	0		+18	+26	+41	-3+Δ	—	-15+Δ	-15	-27+Δ	0
180	200	+660	+340	+240	—	+170	+100	—	+50	—	+15	0		+22	+30	+47	-4+Δ	—	-17+Δ	-17	-31+Δ	0
200	225	+740	+380	+260	—	+170	+100	—	+50	—	+15	0		+22	+30	+47	-4+Δ	—	-17+Δ	-17	-31+Δ	0
225	250	+820	+420	+280	—	+170	+100	—	+50	—	+15	0		+22	+30	+47	-4+Δ	—	-17+Δ	-17	-31+Δ	0
250	280	+920	+480	+300	—	+190	+110	—	+56	—	+17	0		+25	+36	+55	-4+Δ	—	-20+Δ	-20	-34+Δ	0
280	315	+1050	+540	+330	—	+190	+110	—	+56	—	+17	0		+25	+36	+55	-4+Δ	—	-20+Δ	-20	-34+Δ	0
315	355	+1200	+600	+360	—	+210	+125	—	+62	—	+18	0		+29	+39	+60	-4+Δ	—	-21+Δ	-21	-37+Δ	0
355	400	+1350	+680	+400	—	+210	+125	—	+62	—	+18	0		+29	+39	+60	-4+Δ	—	-21+Δ	-21	-37+Δ	0
400	450	+1500	+760	+440	—	+230	+135	—	+68	—	+20	0		+33	+43	+66	-5+Δ	—	-23+Δ	-23	-40+Δ	0
450	500	+1650	+840	+480	—	+230	+135	—	+68	—	+20	0		+33	+43	+66	-5+Δ	—	-23+Δ	-23	-40+Δ	0

注：① 1mm 以下，各级的 A 和 B 及大于 8 级的 N 均不采用。

② 标准公差 ≤IT8 级的 K、M、N 及 ≤IT7 级的 P 到 ZC 时，从续表的右侧选取 Δ 值。

（摘自 GB/T 1800.1—2009） （单位：μm）

上极限偏差 ES													Δ(μm)					
P~ZC ≤IT7	P	R	S	T	U	V	X	Y	Z	ZA	ZB	ZC	IT3	IT4	IT5	IT6	IT7	IT8
公差等级																		
≤IT7	>IT7 级												IT3	IT4	IT5	IT6	IT7	IT8
	-6	-10	-14	—	-18	—	-20	—	-26	-32	-40	-60	0					
	-12	-15	-19	—	-23	—	-28	—	-35	-42	-50	-80	1	1.5	1	3	4	6
	-15	-19	-23	—	-28	—	-34	—	-42	-52	-67	-97	1	1.5	2	3	6	7
	-18	-23	-28	—	-33	—	-40	—	-50	-64	-90	-130	1	2	3	3	7	9
						-39	-45	—	-60	-77	-108	-150						
	-22	-28	-35	—	-41	-47	-54	-63	-73	-98	-136	-188	1.5	2	3	4	8	12
				-41	-48	-55	-64	-75	-88	-118	-160	-218						
	-26	-34	-43	-48	-60	-68	-80	-94	-112	-148	-200	-274	1.5	3	4	5	9	14
				-54	-70	-81	-97	-114	-136	-180	-242	-325						
	-32	-41	-53	-66	-87	-102	-122	-144	-172	-226	-300	-405	2	3	5	6	11	16
		-43	-59	-75	-102	-120	-146	-174	-210	-274	-360	-480						
在大于 IT7 级的相应数值上增加一个 Δ 值	-37	-51	-71	-91	-124	-146	-178	-214	-258	-335	-445	-585	2	4	5	7	13	19
		-54	-79	-104	-144	-172	-210	-254	-310	-400	-525	-690						
	-43	-63	-92	-122	-170	-202	-248	-300	-365	-470	-620	-800	3	4	6	7	15	23
		-65	-100	-134	-190	-228	-280	-340	-415	-535	-700	-900						
		-68	-108	-146	-210	-252	-310	-380	-465	-600	-780	-1000						
	-50	-77	-122	-166	-236	-284	-350	-425	-520	-670	-880	-1150	3	4	6	9	17	26
		-80	-130	-180	-258	-310	-385	-470	-575	-740	-960	-1250						
		-84	-140	-196	-284	-340	-425	-520	-640	-820	-1050	-1350						
	-56	-94	-158	-218	-315	-385	-475	-580	-710	-920	-1200	-1550	4	4	7	9	20	29
		-98	-170	-240	-350	-425	-525	-650	-790	-1000	-1300	-1700						
	-62	-108	-190	-268	-390	-475	-590	-730	-900	-1150	-1500	-1900	4	5	7	11	21	32
		-114	-208	-294	-435	-530	-660	-820	-1000	-1300	-1650	-2100						
	-68	-126	-232	-330	-490	-595	-740	-920	-1100	-1450	-1850	-2400	5	5	7	13	23	34
		-132	-252	-360	-540	-660	-820	-1000	-1250	-1600	-2100	-2600						

表 1-10　圆度、圆柱度公差值　　　　　　　　　　　　　　　　（单位：μm）

主参数 d(D)/mm	公差等级												
	0	1	2	3	4	5	6	7	8	9	10	11	12
≤3	0.1	0.2	0.3	0.5	0.8	1.2	2	3	4	6	10	14	25
>3~6	0.1	0.2	0.4	0.6	1	1.5	2.5	4	5	8	12	18	30
>6~10	0.12	0.25	0.4	0.6	1	1.5	2.5	4	6	9	15	22	36
>10~18	0.15	0.25	0.5	0.8	1.2	2	3	5	8	11	18	27	43
>18~30	0.2	0.3	0.6	1	1.5	2.5	4	6	9	13	21	33	52
>30~50	0.25	0.4	0.6	1	1.5	2.5	4	7	11	16	25	39	62
>50~80	0.3	0.5	0.8	1.2	2	3	5	8	13	19	30	46	74
>80~120	0.4	0.6	1	1.5	2.5	4	6	10	15	22	35	54	87
>120~180	0.6	1	1.2	2	3.5	5	8	12	18	25	40	63	100
>180~250	0.8	1.2	2	3	4.5	7	10	14	20	29	46	72	115
>250~315	1.0	1.6	2.5	4	6	8	12	16	23	32	52	81	130
>315~400	1.2	2	3	5	7	9	13	18	25	36	57	89	140
>400~500	1.5	2.5	4	6	8	10	15	20	27	40	63	97	155

注：$d(D)$ 为被测要素的直径。

表 1-11　平行度、垂直度、倾斜度公差值　　　　　　　　　　　　（单位：μm）

主参数 L、d(D)/mm	公差等级											
	1	2	3	4	5	6	7	8	9	10	11	12
≤10	0.4	0.8	1.5	3	5	8	12	20	30	50	80	120
>10~16	0.5	1	2	4	6	10	15	25	40	60	100	150
>16~25	0.6	1.2	2.5	5	8	12	20	30	50	80	120	200
>25~40	0.8	1.5	3	6	10	15	25	40	60	100	150	250
>40~63	1	2	4	8	12	20	30	50	80	120	200	300
>63~100	1.2	2.5	5	10	15	25	40	60	100	150	250	400
>100~160	1.5	3	6	12	20	30	50	80	120	200	300	500
>160~250	2	4	8	15	25	40	60	100	150	250	400	600
>250~400	2.5	5	10	20	30	50	80	120	200	300	500	800
>400~630	3	6	12	25	40	60	100	150	250	400	600	1000
>630~1000	4	8	15	30	50	80	120	200	300	500	800	1200
>1000~1600	5	10	20	40	60	100	150	250	400	600	1000	1500
>1600~2500	6	12	25	50	80	120	200	300	500	800	1200	2000
>2500~4000	8	15	30	60	100	150	250	400	600	1000	1500	2500
>4000~6300	10	20	40	80	120	200	300	500	800	1200	2000	3000
>6300~10000	12	25	50	100	150	250	400	600	1000	1500	2500	4000

注：L 为被测要素的长度，$d(D)$ 为被测要素的直径。

表 1-12　直线度、平面度公差值（摘自 GB/T 1184—1996）　　　（单位：μm）

主参数 L/mm	公差等级											
	1	2	3	4	5	6	7	8	9	10	11	12
≤10	0.2	0.4	0.8	1.2	2	3	5	8	12	20	30	60
>10~16	0.25	0.5	1	1.5	2.5	4	6	10	15	25	40	80
>16~25	0.3	0.6	1.2	2	3	5	8	12	20	30	50	100
>25~40	0.4	0.8	1.5	2.5	4	6	10	15	25	40	60	120
>40~63	0.5	1	2	3	5	8	12	20	30	50	80	150
>63~100	0.6	1.2	2.5	4	6	10	15	25	40	60	100	200
>100~160	0.8	1.5	3	5	8	12	20	30	50	80	120	250
>160~250	1	2	4	6	10	15	25	40	60	100	150	300
>250~400	1.2	2.5	5	8	12	20	30	50	80	120	200	400
>400~630	1.5	3	6	10	15	25	40	60	100	150	250	500
>630~1000	2	4	8	12	20	30	50	80	120	200	300	600
>1000~1600	2.5	5	10	15	25	40	60	100	150	250	400	800
>1600~2500	3	6	12	20	30	50	80	120	200	300	500	1000
>2500~4000	4	8	15	25	40	60	100	150	250	400	600	1200
>4000~6300	5	10	20	30	50	80	120	200	300	500	800	1500
>6300~10000	6	12	25	40	60	100	150	250	400	600	1000	2000

注：L 为被测要素的长度。

表1-13　同轴度、对称度、圆跳动和全跳动公差值　　　　　（单位：μm）

主参数 $d(D)$、B/mm	公差等级											
	1	2	3	4	5	6	7	8	9	10	11	12
≤1	0.4	0.6	1.0	1.5	2.5	4	6	10	15	25	40	60
>1~3	0.4	0.6	1.0	1.5	2.5	4	6	10	20	40	60	120
>3~6	0.5	0.8	1.2	2	3	5	8	12	25	50	80	150
>6~10	0.6	1	1.5	2.5	4	6	10	15	30	60	100	200
>10~18	0.8	1.2	2	3	5	8	12	20	40	80	120	250
>18~30	1	1.5	2.5	4	6	10	15	25	50	100	150	300
>30~50	1.2	2	3	5	8	12	20	30	60	120	200	400
>50~120	1.5	2.5	4	6	10	15	25	40	80	150	250	500
>120~250	2	3	5	8	12	20	30	50	100	200	300	600
>250~500	2.5	4	6	10	15	25	40	60	120	250	400	800
>500~800	3	5	8	12	20	30	50	80	150	300	500	1000
>800~1250	4	6	10	15	25	40	60	100	200	400	600	1200
>1250~2000	5	8	12	20	30	50	80	120	250	500	800	1500
>2000~3150	6	10	15	25	40	60	100	150	300	600	1000	2000
>3150~5000	8	12	20	30	50	80	120	200	400	800	1200	2500
>5000~8000	10	15	25	40	60	100	150	250	500	1000	1500	3000
>8000~10000	12	20	30	50	80	120	200	300	600	1200	2000	4000

注：$d(D)$、B为被测要素的直径或宽度。

3. 测绘时应注意的几个问题

1）对测量获得的零件中有关尺寸，应将测量值按标准数列进行圆整，必要时，还需对测量的尺寸进行计算、核对等，如测量齿轮的轮齿部分尺寸时，应根据测量的齿顶圆直径和齿数，算出近似的模数，将模数取标准值，再重新计算分度圆直径和齿顶圆直径。

2）对零件上标准化结构，如螺纹、倒角、键槽等结构，应根据测量的数据从对应的国标中选取标准值。

3）测量零件中磨损严重的部位时，其结构与尺寸应结合该零件在装配图中的性能要求做详细分析，并参考有关技术资料确定。

4）对零件中有配合关系的尺寸，相配合部分的公称尺寸应一致，并按极限与配合的要求，注出尺寸公差带代号或极限偏差数值。

4. 绘制零件草图和零件图

1）选择主视图和左视图时，要考虑套筒的结构特点，如键槽、螺纹孔、油孔等。

2）为了表示键槽的深度和宽度，可采用断面图表达。

套筒类零件图样例如图1-107所示。

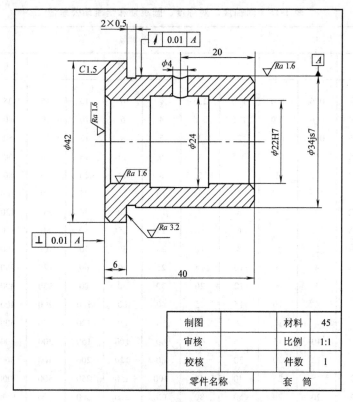

图 1-107　套筒类零件图样例

拓展视野

工业机器人技术

作为 20 世纪人类最伟大发明之一的机器人技术，自问世以来，经历了 50 多年的发展，取得了长足的进步。工业机器人从诞生—成长—成熟，已成为制造业中不可缺少的核心装备，世界上约有 170 多万台工业机器人正与操作工人并肩战斗在各条生产线上。

工业机器人一般指用于机械制造业中代替人完成具有大批量、高质量要求的工作，如汽车制造、摩托车制造、舰船制造、家电产品制造（如电视机等）、化工等行业自动化生产线中的点焊、弧焊、喷漆、切割、装配及物流系统的搬运、包装、码垛等作业的机器人，把人类从繁重的体力劳动和有害环境中解放出来，为社会带来巨大的经济效益，提高了人类的生活品质。

练习与实践

一、填空题

1. 机械设备的精度状态主要是指设备_____主要几何精度的精确程度。

2. 常用的设备故障试验诊断方法有 _____、_____、_____、_____、_____和_____。

3. 常用的清洗方法有_____、_____和_____。

二、判断题

1. 机床的精度包括几何精度和工作精度。　　　　　　　　　　　　　　（　　）

2. 机床几何精度是指某些基础零件本身的几何形状精度，与其相互位置及运动的精度无关。　　　　　　　　　　　　　　　　　　　　　　　　　　　（　　）

3. 几何精度高的机床，工作精度一定好。　　　　　　　　　　　　　　（　　）

4. 机床的工作精度是通过加工出的工件精度来考核的。　　　　　　　　（　　）

5. 考核车床工作精度时，可以不考虑加工表面粗糙度。　　　　　　　　（　　）

6. 用两顶尖装夹工件，尾座套筒轴线与主轴轴线不重合时，会产生工件外圆的圆柱度误差。　　　　　　　　　　　　　　　　　　　　　　　　　　　（　　）

7. 尾座套筒锥孔轴线对溜板移动的平行度误差，会使加工孔的孔径扩大或产生喇叭形。　　　　　　　　　　　　　　　　　　　　　　　　　　　　　（　　）

8. 车床前、后顶尖不等高，会使加工的孔呈椭圆状。　　　　　　　　　（　　）

9. 用内径百分表（或千分表）测量内孔时，必须摆动内径百分表，所得最大尺寸是孔的实际尺寸。　　　　　　　　　　　　　　　　　　　　　　　　　（　　）

10. 使用内径百分表不能直接测得工件的实际尺寸。　　　　　　　　　（　　）

11. 当工件旋转轴线与尾座套筒锥孔轴缘不同轴时，铰出的孔会产生孔口扩大或整个孔扩大的现象。　　　　　　　　　　　　　　　　　　　　　　　　　（　　）

12. 用两顶尖装夹光轴，车出工件的尺寸在全长上有 0.1mm 锥度，在调整尾座时，应将尾座按正确方向移动 0.05mm 可达要求。　　　　　　　　　　　　　（　　）

13. 机械设备的拆卸程序要坚持与装配程序相反的原则。　　　　　　　（　　）

14. 草图就是潦草的图。　　　　　　　　　　　　　　　　　　　　　（　　）

三、选择题

1. 用两顶尖装夹方法车削细长轴时，（　　）找正尾座中心位置。

A. 必须　　　　　　　B. 不必　　　　　　　C. 可找可不

2. 用两顶尖装夹方法车削细长轴时，在工件两端各车两级直径相同的外圆后，用（　　）只百分表就可找正尾座中心。

A. 1　　　　　　　　B. 2　　　　　　　　C. 4

四、问答题

1. 在机械拆装过程中必须遵守哪些安全文明生产条例？

2. 在机械拆装过程中必须遵守哪些技术操作规程？

3. CA6140 型卧式车床尾座由哪些零件组成？

4. 套筒孔（即顶尖套）与床身（底面）导轨的平行度误差如何检测？

5. 如何检测尾座本身和对于主轴中心线的误差？

6. 编制机械拆装工艺应遵循哪些原则？

7. 编制机械拆装工艺规程的程序是什么？

8. 清洗零件有哪些要求？

9. 设备零件拆装有哪些一般原则？

10. 什么是草图？画零件草图的步骤是什么？

11. 在零件图上标注尺寸时应注意哪些问题？

12. 试述 CA6140 型车床尾座拆装过程。拆装中你使用了哪些工具？

任务2 CA6140型卧式车床中滑板的拆装与丝杠的测绘

 子任务2.1 CA6140型卧式车床中滑板的拆装

工作任务卡

工作任务	CA6140型卧式车床中滑板的拆装
任务描述	明确常用机械拆装方法；认识工作环境；以项目小组为单位，根据给定的装配图，搜集资料，进行装配图识读，制订合理的CA6140型卧式车床中滑板拆装方案，采用可动调整法拆卸、安装和调整中滑板，并进行实训报告等文件的归档整理，最后进行评价。
任务要求	1）熟悉CA6140型卧式车床中滑板的结构 2）识读CA6140型卧式车床中滑板装配图 3）以小组为单位，根据装配图制订拆装方案 4）根据优化后的拆装方案对中滑板进行拆装 5）进行丝杠的测绘 6）注意安全文明拆装

2.1.1 拆装车床中滑板

1. 认识工作环境

（1）车床传动系统简介

1）车削运动。为了完成车削工作，车床必须有主运动和进给运动的相互配合。工件的旋转运动是车床的主运动，它的功用是使刀具与工件间做相对运动，以获得所需的切削速度。主运动是实现切削最基本的运动，它的运动速度较高，消耗的功率较大。刀架移动是车床的进给运动，刀架做平行于工件旋转轴线的纵向进给运动（车圆柱表面）或做垂直于工件旋转轴线的横向进给运动（车端面），也可做与工件旋转轴线成一定角度方向的斜向运动（车圆锥表面）或曲线运动（车成形回转面）。进给运动的速度较低，所消耗的功率也较少。为了减轻工人的劳动强度及节省移动刀架所消耗的时间，在CA6140型卧式车床中还有由单独电动机驱动的刀架纵向或横向快速退离或趋近工件的快速运动。

2）传动系统。熟悉车床传动系统，可以在车床发生故障时，及时了解和排除故障；可以在车特殊规格螺纹时，方便调整交换齿轮和变换进给箱手柄位置等。因此，熟悉车床传动系统非常必要。主运动是通过电动机驱动传动带，把运动输入到主轴箱，通过变速机构变速，使主轴得到不同的转速，再经卡盘（或夹具）带动工件旋转的。而进给运动则是由主轴箱把旋转运动输出到交换齿轮箱，再通过交换齿轮、进给箱中齿轮、丝杠或光杠、滑板箱中齿轮，使大滑板纵向移动或中滑板横向移动，带动刀架运动，从而控制车刀的运动轨迹，完成车削各种表面的工作。这种传动过程称为车床的传动系统。CA6140 型卧式车床的传动路线如图 2-1 所示。

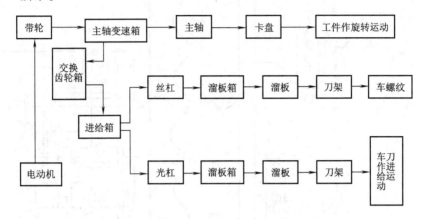

图 2-1　CA6140 型卧式车床的传动路线

3）传动系统图。机床的运动是通过传动系统实现的，为了便于了解和分析机床的运动和传动情况，通常应用机床的传动系统图。机床的传动系统图是表示机床全部运动传动关系的示意图。在图中用简单的规定符号代表各种传动元件，各传动元件是按照运动传递的先后顺序，以展开图的形式画出来的。要把一个立体的传动结构展开并绘制在一个平面图中，有时必须把其中某一根轴绘成折断线或弯曲成一定夹角的折线，有时对于展开后失去联系的传动副，要用花括号或虚线连接起来以表示它们的传动联系。传动系统图只能表示传动关系，不能代表各元件的实际尺寸和空间位置。在传动系统图中常常还须注明齿轮及蜗轮的齿数、带轮直径、丝杠的导程、电动机的转速和功率、传动轴的编号等。传动轴的编号，通常是从运动源（电动机等）开始，按运动传递顺序，依次用罗马数字 Ⅰ、Ⅱ、Ⅲ、Ⅳ、…表示。

看懂传动路线是认识机床和分析机床的基础。通常，看懂机床传动路线的方法是"抓两端，连中间"，即要了解某一条传动链的传动路线时，首先应找到此传动链两端端件，然后再找它们之间的传动联系。例如，要了解车床主运动传动链的传动路线时，首先应找出它的两个端件——电动机（动力源）及主轴（执行件），然后"连中间"，找出它们之间的传动联系，这样就能比较容易地找出它们的传动路线，列出此运动的传动路线表达式。

图 2-2 是 CA6140 型卧式车床的传动系统图。

① 主运动传动链。图 2-3 是 CA6140 型卧式车床主轴箱的传动系统图。

主运动由电动机（7.5kW，1450r/min）经 V 带轮传动副 $\phi130/\phi230$ 传至主轴箱中的 Ⅰ 轴，Ⅰ 轴上装有一个双向多片式摩擦离合器 M_1，用以控制主轴的起动、停止和换向。M_1 的左右两部分分别与空套在 Ⅰ 轴上的两个齿轮块连在一起。离合器 M_1 向左接合时，主轴正转；离合器 M_1 向右接合时，主轴反转；左、右都不结合时，主轴停转。Ⅰ 轴的运动经离合器 M_1 和 Ⅰ-Ⅲ 轴间变速齿轮传至 Ⅳ 轴，然后分两路传至主轴。当 Ⅵ 主轴上的齿轮式离合器

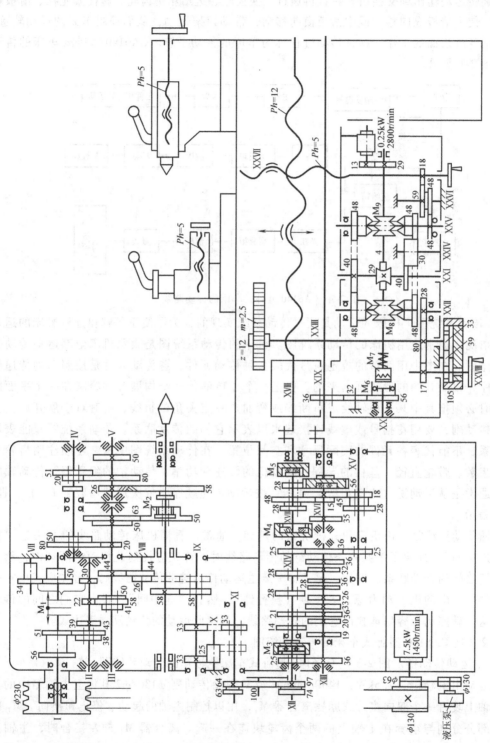

图 2-2 CA6140 型卧式车床的传动系统图

M_2 脱开时，运动由Ⅲ轴经齿轮副 63/50 直接传给主轴，使主轴得到高转速（450～1400r/min）；当 M_2 接合时，运动由Ⅲ-Ⅳ-Ⅴ轴间的齿轮机构和齿轮副 26/58 传给主轴，使主轴获得中、低转速（10～500r/min）。

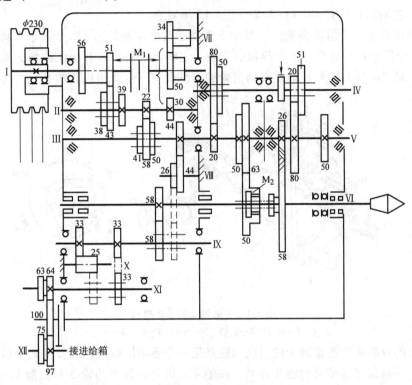

图 2-3　CA6140 型卧式车床主轴箱的传动系统图

主运动传动链的传动路线表达式如下：

$$主电动机 - \frac{\phi 130}{\phi 230} - Ⅰ \begin{bmatrix} M_1 \\ (正转) \begin{bmatrix} \dfrac{51}{43} \\ \dfrac{56}{38} \end{bmatrix} \\ M_1 \\ (反转) \dfrac{50}{34} - Ⅶ - \dfrac{34}{30} \end{bmatrix} - Ⅱ - \begin{bmatrix} \dfrac{22}{58} \\ \dfrac{30}{50} \\ \dfrac{39}{41} \end{bmatrix} - Ⅲ$$

$$\begin{bmatrix} \dfrac{20}{80} \\ \dfrac{50}{50} \end{bmatrix} - Ⅳ - \begin{bmatrix} \dfrac{20}{80} \\ \dfrac{51}{50} \end{bmatrix} - Ⅴ - \dfrac{26}{58} - M_2 \\ \dfrac{63}{50} \end{bmatrix} - Ⅵ（主轴）$$

由传动路线表达式可以看出，主轴应可获得 2×3×（1+2×2）＝ 30 级转速，由于Ⅳ-Ⅴ轴间的四种传动比为

$$u_1 = \frac{20}{80} \times \frac{20}{80} = \frac{1}{16} \qquad\qquad u_2 = \frac{20}{80} \times \frac{51}{50} \approx \frac{1}{4}$$

$$u_3 = \frac{50}{50} \times \frac{20}{80} = \frac{1}{4} \qquad\qquad u_4 = \frac{50}{50} \times \frac{50}{50} = 1$$

其中，u_2 和 u_3 近似相等，所以实际上只有三种不同的传动比。因此轴的 6 级转速通过上述三种传动路线，使主轴获得 $2×3×(2×2-1) = 18$ 级转速。加上由高速路线传动获得的 6 级转速，主轴实际上只能获得 24 级不同转速。

同理，主轴反转时有 $3×[1+(2×2-1)] = 12$ 级转速。

主轴箱中共有 7 个滑动齿轮块，其中 5 个用于改变主轴转速，1 个用于车削左、右螺纹的变换，1 个用于正常导程与扩大导程的变换。主轴箱中共有三套操纵机构分别操纵这些滑动齿轮块。图 2-4 是Ⅱ轴和Ⅲ轴上滑动齿轮的操纵机构（变速操纵机构）的立体图。

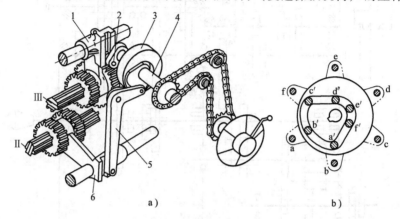

a)　　　　　　　　　　b)

图 2-4　主轴箱变速操纵机构

1、6—拨叉　2—曲柄　3—凸轮　4—轴　5—杠杆

Ⅱ轴上的双联齿轮和Ⅲ轴上的三联齿轮是用一个手柄同时操纵的。变速手柄装在主轴箱的前壁面，手柄通过链传动使轴 4 转动，在轴 4 上固定有盘形凸轮 3 和曲柄 2。凸轮 3 上有一条封闭的曲线槽，它由两段不同半径的圆弧和直线所组成。凸轮上有 6 个不同的变速位置（如图中以 a~f 标出的位置）。凸轮曲线槽通过杠杆 5 操纵Ⅱ轴上的双联滑动齿轮。当杠杆的滚子中心处于凸轮曲线槽的大半径处时，齿轮在左端位置；若处于小半径处时，则移到右端位置。曲柄 2 上的圆销的伸出端套有滚子，嵌在拨叉 1 的长槽中。当曲柄 2 随着轴 4 转动时，可带动拨叉 1 拨动Ⅲ轴上的滑动齿轮，使它处于左、中、右三种不同的位置。顺次转动手柄至各个变速位置，就可使两个滑动齿轮块的轴向位置实现 6 种不同的组合，从而使Ⅲ轴得到 6 种不同的转速。滑移齿轮块移至规定的位置后，采用钢球定位装置进行了可靠的定位。

②　螺纹进给传动链。CA6140 型卧式车床采用双轴滑移齿轮变速机构，这种机构刚度好、密封润滑条件好、操作方便，克服了摆移齿轮机构的缺点。CA6140 型卧式车床的螺纹进给传动链保证机床可切削米制螺纹、英制螺纹、模数螺纹和径节螺纹四种标准螺纹；此外，还可以车削大导程、非标准和较精密的螺纹；这些螺纹可以是右旋的，也可以是左旋的。

车削米制螺纹与模数螺纹的传动路线在进给箱中路径是相同的。加工米制螺纹的交换齿轮组合是（63/100）×（100/75），加工模数螺纹的交换齿轮组合是（64/100）×（100/97）。

车削英制螺纹与径节螺纹的传动路线在进给箱中路径也是相同的。加工米制螺纹的交换齿轮组合是（63/100）×（100/75），进给箱传动是 25/36→基本组→增倍组→M_5→丝杠；加工英制螺纹进给箱中传动路线是：基本组的倒数→36/25→增倍组→M_5→丝杠。

CA6140 型卧式车床车削上述各种螺纹时的传动路线表达式归纳如下：

$$
\text{VI 主轴} -
\begin{bmatrix}
\cfrac{58}{58} \\
\text{（正常螺纹导程）} \\[2mm]
\cfrac{58}{26} - \text{V} - \cfrac{80}{20} - \text{VI} - \begin{bmatrix} \cfrac{50}{50} \\[2mm] \cfrac{80}{20} \end{bmatrix} - \text{III} - \cfrac{44}{44} - \text{VIII} - \cfrac{26}{58} \\
\text{（扩大螺纹导程）}
\end{bmatrix}
- \text{IX} -
\begin{bmatrix}
\cfrac{33}{33} \\
\text{（右螺纹）} \\[2mm]
\cfrac{33}{25} - \text{X} - \cfrac{25}{33} \\
\text{（左螺纹）}
\end{bmatrix}
-
$$

$$
- \text{XI} -
\begin{bmatrix}
\cfrac{63}{100} - \cfrac{100}{75} \\
\text{（米制、英制螺纹）} \\[2mm]
\cfrac{64}{100} - \cfrac{100}{97} \\
\text{（模数、径节螺纹）}
\end{bmatrix}
- \text{XII} -
\begin{bmatrix}
\cfrac{25}{36} - \text{XIII} - u_{\text{基}} - \text{XIV} - \cfrac{25}{36} - \cfrac{36}{25} \\
\text{（米制及模数螺纹）} \\[2mm]
\text{M}_{3\text{合}} - \text{XIV} - \cfrac{1}{u_{\text{基}}} - \text{XIII} - \cfrac{36}{25} \\
\text{（英制及径节螺纹）}
\end{bmatrix}
- \text{XV} - u_{\text{倍}}
$$

$$
- \cfrac{a}{b} \cdot \cfrac{c}{d} - \text{XII} - \text{M}_{3\text{合}} - \text{XIV} - \text{M}_{4\text{合}}
$$
（非标准螺纹）

$$
- \text{XVII} - \text{M}_{5\text{合}} - \text{IVIII（丝杠）}
$$

③ 纵向和横向进给传动链。在进行外圆车削和端面车削等工序的普通车削加工时，可使用纵、横向进给传动链。为了避免丝杠磨损过快及便于人工操纵（将刀架运动的操纵机构放在溜板箱上），机动进给运动是由光杠经溜板箱传动的。其传动路线表达式如下：

$$
\cdots \text{XVII} - \cfrac{28}{56} - \text{XIX} - \cfrac{36}{32} \times \cfrac{32}{56} - \text{M}_6 - \text{M}_7 - \text{XX} - \cfrac{4}{29} - \text{XXI}
$$

$$
\begin{bmatrix}
\cfrac{40}{48}\text{M}_8\uparrow \\[2mm]
\cfrac{40}{30} \times \cfrac{30}{48}\text{M}_8\downarrow
\end{bmatrix}
- \text{XXII} - \cfrac{28}{80} - \text{XXIII} - \text{齿轮齿条 12（纵向进给）}
$$

$$
\begin{bmatrix}
\cfrac{40}{48}\text{M}_9\uparrow \\[2mm]
\cfrac{40}{30} \times \cfrac{30}{48}\text{M}_9\downarrow
\end{bmatrix}
- \text{XXV} - \cfrac{48}{48} \times \cfrac{59}{18} - \text{XXVII（丝杠）（横向进给）}
$$

④ 刀架快速移动传动链。为了减轻工人劳动强度及缩短辅助时间，CA6140 型卧式车床设置了刀架纵、横向快速移动装置，刀架可以实现纵向和横向机动快速移动。刀架的纵、横向快速移动是由装在溜板箱内的快速电动机（$P = 0.37\text{kW}$，$n = 2700\text{r/min}$）经齿轮副 14/28，驱动 II 轴，再经蜗杆、蜗轮副 4/29 接通纵、横向进给的离合器 M_7 或 M_8，即可获得所需方

向的纵、横向快速移动。因为工作进给传动系统中，Ⅱ轴上装有超越离合器 M_6，故快速移动的传动可以超越工作进给而实现。

为了缩短辅助时间和简化操作，在刀架快速移动时不必脱开进给运动传动链。为了避免仍在转动的光杠和快速移动电动机同时连接传动ⅩⅩⅡ轴而造成破坏，在齿轮56与ⅩⅩ轴之间装有超越离合器 M_6。

纵向、横向机动进给及快速移动是由一个手柄集中操纵的。如图2-5所示，当需要纵向移动刀架时，向相应方向（向左或向右）扳动操纵手柄1。而操纵手柄1只能绕销2摆动，于是手柄1下部的开口槽就拨动轴3轴向移动。轴3通过杠杆7及推杆8使鼓形凸轮9转动，鼓形凸轮9的曲线槽迫使拨叉10移动，从而操纵Ⅻ轴上的牙嵌式双向离合器 M_8 向相应方向啮合，如图2-5所示。这时，如光杠（ⅩⅩⅢ轴）转动，运动传给ⅩⅩ轴，从而使刀架做纵向机动进给运动；如按下手柄1上端的快速移动按钮S，快速电动机起动，刀架就可向相应方向快速移动，直到松开快速移动按钮时为止。如向前或向后扳动操纵手柄1，可通过轴14使鼓形凸轮13转动，鼓形凸轮13上的曲线槽迫使杠杆12摆动，杠杆12又通过拨叉11拨动ⅩⅩⅤ轴上的牙嵌式双向离合器 M_9 向相应方向啮合。这时，如接通光杠或快速电动机就可使横刀架实现向前或向后的横向机动进给或快速移动。操纵手柄1处于中间位置时，离合器 M_8 和 M_9 脱开，这时机动进给及快速移动均被断开。

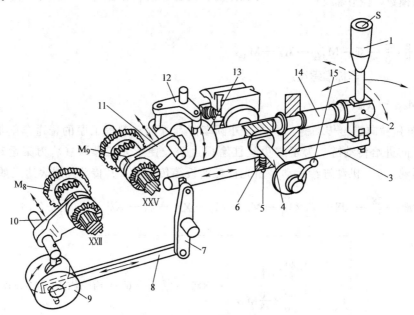

图2-5 机动进给操纵机构

1、15—手柄 2—销 3、4、14—轴 5、6—弹簧
7、12—杠杆 8—推杆 9、13—鼓形凸轮 10、11—拨叉

（2）滑板的结构组成和作用 滑板用来安装刀架，并使之做纵向、横向或斜向的进给运动，其结构如图2-6所示。

1）床鞍（大刀架、纵溜板）。滑板箱带动刀架沿床身导轨纵向移动，其上面有横向导轨，可沿床身的导轨做纵向直线运动。在床鞍上有经过精确加工的燕尾形导轨，中滑板2即在此导轨面上移动。中滑板的上下导轨方向要严格垂直。为了调整导轨磨损后的间隙，在导

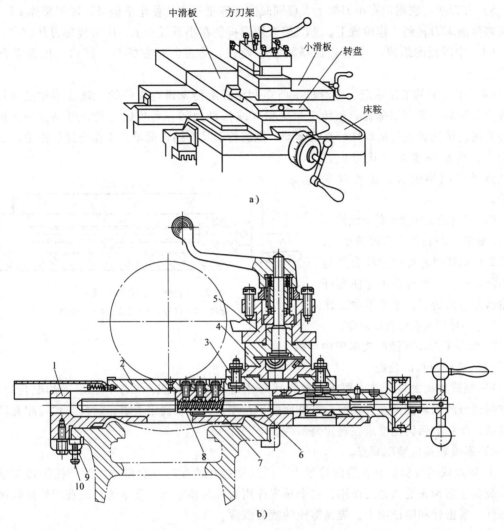

图 2-6 滑板结构

a）外观图 b）装配图

1—刀架体 2—中滑板 3—转盘 4—小滑板 5—方刀架

6—丝杠 7、8—螺母 9—锁紧螺母 10—调节螺钉

轨间安装有带斜度的镶条。拧松锁紧螺母 9，然后稍拧紧调节螺钉 10，即可以适当减少滑板与床身导轨间的间隙，调整后要拧紧锁紧螺母 9。

2）中滑板（横刀架、横溜板）。中滑板可沿床鞍上的导轨横向移动，用于横向车削工件及控制背吃刀量。中滑板利用丝杠 6 传动，螺母 7 和 8 则安装在中滑板下面。

3）转盘。转盘 3 与中滑板 2 相配合，中滑板 2 上部有圆形导轨，还有 T 形环槽，槽内装有螺钉，把转盘 3 与中滑板 2 固定在一起。松开螺钉，可以使安装在转盘上的小滑板 4 转动一定的角度，以便用小滑板实现刀具的斜向进给运动来加工锥度较大的短圆锥体（只能手动）。

4）小滑板（小溜板）。它控制长度方向的微量切削，可沿转盘上面的导轨做短距离移动，将转盘偏转若干角度后，小刀架做斜向进给运动，可以车削圆锥体。

5）方刀架。它固定在小刀架上，可同时安装四把车刀，使用手柄可以使刀架体1转位，把所需要的车刀转到工作位置上。方刀架5用螺杆装在小滑板4上，用来装夹刀具。

（3）中滑板的组成　中滑板由横滑板、丝杠、垫片、左右螺母、螺钉、镶条等部分组成。

（4）中滑板的工作原理　中滑板主要是利用螺旋传动进行工作的。螺旋传动是构件的一种空间运动，是利用螺旋副来传递运动和（或）动力的一种机械传动，可以方便地把主动件的回转运动转变为从动件的直线运动。螺旋传动具有结构简单，工作连续、平稳，承载能力大，传动精度高等优点。它的缺点是摩擦损失大，传动效率较低。

图2-7所示为中滑板传动结构示意图。螺杆1与机架3组成转动副，螺母2与螺杆以左旋螺纹啮合并与工作台4连接。当转动手轮使螺杆按图示方向回转时，螺母带动工作台沿机架的导轨向右做直线运动。

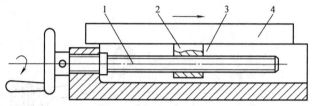

图2-7　机床工作台移动机构
1—螺杆　2—螺母　3—机架　4—工作台

2. 拆装 CA6140 型卧式车床中滑板

（1）螺旋机构的装配

1）螺旋机构的装配技术要求。丝杠螺母副应有较高的配合精度，有准确的配合间隙；丝杠与螺母的同轴度及丝杠轴线与基准面的平行度，应符合规定要求；丝杠与螺母相互转动应灵活；丝杠的回转精度应在规定范围内。

2）螺纹联接的装配要点。

① 螺纹联接要保证有合适的拧紧力。螺纹联接在装配时一般需要拧紧，使联接在承受工作载荷之前预先受到力的作用，这个预先作用力称为预紧力。预紧的目的在于增强联接的可靠性、紧密性和防松能力，提高螺栓的疲劳强度。

② 成组螺栓联接的零件，拧紧螺栓必须按照一定的顺序进行，并做到分次逐步拧紧。这样，有利于保证螺纹间均匀接触，配合面贴合良好，螺栓间承载一致。常见成组螺栓联接布置形式与拧紧顺序如图2-8所示。

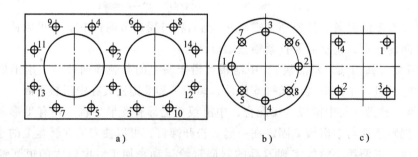

a)　　　　　　　　　　b)　　　　　　　　c)

图2-8　成组螺栓联接布置形式与拧紧顺序

③ 双头螺柱的装配。双头螺柱的装配必须保证双头螺柱与机体螺纹的配合有足够的紧固性。双头螺柱的轴线必须与机体表面垂直，装配时可用直角尺进行检验。如发现较小的偏斜时，

可用丝锥校正螺孔后再装配，或将装入的双头螺柱校正至垂直；偏斜较大时，不得强行校正，以免影响联接的可靠性。双头螺柱紧固端的装配方法如图 2-9 所示。双头螺柱的拧紧方法如图 2-10 所示。先将两个螺母相互锁紧在双头螺柱上，然后转动上面的螺母，即可把双头螺柱拧入螺孔。

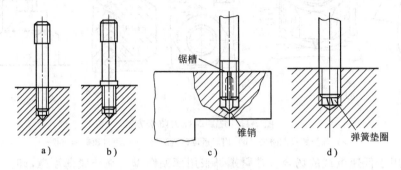

图 2-9　双头螺柱紧固端的装配方法
a）具有过盈的配合　b）带有台肩的紧固　c）采用圆锥销紧固　d）采用弹簧垫圈止退

3）常用的螺纹防松方法。松动是螺纹联接中最常见的失效形式之一。一般的螺纹联接都有自锁性能，在受静载荷和工作温度变化不大时，不会自行脱落。但是在高温、变载荷、冲击或振动载荷作用下，联接可能发生松动或松脱现象，影响正常工作，甚至发生事故。为了保证螺纹联接安全可靠，必须采取有效的防松措施。

① 增加摩擦力防松。增加摩擦力防松如图 2-11 所示。

a. 加弹簧垫圈防松。如图 2-11a 所示，螺母拧紧后靠弹簧垫圈被压平而产生的弹性反力使旋合螺纹间压紧。该方法结构简单，使用方便，但防松效果较差，适用于机械外部的螺纹防松。为保证弹簧垫圈有适度的弹力，要求在自由状态下，开口处相对面的位移量不小于垫圈厚度的 50%。当多次拆装使开口相对面的位移量不足时，应更换新垫圈。

b. 用双螺母锁紧防松。如

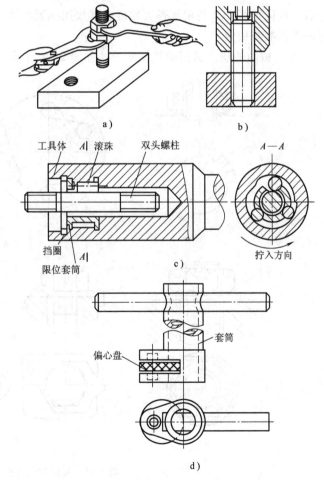

图 2-10　双头螺柱的拧紧方法

图 2-11b 所示，利用两螺母的对顶作用使螺栓始终受附加的拉力和附加的摩擦力。该方法结

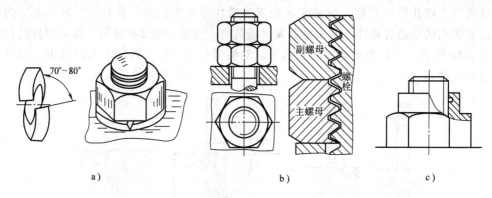

图 2-11 增加摩擦力防松方法

a) 加弹簧垫圈防松 b) 用双螺母锁紧防松 c) 用自锁螺母防松

构简单，可用于低速重载的场合。锁紧螺母采用薄型螺母。在拧紧薄型螺母时，必须用两只扳手将薄型螺母与原有螺母相对地拧紧。

c. 用自锁螺母防松。如图 2-11c 所示，螺母一端制成非圆口或开缝后径向收口。拧紧螺母后，收口被胀开，利用其弹力使旋合螺纹间压紧。该方法结构简单，防松可靠，可多次装拆而不影响防松效果。

② 机械防松法。常用的机械防松法如图 2-12 所示。

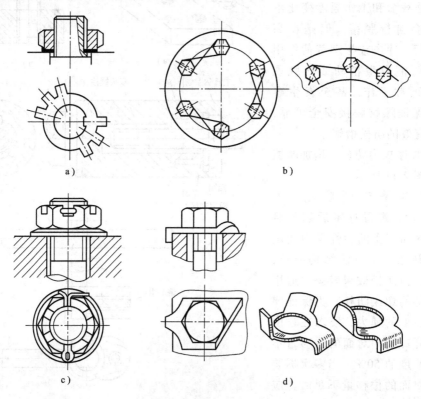

图 2-12 机械防松方法

a) 用止退垫圈防松 b) 串金属丝防松 c) 用槽形螺母和开口销防松 d) 用止动垫圈防松

a. 用止退垫圈防松。这种方法适用于圆螺母防松。锁定时将垫圈的内爪嵌入外螺纹的槽中，将垫圈的外爪弯曲压入圆形螺母的槽中，如图 2-12a 所示。

b. 串金属丝防松。成对或成组的螺钉，可以用钢丝穿过螺钉头互相绑住，防止回松。用钢丝绑的时候，钢丝绕转的方向必须与螺纹拧紧方向相同。这种防松方法常用于要求防松可靠、不容易进行机械拆装的场合。对于紧定螺钉必须在轴槽上绕一周钢丝，使钢丝嵌入紧定螺钉的起子槽内绑紧，如图 2-12b 所示。

c. 用槽形螺母和开口销防松。螺母拧紧到规定的力矩范围以后，使槽形螺母的端面槽对准销孔，再将开口销插入，分开销头紧贴到螺母的六角侧平面上。使用无槽螺母时，应配作垫圈厚度，使开口销插入销孔能恰好顶住螺母端面，如图 2-12c 所示。

d. 用止动垫圈防松。螺母拧紧以后，将垫圈外爪分别上、下弯曲，使向下弯曲的爪贴住工件，向上弯曲的爪贴紧到螺母的六角对边上，不能贴在角上，如图 2-12d 所示。

③ 破坏螺纹副关系防松方法。破坏螺纹副关系防松方法如图 2-13 所示。

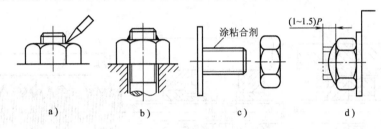

图 2-13　破坏螺纹副关系防松方法

a）冲点防松　b）焊接防松　c）涂粘合剂防松　d）端铆防松

a. 冲点防松。拧紧后在端面或侧面螺纹的小径处用样冲冲打 2~3 点，成永久性防松，如图 2-13a 所示。

b. 焊接防松。用焊具点焊 2~3 点，成永久性防松，如图 2-13b 所示。

c. 涂粘合剂防松。用厌氧性粘接剂涂于螺纹旋合表面，拧紧螺母后自行固化，获得良好的防松效果，如图 2-13c 所示。

d. 端铆防松。拧紧后螺栓露出（1~1.5）P，P 为螺距，打压这部分使螺栓头部变大，成永久性防松，如图 2-13d 所示。

4）螺旋机构的装配间隙。丝杠螺母配合间隙是保证其传动精度的主要原因，分径向间隙和轴向间隙两种。

① 径向间隙的测量。径向间隙直接反映丝杠螺母的配合精度，其测量方法如图 2-14 所示，图中 P 为螺距。将丝杠螺母置于如图所示位置后，使百分表测头抵在螺母上，用稍大于螺母重量的力压下或抬起螺母，百分表指针的摆动差即为径向间隙值。

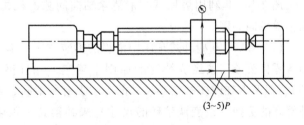

图 2-14　丝杠与螺母径向间隙测量示意图

② 轴向间隙的清除和调整。丝杠螺母的轴向间隙直接影响其传动的准确性。进给丝杠应有轴向间隙消除机构，简称消隙机构。

a. 单螺母消隙机构。丝杠螺母传动机构只有一个螺母时，常采用如图 2-15 所示的消隙机构，使螺母和丝杠始终保持单向接触。注意消隙机构的消隙力方向应和切削力方向一致，以防止进给时产生爬行，影响进给精度。

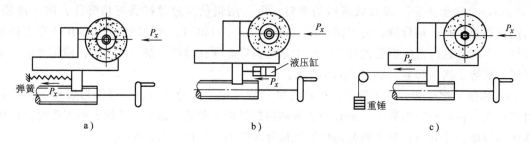

图 2-15 单螺母消除间隙的基本方法
a）利用弹簧消除间隙 b）利用液压缸消除间隙 c）利用重锤消除间隙

b. 双螺母消隙机构。双向运动的丝杠螺母应用两个螺母来消除双向轴向间隙，其结构如图 2-16 所示。

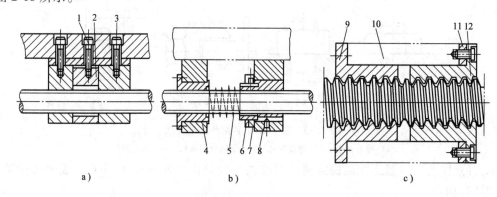

图 2-16 双螺母消隙机构示意图
a）利用楔块消除间隙的机构 b）利用弹簧消除间隙的机构 c）利用垫片厚度消除轴向间隙的机构
1、3、12—螺钉 2—楔块 4、8—螺母 5—压缩弹簧 6—垫圈 7—调节螺母 9—丝杠螺母 10—机座 11—垫片

图 2-16a 是利用楔块消除间隙的机构。调整时，松开螺钉 3，再拧动螺钉 1 使楔块 2 向上移动，以推动带斜面的螺母右移，从而消除轴向间隙。调好后用螺钉 3 锁紧。

图 2-16b 是利用弹簧消除间隙的机构。调整时，转动调节螺母 7，通过垫圈 6 及压缩弹簧 5，使螺母 8 轴向移动，以消除轴向间隙。

图 2-16c 是利用垫片厚度来消除轴向间隙的机构。丝杠螺母磨损后，通过修磨垫片 11 来消除轴向间隙。

（2）CA6140 型卧式车床中滑板的拆装方法 本任务采用调整装配法完成。调整装配法即各零件公差可按经济精度的原则来确定，并且仍选择一个组成环为补偿环（又称调整环），但两者在改变补偿环尺寸的方法上有所不同。调整法采用改变补偿环零件的位置或对补偿环的更换（改变调整环的尺寸）来补偿其累积误差，以保证装配精度。常见的调整方法有可动调整法、固定调整法和误差抵消调整法三种。

可动调整法：采用改变调整零件的位置来保证装配精度的方法称为可动调整法。常用的调整件有螺栓、斜面件、挡环等。在调整过程中不需拆卸零件，应用方便，能获得比较高的精度。同时，在产品使用过程中，由于某些零件的磨损而使装配精度下降时，应用此法有时还能使产品恢复原来的精度。因此，可动调整法在实际生产中应用较广。

固定调整法：在装配尺寸链中，选择某一组成环为调节环，将作为调节环的零件按一定尺寸间隔级别制成一组专门零件。产品装配时，根据各组成环所形成累积误差的大小，在调节环中选定一个尺寸等级合适的调节件进行装配，以保证装配精度。这种方法称为固定调整法。常用的调节件有轴套、垫片、垫圈等。

　　误差抵消调整法：通过调整某些相关零件误差的方向，使其互相抵消。这样各相关零件的公差可以扩大，同时又保证了装配精度。

　　1）拆装方法。

　　① 先拆镶条可调整螺钉，抽出镶条、法兰盘四个螺钉，摇出丝杠，取出手柄锥销，松开两个螺母，拆出刻度盘，拆出被动轮，取出半圆键，取出螺母副。

　　② 清洗和修复各零件，按拆卸相反的顺序装配好各个零件。

　　③ 配镶条。配镶条的目的是使刀架横向进给时有准确间隙，并能在使用过程中，不断调整间隙，保证足够寿命。镶条按导轨和下滑座配刮，使刀架下滑座在滑板燕尾导轨全长上移动时，无轻重或松紧不均匀的现象，并保证大端有 10～15mm 调整余量。燕尾导轨与刀架下滑座配合表面之间用 0.03mm 塞尺检查，插入深度不大于 20mm。燕尾导轨的镶条如图 2-17 所示。

　　④ 调整横向进给丝杠与螺母间隙。滑板松则滑板和导轨间隙大，加工的精度差；滑板紧则滑板和导轨间隙小，动作（手动、机动）不灵活，加工精度好。横向进给丝杠与螺母的间隙调整如图 2-18 所示。

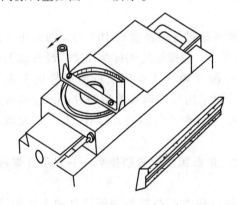

图 2-17　燕尾导轨的镶条

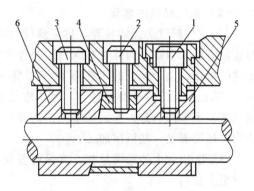

图 2-18　横向进给丝杠与螺母的间隙调整
1、2、3—螺钉　4—楔铁　5、6—螺母

　　中滑板是利用楔铁调整间隙的。如果滑板间隙过大，调紧时，先松开后端螺钉，然后调前端螺钉至合适位置；如果滑板间隙过小，调松时，先松开前端螺钉，然后调后端螺钉至合适位置。调整时，先将前螺母的紧固螺钉 3 拧松，然后将中间的调整螺钉 2 拧紧，螺钉 2 下部把楔铁 4 向上拉，将螺母 5 和 6 向两边挤开，因而消除了间隙。调整后，仍然将螺钉 3 拧紧。这时，手柄应摇动方便，使间隙约有 1/20 转左右的大小。

　　2）拆装时注意事项。

　　① 看懂结构再动手拆，并按先外后里，先易后难，先下后上的顺序拆卸。

　　② 拆前看清组合件的方向、位置排列等，以免装配时弄错。

　　③ 拆卸零件时，不准用锤子猛砸，当拆不下或装不上时，要分析原因（看图），搞清楚后再拆装。

④ 在扳动手柄观察传动时不要将手伸入传动件中，防止挤伤。

⑤ 中滑板间隙调整楔铁松紧度时要求拧松前后螺钉，根据切削负荷调整。

⑥ 刀架和小滑板也要调整到规定位置。不能将小滑板摇出过长。

⑦ 中溜板螺钉和螺母为螺距 5mm 的 T 形螺母配合。使用时要调整排除前后间隙，切削振动或精度达不到要求与其有直接关系。

⑧ 中溜板刻度盘内有一滚珠和弹簧片，外有一滚花螺钉。调整固定、刻度变化或不准时，首先要检查它。

3. 常用零部件的修复和修理

螺旋传动机构经过长期使用，丝杠与螺母之间会出现磨损。常见的损坏现象，有丝杠螺纹磨损、轴颈磨损或弯曲及螺母磨损等。

（1）螺纹联接的修复

1）螺纹孔损坏后会使配合过松，这时可将螺纹孔钻大，攻大直径的新螺纹，配换新螺钉。当螺纹孔螺纹只损坏端部几扣时，可将螺纹孔加深，配换稍长的螺栓。

2）螺钉、螺柱的螺纹损坏时，一般应更换新的螺钉、螺柱。

3）螺栓头部拧断。若螺栓断处在孔外，可在螺栓上锯槽、锉方或焊上一个螺母后再拧出。若断处在孔内，可用比螺纹小径小一点的钻头将螺柱钻出，再用丝锥修整内螺纹。

4）螺钉、螺柱因锈蚀难以拆卸时，可用煤油浸润，使锈蚀处疏松后即较容易拆卸；也可用锤子敲打螺钉或螺母，使铁锈受振动脱落后将其拧出。

（2）螺纹联接的修理

1）丝杠螺纹磨损的修理。梯形螺纹丝杠的磨损不超过牙型高度的 10% 时，通常用车深螺纹的方法来消除。当螺纹车深后，外径也需相应车小，使螺纹达到标准深度。经常加工短工件的机床，由于丝杠的工作部位经常集中于某一段（如卧式车床丝杠磨损靠近车头部位），因此这部分丝杠磨损较大。为了修复其精度，可采用丝杠调头使用的方法，让没有磨损或磨损不多的部分，换到经常工作的部位。但是，丝杠两端的轴颈大都不一样，因此调头使用时还需要做一些机械加工。

对于磨损过大的精密丝杠，常采用更换的方法。矩形螺纹丝杠磨损后，一般不能修理，只能更换新的。

2）丝杠轴颈磨损后的修理。丝杠轴颈磨损后的修理方法与其他轴颈修复的方法相同，但在车削轴颈时，应与车削螺纹同时进行，以便保持这两部分轴的同轴度。磨损的衬套应该更换，如果没有衬套，应该将支承孔镗大，压装上一个衬套，并用螺钉定位。这样，在下次修理时，只换衬套，即可修复。

3）螺母磨损的修理。螺母的磨损通常比丝杠快，因此常需要更换。为了节约青铜，常将壳体做成铸铁的，在壳体孔内压装上铜螺母，以在修理中易于更换。

（3）配刮横向燕尾导轨

1）将床鞍放在床身导轨上，可减少刮削时床鞍变形。以刀架中滑板的表面 2 和 3 为基准，配刮床鞍横向燕尾导轨表面 5 和 6，如图 2-19 所示。推研时手握工艺心棒，以保证安全。

表面 5 和 6 刮后应满足对横丝杠 A 孔轴线的平行度要求，其误差在全长上不大于 0.02mm。测量方法：在 A 孔中插入检验心轴，百分表吸附在角度平尺上，分别在心轴上母线及侧母线上测量其平行度误差。

2）修刮燕尾导轨面 7，保证其与平面 6 的平行度，以保证刀架横向移动顺利。可用角度平尺或中滑板为研具刮研。用图 2-20 所示方法检查：将测量圆柱放在燕尾导轨两端，用千分尺分别在两端测量，两次测得的读数差就是平行度误差，在全长上不大于 0.02mm。

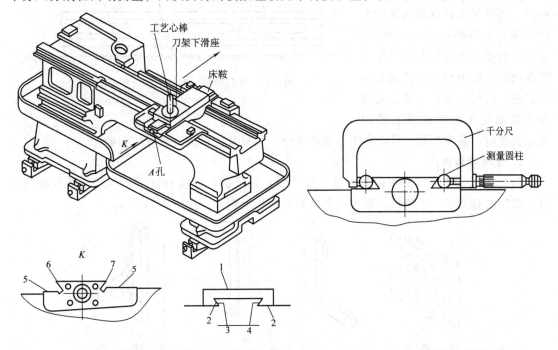

图 2-19　测量床鞍上导轨面对横丝杠孔的平行度　　　图 2-20　测量燕尾导轨的平行度

交流与讨论

调整装配法和修配装配法、完全互换装配法有何不同？

2.1.2　机械装配常用检具的认识和使用

1. 平尺

（1）平尺的作用及种类　平尺主要用作导轨的刮研和测量的基准。平尺有桥形平尺、平行平尺和角形平尺三种，如图 2-21 所示。

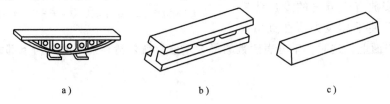

图 2-21　平尺的种类

a）桥形平尺　b）平行平尺　c）角形平尺

桥形平尺上表面为工作面，用来刮研或测量机床导轨。平行平尺有两个互相平行的工面。角形平尺用来检查燕尾导轨。平尺用灰铸铁铸成，经加工和热处理以消除内应力。工作面要刮削至 25 点/25mm×25mm（1 级平尺）或 20 点/25mm×25mm（2 级平尺）。

（2）平尺拉表法测量工作台表面平面度误差 如图 2-22 所示，把平尺按照要求测量的方向，安放在等高垫铁上。然后，就可以直接用千分表测量工作台面在测量方向上相对平面的直线度误差。最后，把其中的最大值作为被测工作台面的平面度误差。

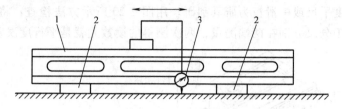

图 2-22 平尺拉表法测量工作台平面度误差
1—平尺 2—等高垫铁 3—千分表

测量时，若有必要也可以在千分表头下垫一块量块，以提高测量的准确性。

2. 方尺和直角尺

（1）方尺和直角尺的作用及种类 方尺和直角尺是用来检查机床部件之间垂直度的量具。常用的有方尺、平角尺、宽底座角尺和直角平尺四种，如图 2-23 所示。

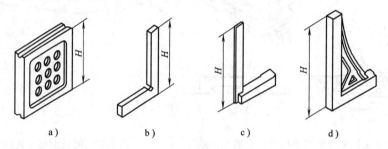

图 2-23 方尺和直角尺
a）方尺 b）平角尺 c）宽底座角尺 d）直角平尺

（2）直角尺拉表测量法测量导轨间垂直度误差 滑板上部横向的燕尾导轨和下部的纵向导轨的垂直度误差可用直角尺拉表测量的方法测量，如图 2-24 所示。

测量时，先要用千分表保证直角尺纵向工作表面在滑板移动方向上的平行度要求，然后，在滑板的燕尾导轨上，移动安放有千分表的专用垫铁进行测量，并使千分表头顶在直角尺

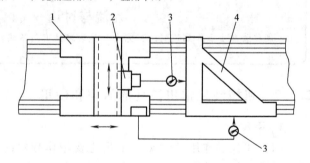

图 2-24 直角尺拉表法测量导轨垂直度误差
1—滑板 2—专用垫铁 3—千分表 4—直角尺

的横向工作表面上，这时，千分表读数的最大差值，就是滑板燕尾导轨与下部纵向导轨的垂直度误差。

3. 垫铁

垫铁是一种检验导轨精度的通用工具，主要用作水平仪和百分表等精密量具的垫铁。材料多为铸铁，根据使用目的和导轨形状不同，制成多种形状，如图 2-25 所示。

4. 检验棒

检验棒主要用来检查机床主轴和套筒类零部件的径向圆跳动、轴向窜动、同轴度、平行

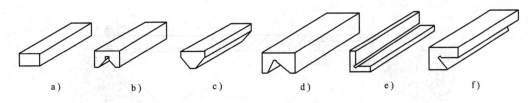

图 2-25　垫铁的种类

a）平角垫铁　b）凹 V 形等边垫铁　c）凸 V 形等边垫铁　d）凹 V 形不等边垫铁　e）直角垫铁　f）55℃型垫铁

度等，是机床修理、装配的常用工具。

检验棒一般用工具钢制成，经热处理和精密加工，精度较高。为减轻重量可制成空心的，为便于装拆、保管，可做出拆卸螺纹和吊挂用小孔。用完后应清洗、涂油，吊挂保存。

检验棒按主轴结构和检验项目不同，可制成不同的结构形式，如图 2-26 所示。

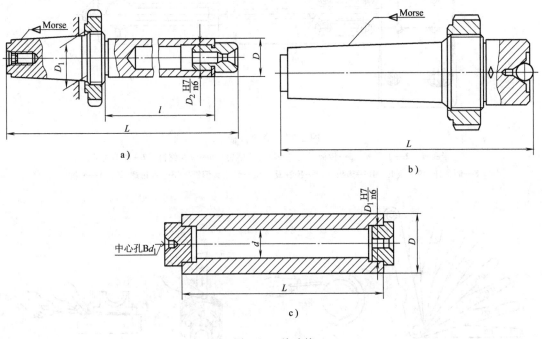

图 2-26　检验棒

a）长检验棒　b）短检验棒　c）圆柱形检验棒

5. 检验桥板

检验桥板是检验机床导轨面间相互位置精度的一种工具，一般与水平仪结合使用。按照不同形状的导轨，可制作不同结构的检验桥板，图 2-27 所示为常用的一种。检验桥板与导轨接触部分及本身的跨度可以更换和调整，以适应多种床身导轨组合的测量。

6. 塞尺

塞尺又称厚薄规，是用来检验两个结合面之间间隙大小的片状量规。塞尺由一组薄钢片组成，厚度一般为 $0.01 \sim 1\text{mm}$，长度有 50mm、100mm、200mm 等多种规格，每片有两个平行的测量面，用于测量零件之间的微小间隙，如图 2-28 所示。

塞尺的使用技巧：

1）使用时应根据间隙大小选择塞尺的薄片数，可用一片或数片重叠在一起使用。

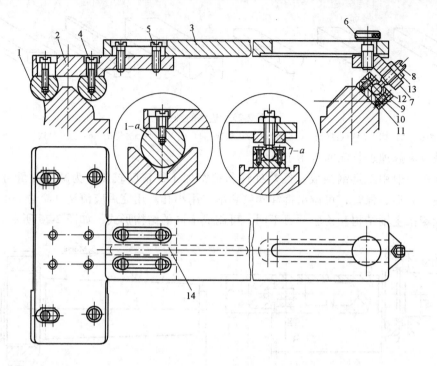

图 2-27　检验桥板

1—半圆棒　2—丁字板　3—桥板　4、5—圆柱头螺钉　6—滚花螺钉　7—滑动支承板
8—调整杆　9—盖板　10—垫板　11—接触板　12—圆柱头铆钉　13—六角螺母　14—平键

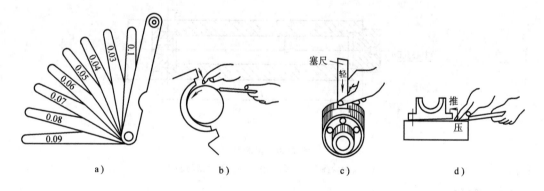

图 2-28　塞尺及其使用

a）塞尺　b）用法一　c）用法二　d）用法三

2）由于塞尺的片很薄，容易弯曲和折断，因此测量时不能用力过大。

3）不要测量高温零件，以免变形，影响精度。

4）用完后要擦拭干净，及时放到夹板中。

7. 常用量仪

（1）水平仪　水平仪主要用来测量导轨在垂直平面内的直线度、工作台面的平面度及零件间的垂直度和平行度等，有条形水平仪、框式水平仪和合像水平仪等，如图 2-29 所示。

1）水平仪的读数原理。如图 2-30 所示，假定平板处于自然水平，在平板上放一根 1m

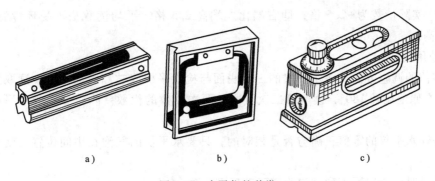

图 2-29　水平仪的种类

a）条形水平仪　b）框式水平仪　c）合像水平仪

长的平行平尺，平尺上的水平仪的读数为零，即水平状态。如将平尺右端抬起 0.02mm，相当于使平尺与平板平面形成 4″ 的角度。如果此时水平仪的气泡向右移动一格，则该水平仪读数精度规定为每格 0.02/1000，读作千分之零点零二。

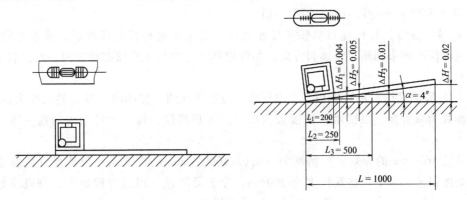

图 2-30　水平仪读数的几何意义

　　水平仪是一种测量角度的仪器，它的测量单位是用斜率做刻度，如 0.02/1000，其含义是测量面与水平面倾斜为 4″，斜率是 0.02/1000。而此时平尺两端的高度差，则因测量长度不同而不同。

　　2）水平仪的读数方法。

　　① 绝对读数法。唯有气泡在中间位置时，才读作 0。以零线为起点，气泡向任意一端偏离零线的格数，即为实际偏差的格数。偏离起端为 "+"，偏向起端为 "−"。一般习惯由左向右测量，也可以把气泡向右移作为 "+"，向左移为 "−"。图 2-31a 所示为 +2 格。

　　② 平均值读数法。分别从两长刻线（零线）起向同一方向读至气泡停止的格数，把两数相加除以 2，即为其读数值。如图 2-31b 所示，气泡偏离右端 "零线" 3 格，气泡左端也向右偏离左端 "零

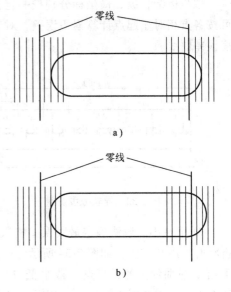

图 2-31　水平仪读数方法

a）绝对读数法　b）平均值读数法

线"2格，实际读数为+2.5格，即右端比左端高2.5格。平均读数法不受环境温度影响，读数精度高。

3）使用技巧。

① 零值的调整方法。将水平仪的工作底面与检验平板或被测表面接触，读取第一次读数；然后在原地旋转180°，读取第二次读数；两次读数的代数差除以2即为水平仪的零值误差。

② 普通水平仪的零值正确与否是相对的，只要水平仪的气泡在中间位置，就表明零值正确。

③ 测量时，一定要等到气泡稳定不动后再读数。

④ 读数时，由于间接读数法不受温度影响，因此读数时尽量采用间接读数法，使之读数更准确。

4）用水平仪测量导轨垂直平面内直线度的方法。

① 用一定长度的垫铁安放水平仪，不能直接将水平仪置于被测表面上。

② 将水平仪置于导轨中间，调平导轨。

③ 将导轨分段，其长度与垫铁长度相适应。依次首尾相接逐段测量，读取各段读数。根据气泡移动方向来判断导轨倾斜方向，如气泡移动方向与水平仪移动方向一致，表示导轨向右上倾斜。

④ 把各段测量读数逐点累积，画出导轨直线度曲线图。作图时，导轨的长度为横坐标，水平仪读数为纵坐标。根据水平仪读数依次画出各折线段，每一段的起点与前一段的终点重合。

例如长1600mm的导轨，用精度为（0.02/1000）mm的框式水平仪测量导轨在垂直平面内直线度误差。水平仪垫铁长度为200mm，分8段测量。用绝对读数法，每段读数依次为+1、+1、+2、0、-1、-1、0、-0.5，如图2-32所示。

取坐标纸，纵、横坐标分别按一定比例，获得导轨直线度误差曲线如图2-33所示。也可按各点相对于起点计算累积误差，对应各测量位置在纵坐标轴上取点，连接各点获得直线度误差曲线。

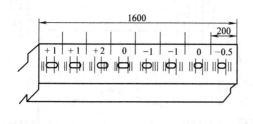

图2-32 导轨分段测量

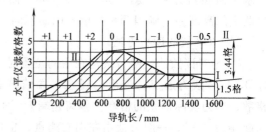

图2-33 导轨直线度误差曲线

⑤ 用最小区域法确定最大误差格数和误差曲线形状。在直线度误差曲线有凸有凹呈波折状时采用此方法，如图2-34所示。过曲线上两个最低点（或两个最高点），作一条包容线 Ⅰ-Ⅰ，过曲线上的最高点（或最低点）作平行于 Ⅰ-Ⅰ 线的另一条包容线 Ⅱ-Ⅱ，将误差曲线全部包容在两平行线之间。两平行线之间沿纵坐标轴方向的最大坐标值即为最大误差。

⑥ 按误差格数换算导轨直线度线性值。一般按下式换算：

$$\Delta = nil$$

式中　Δ——导轨直线度误差线性值
　　　　　（mm）；

　　　　n——曲线图中最大误差格数；

　　　　i——水平仪的读数精度；

　　　　l——每段测量长度（mm）。

在图 2-32 中：

$\Delta = nil = 3.44 \times (0.02/1000) \times 200 \text{mm}$

　　$= 0.014 \text{mm}$

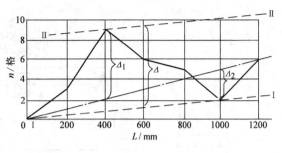

图 2-34　最小区域法确定导轨曲线误差

5）测量中应注意的问题。

① 测量前应将被测表面调到大致处于水平的位置。

② 桥板的跨距和测量档数要选择合适。桥板的底面形状应和导轨表面形状相适应。测量平导轨时允许使用平垫铁，或者短平尺代替桥板。在检测机床精度中，直接用机床的滑板作为测量桥板也是可以的。选择桥板的跨距时，应保证被测导轨的长度是桥板跨距的整数倍 n，一般取 $n = 4k$（$k = 1$、2、3、…，为正整数）。选择测量档数 n 时，还应考虑测量的精度要求及被测件的形状等因素。

③ 测量中桥板移动时，要保证跨距与桥板长度相适应，并且使各测量点能够首尾相接，移动轨迹尽可能成一条直线。在用机床滑板作为测量桥板时，每次测量移动的距离应尽量接近滑板长度。

④ 桥板及水平仪在测量过程中，无论处于哪一档始终都不能调头使用。

（2）光学平直仪

1）光学平直仪的结构和工作原理。光学平直仪由仪器主体和反射镜两部分组成，如图 2-35 所示。主体由平行光管和读数望远镜组成，反射镜安装在桥板上。光学平直仪具有精度高、应用范围广、使用方便、受温度影响小等优点，在机床修理中已逐渐得到应用。

图 2-36 所示为光学平直仪的光学系统。光线由灯泡 1 发出，经绿色滤光片 2 照亮十字指示分划板 3 上的十字目标物像。该亮十字目标物像经立方棱镜 4、平面反射镜 5、物镜 6 后形成十字平行光照射在平面反射

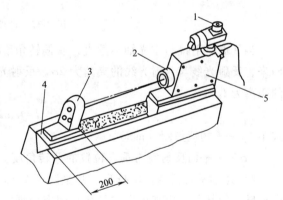

图 2-35　光学平直仪

1—目镜　2—望远镜　3—反光镜　4—桥板　5—主体

镜 12 上。经反射回的亮十字物像再经物镜 6、平面反射镜 5、立方棱镜 4 原路返回并向上聚焦在固定分划板 7 上成像。固定分划板 7 上刻有粗读刻度标尺。若导轨平直，反射镜与平行光垂直，反射回去的十字物像在固定分划板中间，并与可动分划板黑长刻线重合，如图 2-36b 所示。

自准直原理如图 2-37a 所示。位于物镜焦点上的物体 C，它所发出的光线经物镜变成一束平行光线，其中一条没发生折射的称为主光轴。光线前进遇到一块与主光轴垂直的反射

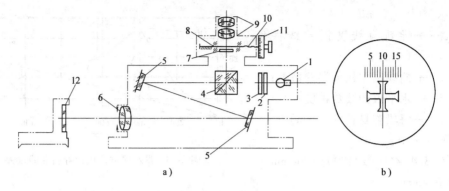

图 2-36　光学平直仪的光学系统

1—灯泡　2—绿色滤光片　3—十字指示分划板　4—立方棱镜　5、12—平面反射镜　6—物镜
7—固定分划板　8—可动分划板　9—目镜　10—测微螺杆　11—测微鼓轮

镜，则仍按原路反射回来，重新进入物镜，光线仍聚焦在焦点上，使 C' 实像与目标 C 重合。

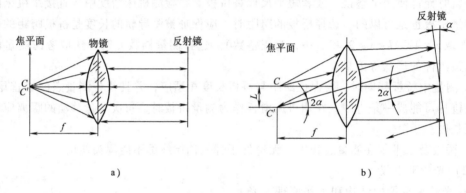

图 2-37　自准直原理

当平面反射镜与主光轴不垂直，有偏转角度时，如图 2-37b 所示，光线按反射定律反射回来，反射光线与入射光线的夹角为 2α。反射光线经物镜会聚于焦平面上的 C'' 点，与 C 点的距离为 l。

$$l = f\tan 2\alpha$$

式中　f——物镜焦距（mm）；

　　　α——平面反射镜与垂直位置的偏转角度。

2）光学平直仪的使用技巧。测量时图 2-36 中的平面反射镜 12 随被测导轨直线度误差而偏转，偏转量可由亮十字物像相对固定分划板上的刻度值粗略读得。图 2-38a 为测量时作为起始测量位置的视场，因导轨直线度误差而引起十字物像偏移如图 2-38b、c 所示。此时，转动图 2-36 中的测微鼓轮 11 并通过测微螺杆 10，使刻有长单刻线的可动分划板 8 移动，使长单刻线对准亮十字中间，由测微鼓轮上的刻度盘直接读出读数。

测微鼓轮的刻度有两种：一种以角秒表示，一圈有 60 格，一格刻度示值为 1″；另一种是以弧度值（即线性值）表示，一圈有 100 格，一格刻度示值为 0.005mm/m，相当于鼓轮转一格，反光镜桥板在 1000mm 长度上，一端升高 0.005mm。若反光镜桥板长度 $B = 200$mm 时，鼓轮一格相当于一端升高 0.001mm；若 $B = 100$mm 时，鼓轮一格反映桥板两端高度差为 0.0005mm。

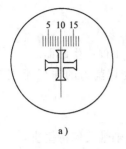
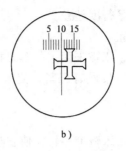
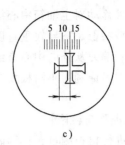

a)　　　　　　　　b)　　　　　　　　c)

图2-38　目镜观察物场图

激光检测技术

　　激光技术用于检测工作主要是利用激光的优异特性，将它作为光源，配以相应的光电元件来实现的。它具有精度高、测量范围大、检测时间短、非接触式等优点，常用于测量长度、位移、速度、振动等参数。

　　在光电检测领域，利用光的干涉、衍射和散射进行检测已经有很长的历史。由泰曼干涉仪到莫尔条纹，然后到散斑，再到全息干涉，出现了一个个干涉场，一些物理量（如位移、温度、压力、速度、折射率等）不再需要单独测量，而是整个物理量场一起进行测量。自从激光出现以后，电子学领域的许多探测方法（如外差、相关、取样平均、光子计数等）被引入，使测量灵敏度和测量精度得到大大提高。由于光纤能控制光束的传播路径，光纤技术的出现使光调制方法增多，接收更为方便，同时它能进入物体内部，扩大了测量范围，提高了测量精度，甚至可以事先铺设在各种建筑物内部，做实时检测和自动控制等。光纤激光器具有非常高的电光转换效率，其光束质量无与伦比，在光学检测领域发挥着重要作用。

2.1.3　技能提高　CA6140型卧式车床的机械故障处理二

1. 精车大端面工件时在直径上每隔一定距离重复出现一次波纹

【故障原因分析】

① 床鞍上导轨磨损，致使中滑板移动时出现间隙等不稳定情况。

② 横向丝杠弯曲。

③ 中滑板的横向丝杠与螺母的间隙过大。

【故障排除与检修】

① 刮研配合导轨及镶条。

② 校直横向丝杠。

③ 中滑板的横向丝杠与螺母由于磨损面间隙过大，使中滑板产生窜动时，可先松开螺钉，然后将楔铁向上拉，间隙消除后，拧紧螺钉，使螺母固定即可。

2. 精车后的工件端面产生中凹或中凸

【故障原因分析】

① 中滑板横向移动方向，即床鞍的上导轨与主轴轴线垂直度超差。

② 床鞍移动对主轴箱中心线的平行度超差。

③ 床鞍的上、下导轨垂直度超差。

④ 用右偏刀从外向中心进给时，床鞍未固定，车刀扎入工件产生凹面。

⑤ 车刀不锋利、小滑板太松或刀架没有压紧，使车刀受切削力的作用而让刀，因而产生凸面。

【故障排除与检修】

① 先进行检查测量，再刮研修正床鞍上导轨，使它与主轴轴线保持垂直。

② 校正主轴轴线位置，在保证工件（靠近主轴端大，远离主轴端小）合格的前提下，要求主轴轴线向前（偏向刀架）。

③ 对经过大修理以后的机床出现此类误差时，必须重新刮研床鞍下导轨面，只有尚未经过大修理而床鞍上导轨磨损严重而形成工件中凹时，可刮研床鞍的上导轨面，要求床鞍上导轨的外端必须偏向主轴箱。

④ 在车大端面时，必须把床鞍的固定螺钉锁紧。

⑤ 保持车刀锋利，中、小滑板的镶条不应太松，装车刀的方刀架应压紧。

3. 工件精车端面后出现端面振摆超差和有波纹

【故障原因分析】

① 主轴轴向窜动过大。

② 中滑板丝杠弯曲与螺母间隙过大。

③ 中滑板横向进给不均匀。

【故障排除与检修】

① 调整主轴后端的推力轴承。

② 调整中滑板丝杠与螺母的间隙或重配螺母，并校直丝杠。

③ 检查传动齿轮的啮合间隙，并调整中滑板的镶条间隙。

2.1.4 技能拓展 C620-1型卧式车床刀架的拆装

1. 方刀架的作用和结构

方刀架用螺杆装在小滑板16上，用来装夹刀具。方刀架的结构如图2-39所示。方刀架有四个刀位（可同时安装四把车刀），使用手柄6可以使刀架体1转位，以换用不同的刀具进行加工。刀架体1中心有通孔，与小滑板16上的凸圆柱体相配合，为了使方刀架体转位时获得准确的位置，使用钢球14和定位销9定位，手柄6与中心轴11用螺纹联接，旋紧手柄6就可以使刀架体1压紧在小滑板16上。中心轴11上套有凸块12和套筒7，两者之间有单向端面齿爪，由弹簧5压紧它们处于啮合状态。套筒7以花键同套筒4联接，而套筒4用固定销与手柄6联接。

2. 方刀架的工作原理

当需要刀架转位时，将手柄6逆时针方向转动，通过套筒4、7和单向牙嵌式离合器使凸块12转动，这时，凸块12端部的斜面使定位销9由定位孔中拔出。手柄6继续转动，凸块12的缺口肩部碰到固定在刀架体上的销17，则通过销17带动刀架体转动。钢球14因而滑出定位孔，当刀架体1转到所需要的位置时，钢球14便进入另一个定位孔，进行粗定位。然后反转手柄，凸块12也往回转动，使它的斜面部分脱离定位销9，在弹簧15的作用下使

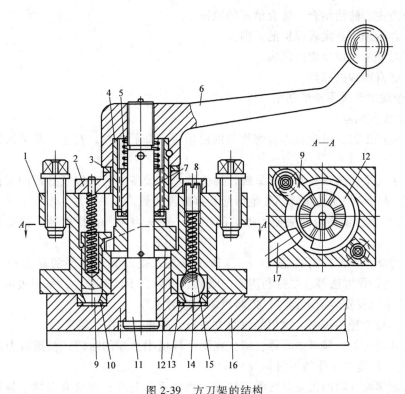

图 2-39　方刀架的结构

1—刀架体　2—法兰盘　3、13—环　4、7—套筒　5、15—弹簧　6—手柄　8—螺栓

9—定位销　10—套　11—中心轴　12—凸块　14—钢球　16—小滑板　17—销

定位销 9 插入新的定位孔中，进行精确定位。于是刀架体 1 不再转动，而且当凸块 12 的缺口肩部另一侧与销 17 相碰时，则凸块 12 也不能转动，此时套筒 7 和凸块 12 端面的单向爪式离合器开始打滑，手柄可以继续转动到夹紧刀架体为止。

2.1.5　环境保护法的相关知识

环境是指影响人类生存和发展的各种天然的和经过人工改造的自然因素的总称。环境保护是指运用环境科学的理论和方法，在更好地利用自然资源的同时，深入认识污染和破坏环境的根源及危害；有计划地保护环境，预防环境质量恶化，控制环境污染，促进人类与环境协调发展，提高人类生活质量，保护人类健康，惠及子孙后代。《环境保护法》是我国环境保护的基本法。

1. 环境保护法简介

（1）我国环境保护法的基本任务　为保护和改善环境，防止污染和其他公害，合理利用自然资源，维护生态平衡，保护人民健康，促进社会主义现代化的发展。

（2）环境保护的作用　为环境保护工作提供法律保障；为全体人民和企事业单位维护自己的环境权益提供法律武器；为国家执行环境监督管理职能提供法律依据；是维护我国环境权益的重要工具；可以促进我国公民提高环境意识和环境法律观念。

（3）环境保护法的基本原则

1）环境保护与社会经济协调发展的原则。

2）预防为主、防治结合、综合治理的原则。

3）污染者治理、开发者保护的原则。

4）政府对环境质量负责的原则。

5）依靠群众治理的原则。

2. 工业企业对环境污染的防治

（1）防治大气污染

1）改革生产工艺，减少有毒有害物料的使用量，降低废气、粉尘、恶臭污染物的产生和排放量。

2）对产生污染物的设备及工艺系统，加强技术、设备的管理以及日常的维修，减少废气、粉尘、恶臭污染物质的跑冒，杜绝泄漏和事故性排放。

（2）企业噪声污染防治的途径　噪声的控制一般从声源、传播途径、接受者三个方面考虑。

1）声源控制。声源控制的途径：一是改革结构，提高其中部件的加工精度和装配质量，采用合理的操作方法等。二是利用声的吸收、反射、干涉等特性，采用吸声、隔声、减振、隔振等技术以及安装消声器等以控制声源的辐射。

2）噪声传播途径的控制。常用的方法有吸声、隔声、隔振、阻尼等。

3）接收者的防护。佩带护耳器，减少在噪声环境中暴露的时间，根据听力测试的结果适当调整在噪声环境中工作的人员。

4）防治固体废弃物的污染。各类固体废弃物要妥善处理；对含有毒性、易燃性、腐蚀性和放射性的有害废弃物，首先要综合利用。凡不能利用的，应进行专门的管理，不得倾入水体或混入一般的固体废弃物中。

5）积极开发防治污染新技术。开发新产品、新技术、新工艺和新材料，同时开发防止环境污染的相应技术和装置。积极研究开发各种低耗能、高效率、少污染的工艺技术和机电产品。

 子任务 2.2　CA6140 型卧式车床中滑板丝杠的测绘

工作任务卡

工作任务	CA6140 型卧式车床中滑板丝杠的测绘
任务描述	能够认识并正确使用常用量具，能搜集资料，自主完成制订测量丝杠的任务；能根据所给资料进行标准件的选择，并在此基础上绘制丝杠的草图和零件图
任务要求	1）测量丝杠 2）绘制丝杠零件草图 3）绘制丝杠零件图

2.2.1 常用量具和量仪的认识与使用

1. 千分尺

（1）千分尺的种类 千分尺是用螺旋副的运动原理进行测量和读数的测微量具，也是检测尺寸常用的计量器具之一。常用的千分尺如图2-40所示。千分尺按读数形式分为标尺式和数显式。

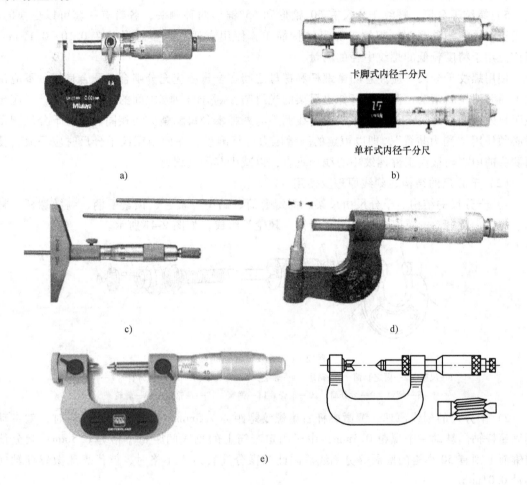

卡脚式内径千分尺

单杆式内径千分尺

a)   b)

c)   d)

e)

图2-40 常用的千分尺
a）外径千分尺 b）内径千分尺 c）深度千分尺 d）壁厚千分尺 e）螺纹千分尺

1）外径千分尺。外径千分尺是检测尺寸常用计量器具之一，常用于测量外径和长度尺寸。它比游标卡尺的精度高，使用灵活方便，其测量精度为0.01mm。按照测量范围，其规格分为0~25mm、25~50mm、50~75mm、75~100mm等。

2）内径千分尺。

① 内径千分尺用于测量内孔直径及槽宽等内部尺寸，有卡脚式内径千分尺、单杆式内径千分尺和三爪内径千分尺三种。

② 卡脚式内径千分尺用于测量小孔径。其刻线方向与外径千分尺正好相反，但读数方法相同。其测量范围有0~30mm、25~50mm两种。

③ 单杆式内径千分尺备有一套接长杆，用于测量大孔径，其测量范围很大，最小 50mm，最大可达 5000mm。

3）深度千分尺。用于测量工件阶台、沟槽和孔的深度。其结构与外径千分尺相似，只是多了一个基座而没有尺架。其测量杆的长度可进行调换，以适应不同深度的工件尺寸。

4）壁厚千分尺。用于测量精密管形零件的壁厚。测量头厚度为 5mm，测量面内侧成圆弧形，以便与孔壁接触进行测量。

5）螺纹千分尺。螺纹千分尺有 60°锥形和 55°锥形两种测头，各带有一套可以更换的、适用于不同螺距的测头。螺纹千分尺结构简单，使用方便，测量总误差在 0.10～0.15mm，可广泛用于精度较低的螺纹中径的测量。

使用螺纹千分尺时应注意测微螺杆和螺母之间在全量程应充分啮合且配合良好，不应出现卡滞和明显的窜动；测微螺杆伸出尺架的光滑圆柱部分与轴套之间的配合应良好，不应出现明显的摆动；螺纹千分尺的压线或离线调整与外径千分尺调整方法相同。螺纹千分尺测量时必须使用"测力装置"，即以恒定的测量压力进行测量；在使用螺纹千分尺时应平放，使两测头的中心与被测工件螺纹中心线相垂直，以减少其测量误差。

（2）千分尺的结构、刻线原理及使用

1）千分尺的结构。千分尺由尺架、固定套筒、砧座、轴套、锁紧手柄、测微螺杆、衬套、螺钉、微分筒、罩壳、弹簧、棘轮销、棘轮等组成，如图 2-41 所示。

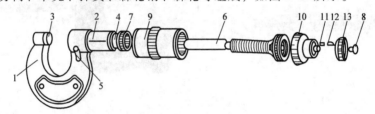

图 2-41　千分尺的结构

1—尺架　2—固定套筒　3—砧座　4—轴套　5—锁紧手柄　6—测微螺杆　7—衬套
8—螺钉　9—微分筒　10—罩壳　11—弹簧　12—棘轮销　13—棘轮

2）千分尺的刻线原理。测微螺杆右旋螺纹螺距为 1.5mm，当微分筒转一周时，就带动测微螺杆轴向转动一个螺距 0.5mm；由于固定套筒上的刻线间距每小格为 0.5mm；微分筒圆锥面上刻有 50 小格的圆周等分刻线。因此当微分筒转过 1 小格时，就代表测微螺杆轴向移动 0.01mm。

3）千分尺的读数方法。

① 读出固定套筒上刻线露在外面的刻线数值，中线之上为整毫米数值，中线之下为半毫米数值。

② 再读出微分筒上从零刻线开始第 X 条刻线与固定套筒上基准线对齐的数值，X 乘以其测量精度值 0.01mm，即为读数不足 0.5mm 的小数部分。

③ 把整数和小数相加，即为所测的实际尺寸，如图 2-42 所示。

4）千分尺的使用方法，如图 2-43 所示。

① 测量前，要擦净工件被测表面，以及千分尺的砧座端面和测微螺杆端面。

② 测量时，先转动微分筒，使测微螺杆端面逐渐接近工件被测表面，再转动棘轮，直到棘轮打滑并发出"嗒嗒"声，表明两测量端面与工件刚好贴合或相切并满足测量力的要

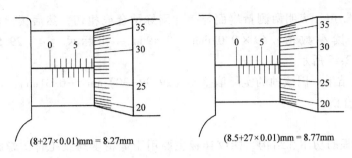

$(8+27×0.01)mm = 8.27mm$　　　　$(8.5+27×0.01)mm = 8.77mm$

图 2-42　千分尺读数示例

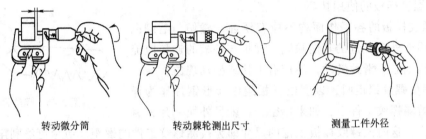

转动微分筒　　　　转动棘轮测出尺寸　　　　测量工件外径

图 2-43　千分尺的使用方法

求，然后读出测量尺寸值。

③ 退出时，应反转活动套筒，使测微螺杆端面离开工件被测表面后将千分尺退出。

5）使用千分尺的注意事项。

① 使用前应根据被测工件的尺寸，选择相应测量范围的千分尺。

② 测量前应校正零位。

③ 测量时，千分尺测量轴的轴线应与被测尺寸长度方向一致，不要歪斜。

④ 不能在工件转动或加工时测量。

⑤ 读数值时应注意半毫米数值刻线是否露出，小心读错一圈。

6）实测练习。测量图 2-44 中轴直径尺寸 $\phi30^{-0.007}_{-0.020}mm$ 的实际偏差，并判断其是否合格。

① 准备的检具：千分尺。

② 检测步骤：

a. 由于该轴的公称尺寸大于 25mm，因此采用 25~50mm 规格的千分尺测量。

b. 使用前，将千分尺和轴同时擦干净，然后转动微分筒，检查其是否灵活。

c. 校正零位。在千分尺两测量面之间放入校对棒，检查接触情况，不得有明显的漏光现象。同时，检查微分筒与固定套筒的零刻线是否对齐。

d. 测量时，先转动微分筒，使测微螺杆端面逐渐接近工件被测表面，再转动棘轮，直到棘轮打

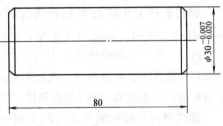

图 2-44　轴

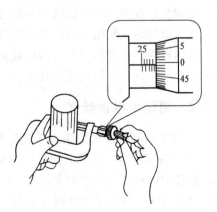

图 2-45　实际偏差的测量

滑并发出"嗒嗒"声，表明两测量端面与工件刚好贴合或相切，然后读出测量尺寸值。整数值：29.5mm；读小数值：49×0.01mm $= 0.49$mm；实际尺寸：（$29.5 + 0.49$）mm $=$ 29.99mm，如图 2-45 所示。

③ 评定检测结果：因该轴的实际偏差 $e = (29.99 - 30)$mm $= -0.01$mm，且 es>e>ei 成立，所以该轴的尺寸合格。

2. 螺纹样板

（1）螺纹样板的功用和结构 螺纹样板主要用于低精度螺纹工件的螺距和牙型角的检验，如图 2-46 所示。

（2）螺纹样板的使用技巧

1）螺纹样板的各工作面均不应有锈蚀、碰伤、毛刺以及影响使用或外观质量的其他缺陷。样板与护板的连接应能使样板围绕轴心平滑地转动，不应有卡住或松动现象。

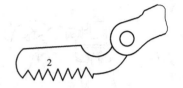

图 2-46　螺纹样板

2）测量螺纹螺距时，以螺纹样板组中齿形钢片作为样板，卡在被测螺纹工件上，如果不密合，就另外换一片，直到密合为止，这时该螺纹样板上记的尺寸即为被测螺纹工件的螺距。应尽可能利用螺纹工作部分长度作为测量对象，把螺纹样板卡在螺纹牙廓上，这样测量结果较为正确。

3）测量牙型角时，把螺距与被测螺纹工件相同的螺纹样板靠放在被测螺纹上面，然后检查它们的接触情况，如果有不均匀间隙的透光现象，说明被测螺纹的牙型不准确。这种测量方法只能粗略判断牙型角误差的大概情况。

3. 螺纹量规

螺纹量规分为螺纹塞规和螺纹环规两种，都由通规（通端）和止规（止端）组成，如图 2-47 所示。螺纹量规的通规用于检验内、外螺纹的作用中径及底径的合格性，螺纹量规的止规用

图 2-47　螺纹量规

于检验内、外螺纹单一中径的合格性。螺纹塞规用于检查内螺纹，螺纹环规用于检查外螺纹。

螺纹量规是按极限尺寸判断原则而设计的，螺纹通规体现的是最大实体牙型边界，具有完整的牙型，并且其长度应等于被检螺纹的旋合长度，以用于正确的检验作用中径。若被检螺纹的作用中径未超过螺纹的最大实体牙型中径，且被检螺纹的底径也合格，那么螺纹通规就会在旋合长度内与被检螺纹顺利旋合。

螺纹量规的止规用于检验被检螺纹的单一中径。为了避免牙型半角误差及螺距累积误差对检验的影响，止规的牙型常做成截短型牙型，以使止端只在单一中径处与被拉螺纹的牙侧接触，并且止端的牙扣只做出几牙。

2.2.2　测绘中滑板丝杠

1. 机床丝杠、螺母的基本牙型及主要参数

（1）基本牙型 机床上的丝杠螺母机构用于传递准确的运动、位移及力。丝杠为外螺纹，螺母为内螺纹，其牙型为梯形。GB/T 5796.1—2005《梯形螺纹　第 1 部分：牙型》规定的梯形螺纹的基本牙型如图 2-48 所示。由图可知，丝杠、螺母的牙型角为30°，牙型半角为15°。丝杠的大径、小径的公称尺寸分别小于螺母的大径、小径的公称尺寸，而丝杠、螺

母的中径的公称尺寸是相同的。

（2）对机床丝杠、螺母工作精度的要求　根据丝杠的功用，提出了轴向的传动精度要求，即对螺旋线（或螺距）提出了公差要求。又因丝杠、螺母有相互间的运动，为保证其传动精度，要求螺纹牙侧表面接触均匀，并使牙侧面的磨损小，故对丝杠提出了牙型半角的极限偏差要求、中径尺寸的一致性等要求，以保证牙侧面的接触均匀性。

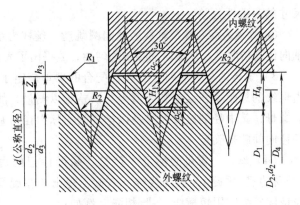

图 2-48　梯形螺纹的基本牙型

（3）丝杠、螺母公差（JB/T 2886—2008）

1）丝杠、螺母的精度等级。机床丝杠、螺母的精度分 7 个级别，即 3 级、4 级、5 级、6 级、7 级、8 级、9 级。其中 3 级精度最高，9 级精度最低。

各级精度的常用范围是：3 级和 4 级用于超高精度的坐标镗床和坐标磨床的传动定位丝杠和螺母；5 级和 6 级用于高精度的螺纹磨床、齿轮磨床和丝杠车床中的主传动丝杠和螺母；7 级用于精密螺纹车床、齿轮机床、镗床、外圆磨床和平面磨床等的精确传动丝杠和螺母；8 级用于卧式车床和普通铣床的进给丝杠和螺母；9 级用于低精度的进给机构中。

2）丝杠的公差项目。

① 螺旋线轴向公差。螺旋线轴向公差是指丝杠螺旋线轴向实际测量值相对于理论值的允许变动量，用于限制螺旋线轴向误差。对于螺旋线轴向误差的评定，分别在任意一个螺距内、任意 25mm、100mm、300mm 的丝杠轴向长度内以及丝杠工作部分全长上进行评定，在中径线上测量，可以全面反映丝杠螺纹的轴向工作精度。但因测量条件的限制，目前只用于高精度（3~6 级）丝杠的评定。

② 螺距公差。螺距公差分两种：一种是用于评定单个螺距的误差，称为单个螺距公差，它是指单一螺距的实际尺寸相对于公称尺寸的最大代数差；另一种公差用于评定螺距累积误差，称为螺距累积公差，它是指在规定的丝杠轴向长度内及丝杠工作部分全长范围内，螺纹牙型任意两个同侧表面的轴向尺寸相对于公称尺寸的最大代数差。

评定螺距误差不如评定螺旋线轴向误差全面，但其方法比较简单，常用于评定 7~9 级的丝杠螺纹。

③ 牙型半角的极限偏差。当丝杠的牙型半角存在误差时，会使丝杠与螺母牙侧接触不均匀，影响耐磨性并影响传递精度。故标准中规定了丝杠牙型半角的极限偏差，用于控制牙型半角误差。

④ 丝杠直径的极限偏差。标准中对丝杠螺纹的大径、中径、小径分别规定了极限偏差，用于控制直径误差。

对于需配作螺母的 6 级以上的丝杠，其中径公差带相对于其公称尺寸线（中径线）是对称分布的。

⑤ 中径的一致性公差。丝杠螺纹的工作部分全长范围内，若实际中径的尺寸变化太大，会影响丝杠与螺母配合间隙的均匀性和丝杠螺纹两牙侧面螺旋面的一致性。因此规定了中径

尺寸的一致性公差。

⑥ 大径表面对螺纹轴线的径向圆跳动。丝杠为细长件，易发生弯曲变形，从而影响丝杠轴向传动精度以及牙侧面的接触均匀性，故提出了大径表面对螺纹轴线的径向圆跳动公差。

3）螺母的公差。对于与丝杠配合的螺母规定了大、中、小径的极限偏差。因螺母这一内螺纹的螺距累积误差和牙型半角误差难以测量，故用中径公差加以综合控制。与丝杠配作的螺母，其中径的极限尺寸是以丝杠的实际中径为基值，按标准规定的螺母与丝杠配作的中径径向间隙来确定。

（4）丝杠、螺母的标记　丝杠、螺母标记的写法是：丝杠螺纹代号 T 后跟尺寸规格（公称直径×螺距）、旋向代号（右旋不写出，左旋写代号 LH）和精度等级。其中旋向代号与精度等级间用短横线"-"相隔。例如：

T55×12-6：表示公称直径为 55mm，螺距为 12mm，6 级精度的右旋丝杠螺纹。

T55×12LH-6：表示公称直径为 55mm，螺距为 12mm，6 级精度的左旋丝杠螺纹。

2. 公差与配合的相关知识

（1）尺寸与公差的基本术语

1）尺寸。尺寸是以特定单位表示线性尺寸的数值。

2）公称尺寸。公称尺寸是设计给定的尺寸。它是根据产品的使用要求、零件的刚度要求等，计算或通过实验的方法而确定的。它应该在优先数系中选择，以减少切削刀具、测量工具和型材等规格。用 D 和 d 分别表示孔和轴的公称尺寸（大写字母表示孔，小写字母表示轴）。

3）实际尺寸。实际尺寸是指通过测量得到的尺寸，孔和轴的实际尺寸分别用 D_a、d_a 表示。由于加工误差的存在，按同一图样要求所加工的各个零件，其实际尺寸往往各不相同。即使是同一工件的不同位置、不同方向的实际尺寸也往往不同。故实际尺寸是实际零件上某一位置的测量值，加之测量时还存在测量误差，所以实际尺寸并非零件尺寸的真值。

4）极限尺寸。极限尺寸是指允许尺寸变化的两个界限值。极限尺寸中较大的一个称为上极限尺寸（孔和轴的上极限尺寸分别用 D_{max}、d_{max} 表

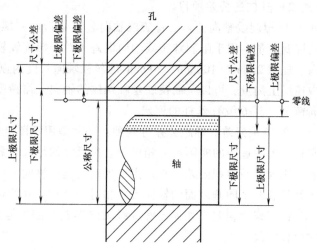

图 2-49　尺寸与公差的基本术语示意图

示）；较小的一个称为下极限尺寸（孔和轴的下极限尺寸分别用 D_{min}、d_{min} 表示）。实际尺寸应位于其中，合格零件的实际尺寸应该是：$D_{max} \geq D_a \geq D_{min}$，$d_{max} \geq d_a \geq d_{min}$。

5）极限偏差。极限偏差是指某尺寸与公称尺寸的代数差。其中，上极限尺寸与公称尺寸所得的代数差，称为上极限偏差；下极限尺寸与公称尺寸所得的代数差，称为下极限偏差。实际尺寸与公称尺寸之差称为实际偏差。

6）尺寸公差。尺寸公差是指允许尺寸的变动量。

尺寸与公差的基本术语示意如图 2-49 所示。

7）公差带图解。由图 2-49 中可知，尺寸与公差的比例不便统一。由于尺寸是毫米级，而公差则是微米级，显然图中的公差部分被放大了。为了表示尺寸、极限偏差和公差之间的关系，将尺寸的实际标注值统一放大 500 倍。此时可以不必画出孔和轴的全形，而采用简单的公差带图表示，用尺寸公差带的高度和相互位置表示公差大小和配合性质。图 2-50 所示为公差带图解，由零线和公差带组成。

① 零线：确定偏差的基准线。它所指的尺寸为公称尺寸，是极限偏差的起始线。零线上方表示正偏差，零线下方表示负偏差，画图时一定要标注相应的符号（"0"、"+" 和 "-"）。零线下方的单箭头必须与零线靠紧（紧贴），并注出公称尺寸的数值，如 50、80 等。

② 公差带：在公差带图中，由代表上极限偏差和下极限偏差或上极限尺寸与下极限尺寸的两条直线所限定的区域。沿零线垂直方向的宽度表示公差值，代表公差带的大小，公差带沿零线长度方向可适当选取。

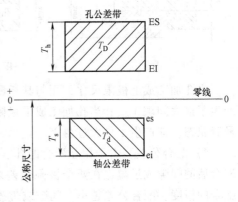

图 2-50　尺寸公差带图

（2）配合的基本术语　配合是指公称尺寸相同的并且相互结合的孔与轴公差带之间的关系。在孔与轴的配合中，孔的尺寸减去轴的尺寸所得的代数差，其值为正值时称为间隙，其值为负值时称为过盈。

1）间隙配合。间隙配合是指具有间隙（含最小间隙为零）的配合。此时孔的公差带位于轴的公差带之上，通常指孔大、轴小的配合，也可以是零间隙配合，如图 2-51 所示。

当孔加工成上极限尺寸，而与其相配的轴加工成下极限尺寸时，配合

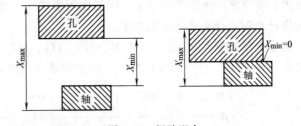

图 2-51　间隙配合

处于最松状态，即产生了最大间隙 X_{max}；当孔加工成下极限尺寸，而与其相配的轴加工成上极限尺寸时，配合处于最紧状态，即产生了最小间隙 X_{min}。

2）过盈配合。过盈配合是指具有过盈（含最小过盈为零）的配合。此时孔的公差位于轴公差带之下，通常是指孔小、轴大的配合，如图 2-52 所示。

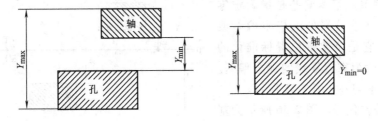

图 2-52　过盈配合

当孔加工成下极限尺寸，而与其相配的轴为上极限尺寸时，配合处于最紧状态，即产生了最大过盈 Y_{max}；当孔加工成上极限尺寸，而与其相配的轴加工成下极限尺寸时，配合处于

最松状态，即产生了最小过盈 $Y_{\min}$。

3）过渡配合。过渡配合是指可能产生间隙或过盈的配合。此时孔、轴公差带相互交叠，是介于间隙配合与过盈配合之间的配合，如图 2-53 所示。但其间隙或过盈的数值都较小，一般来讲，过渡配合的工件精度都较高。

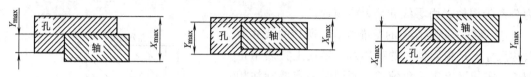

图 2-53　过渡配合

当孔加工成上极限尺寸，而与其相配的轴加工成下极限尺寸时，配合处于最松状态，即产生了最大间隙 $X_{\max}$；当孔加工成下极限尺寸，而与其相配的轴为上极限尺寸时，配合处于最紧状态，即产生了最大过盈 $Y_{\max}$。

4）配合公差。由于相互配合的孔、轴尺寸都是在各自的公差带范围内变动，势必造成配合后的间隙或过盈也在两个极限偏差之间变动。其变动量的大小（即配合公差）会影响配合的精度。配合公差越小，间隙或过盈的变动量也越小，配合的精度就越高；配合公差越大，间隙或过盈的变动量也越大，配合的精度就越低。

（3）标准公差系列

1）公差等级。公差等级是确定尺寸精确程度的等级。同一公差等级对所有公称尺寸的一组公差被认为具有同等的精确程度。规定和划分公差等级的目的是为了简化和统一公差的要求，使规定的等级既能满足不同的使用要求，又能大致代表各种加工方法的精度，为零件的设计和制造带来了极大的方便。

公差等级分为 20 级，用 IT01，IT0，IT1，IT2，IT3，…，IT18 来表示，常用的公差等级为 IT5~IT13。公差等级的高低、加工的难易及公差值的大小如图 2-54 所示。

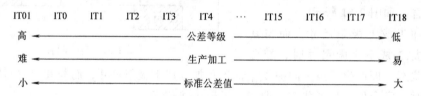

图 2-54　公差等级的高低、加工的难易及公差值的大小示意图

2）基本偏差及基本偏差代号。

① 基本偏差。基本偏差是指确定零件公差带相对零线位置的上极限偏差或下极限偏差，它是公差带位置标准化的唯一指标，一般为靠近零线的那个偏差。以孔为例，基本偏差如图 2-55 所示。

② 基本偏差代号。图 2-56 所示为基本偏差系列示意图。基本偏差的代号用拉丁字母（按英文字母读音）表示，大写字母表示孔，小写字母表示轴。在 26 个英文字母中去掉易与其他学科的参数相混淆的五

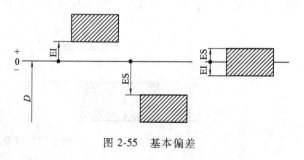

图 2-55　基本偏差

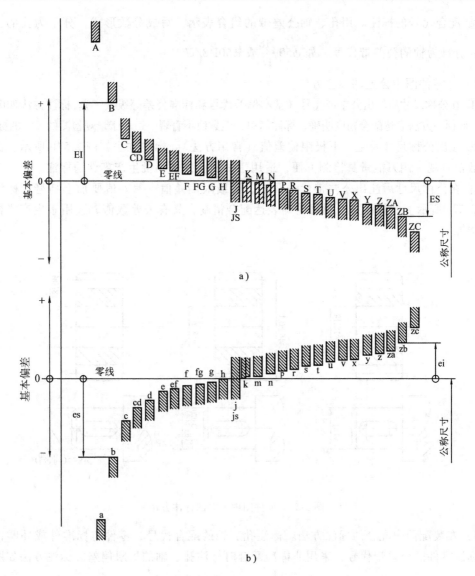

图 2-56 基本偏差系列示意图

a) 孔 b) 轴

个字母 I、L、O、Q、W (i、l、o、q、w) 外，国家标准规定采用 21 个，再加上 7 个双写字母 CD、EF、FG、JS、ZA、ZB、ZC (cd、ef、fg、js、za、zb、zc)，共有 28 个基本偏差代号，构成孔 (或轴) 的基本偏差系列。它反映了 28 种公差带相对于零线的位置。

③ 基本偏差的数值。轴和孔的基本偏差数值是根据一系列公式计算而得到的，这些公式是从生产实践经验和有关统计分析的结果中整理而出的。在标准中，将用计算的方法得到的数值列为轴的基本偏差数值表和孔的基本偏差数值表。在生产实际中，一般不用公式计算，而直接采用查表的方法。

(4) 公差与配合在图样上的标注

1) 公差带代号与配合代号的标注。

① 公差带代号的标注，如 $\phi 50H8$、$\phi 60JS6$、$\phi 50^{+0.039}_{0}$、$\phi 50H8$ ($^{+0.039}_{0}$)。

② 配合代号的标注。用孔、轴公差带的组合表示，写成分数形式，分子为孔的公差带代号，分母为轴的公差带代号。如 $\phi50\dfrac{H8}{f7}$ 或 $\phi50H8/f7$。

2）在零件图中公差的标注方法。

① 在公称尺寸后注出公差带代号（基本偏差代号和标准公差等级数字）。标注方法如图 2-57a 所示。此标注方法表达配合精度明确，标注简单，但数值不直观，适用于量规检测的尺寸的标注。

② 注出公称尺寸及上、下极限偏差值（常用方法）。标注方法如图 2-57b 所示。此标注方法数值直观，用万能量具检测方便，适用于试制单件及小批生产零件的标注。

③ 在公称尺寸后注出公差带代号及上、下极限偏差值，偏差值要加上括号。标注方法如图 2-57c 所示。此标注方法既可明确表达配合精度，又有公差数值，适用于生产规模不确定的情况。

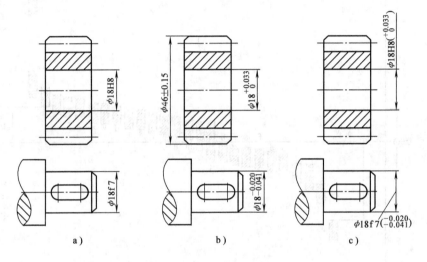

图 2-57 零件图中公差的标注方法

3）在装配图中配合的标注方法。标注孔、轴的配合代号，零件与标准件或外购件的配合只标注零件的公差带代号，采用非标准配合时标注孔、轴的极限偏差。标注方法如图 2-58 所示。

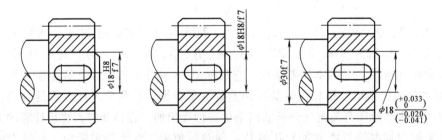

图 2-58 公差与配合在装配图中的标注

3. 普通螺纹的公差与配合

要保证螺纹的互换性，必须对螺纹的几何精度提出要求。GB/T 197—2003《普通螺纹公差》规定了普通螺纹（一般用米制螺纹）的公差和标记。

（1）普通螺纹的公差带

普通螺纹的公差带是由基本偏差决定其位置，公差等级决定其大小的。普通螺纹的公差带是沿着螺纹的基本牙型分布的，如图 2-59 所示。图中 ES（es）、EI（ei）分别为内（外）螺纹的上、下极限偏差。由图可知，除对内、外螺纹的中径规定了公差外，对外螺纹的顶径（大径）和内螺纹的顶径（小径）也规定了公差，对外螺纹的小径规定了上极限尺寸，对内螺纹的大径规定了下极限尺寸，这样由于有保证间隙，可以避免螺纹旋合时在大径、小径处发生干涉，以保证螺纹的互换性。同时对外螺纹的小径处由刀具保证圆弧过渡，以提高螺纹受力时的抗疲劳强度。

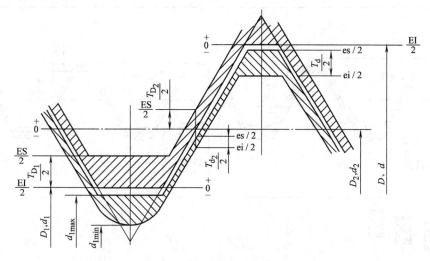

图 2-59　普通螺纹的公差带

1）公差带的位置和基本偏差。国家标准 GB/T 197—2003 中分别对内、外螺纹规定了基本偏差，用以确定内、外螺纹公差带相对于基本牙型的位置。

对内螺纹规定了两种基本偏差，代号分别为 G、H。由这两种基本偏差所决定的内螺纹的公差带均在基本牙型之上，如图 2-60a、b 所示。

对外螺纹规定了四种基本偏差，代号分别为 e、f、g、h。由这四种基本偏差所决定的外螺纹的公差带均在基本牙型之下，如图 2-60c、d 所示。图 2-60c 中，d_{3max} 为外螺纹的最大小径。

规定诸如 G、g、f、e 这些基本偏差，主要是考虑应给螺纹配合留有最小保证间隙，以及为一些有表面镀涂要求的螺纹提供镀涂层余量，或为一些高温条件下工作的螺纹提供热膨胀余地。内、外螺纹的基本偏差见表 2-1。

2）公差带的大小和公差等级。国家标准 GB/T 197—2003 规定了内、外螺纹的公差等级，它的含义和孔、轴公差等级相似，但有自己的系列和数值。普通螺纹的公差等级见表 2-2。普通螺纹公差带的大小由公差值决定。公差值除与公差等级有关外，还与基本螺距有关。考虑到内、外螺纹加工的工艺等价性，在公差等级和螺距的基本值均一样的情况下，内螺纹的公差值比外螺纹的公差值大 32%。螺纹的公差值是由经验公式计算而来。一般情况下，螺纹的 6 级公差为常用公差等级。

普通螺纹的尺寸公差见表 2-3～表 2-6。

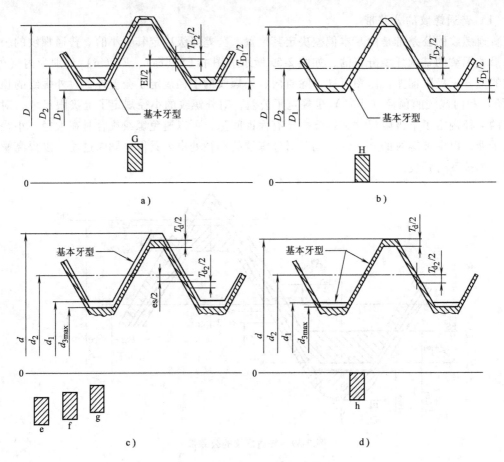

图 2-60　内、外螺纹的基本偏差

a）公差带位置为 G　b）公差带位置为 H　c）公差带位置为 e、f 和 g
d）公差带位置为 h

表 2-1　内、外螺纹的基本偏差（GB/T 197—2003）　　　（单位：μm）

螺距 P /mm	基本偏差					
	内螺纹		外螺纹			
	G	H	e	f	g	h
	EI	EI	es	es	es	es
0.2	+17	0	—	—	−17	0
0.25	+18	0	—	—	−17	0
0.3	+18	0	—	—	−18	0
0.35	+19	0	—	−34	−19	0
0.40	+19	0	—	−34	−19	0
0.45	+20	0	—	−35	−20	0
0.5	+20	0	−50	−36	−20	0
0.6	+21	0	−53	−36	−21	0
0.7	+22	0	−56	−38	−22	0

（续）

螺距 P /mm	基本偏差					
	内螺纹		外螺纹			
	G EI	H EI	e es	f es	g es	h es
0.75	+22	0	−56	−38	−22	0
0.8	+24	0	−60	−38	−24	0
1	+26	0	−60	−40	−26	0
1.25	+28	0	−63	−42	−28	0
1.5	+32	0	−67	−45	−32	0
1.75	+34	0	−71	−48	−34	0
2	+38	0	−71	−52	−38	0
2.5	+42	0	−80	−58	−42	0
3	+48	0	−85	−63	−48	0
3.5	+53	0	−90	−70	−53	0
4	+60	0	−95	−75	−60	0
4.5	+63	0	−100	−80	−63	0
5	+71	0	−106	−85	−71	0
5.5	+75	0	−112	−90	−75	0
6	+80	0	−118	−95	−80	0
8	+100	0	−140	−118	−100	0

表 2-2　普通螺纹的公差等级

螺纹直径	公差等级	螺纹直径	公差等级
内螺纹小径 D_1	4、5、6、7、8	外螺纹中径 d_2	3、4、5、6、7、8、9
内螺纹中径 D_2	4、5、6、7、8	外螺纹大径 d	4、6、8

表 2-3　内螺纹中径公差（T_{D_2}）（GB/T 197—2003）　　　　（单位：μm）

基本大径 D/mm		螺距 P /mm	公差等级				
>	≤		4	5	6	7	8
0.99	1.4	0.2	40	—	—	—	—
		0.25	45	56	—	—	—
		0.3	48	60	75	—	—
1.4	2.8	0.2	42	—	—	—	—
		0.25	48	60	—	—	—
		0.35	53	67	85	—	—
		0.4	56	71	90	—	—
		0.45	60	75	95	—	—
2.8	5.6	0.35	56	71	90	—	—
		0.5	63	80	100	125	—
		0.6	71	90	112	140	—
		0.7	75	95	118	150	—
		0.75	75	95	118	150	—
		0.8	80	100	125	160	200

（续）

基本大径 D/mm		螺距 P /mm	公差等级				
>	≤		4	5	6	7	8
5.6	11.2	0.75	85	106	132	170	—
		1	95	118	150	190	236
		1.25	100	125	160	200	250
		1.5	112	140	180	224	280
11.2	22.4	1	100	125	160	200	250
		1.25	112	140	180	224	280
		1.5	118	150	190	236	300
		1.75	125	160	200	250	315
		2	132	170	212	265	335
		2.5	140	180	224	280	355
22.4	45	1	106	132	170	212	—
		1.5	125	160	200	250	315
		2	140	180	224	280	355
		3	179	212	265	335	425
		3.5	180	224	280	355	450
		4	190	236	300	375	475
		4.5	200	250	315	400	500
45	90	1.5	132	170	212	265	335
		2	150	190	236	300	375
		3	180	224	280	355	450
		4	200	250	315	400	500
		5	212	265	335	425	530
		5.5	224	280	355	450	560
		6	236	300	375	475	600
90	180	2	160	200	250	315	400
		3	190	236	300	375	475
		4	212	265	335	425	530
		6	250	315	400	500	630
		8	280	355	450	560	710
180	355	3	212	265	335	425	530
		4	236	300	375	475	600
		6	265	335	425	530	670
		8	300	375	475	600	750

表 2-4 外螺纹中径公差（T_{d_2}）（GB/T 197—2003）   （单位：μm）

基本大径 d/mm		螺距 P /mm	公差等级						
>	≤		3	4	5	6	7	8	9
0.99	1.4	0.2	24	30	38	48	—	—	—
		0.25	26	34	42	53	—	—	—
		0.3	28	36	45	56	—	—	—

（续）

基本大径 d/mm		螺距 P	公差等级						
>	≤	/mm	3	4	5	6	7	8	9
1.4	2.8	0.2	25	32	40	50	—	—	—
		0.25	28	36	45	56	—	—	—
		0.35	32	40	50	63	80	—	—
		0.4	34	42	53	67	85	—	—
		0.45	36	45	56	71	90	—	—
2.8	5.6	0.35	34	42	53	67	85	—	—
		0.5	38	48	60	75	90	—	—
		0.6	42	53	67	85	106	—	—
		0.7	45	56	71	90	112	—	—
		0.75	45	56	71	90	112	—	—
		0.8	48	60	75	95	118	150	190
5.6	11.2	0.75	50	63	80	100	125	—	—
		1	56	71	90	112	140	180	224
		1.25	60	75	95	118	150	190	236
		1.5	67	85	106	132	170	212	265
11.2	22.4	1	60	75	95	118	150	190	236
		1.25	67	85	106	132	170	212	265
		1.5	71	90	112	140	180	224	280
		1.75	75	95	118	150	190	236	300
		2	80	100	125	160	200	250	315
		2.5	85	106	132	170	212	265	335
22.4	45	1	63	80	100	125	160	200	250
		1.5	75	95	118	150	190	236	300
		2	85	106	132	170	212	265	335
		3	100	125	160	200	250	315	400
		3.5	106	132	170	212	265	335	425
		4	112	140	180	224	280	355	450
		4.5	118	150	190	236	300	375	475
45	90	1.5	80	100	125	160	200	250	315
		2	90	112	140	180	224	280	355
		3	106	132	170	212	265	335	425
		4	118	150	190	236	300	375	475
		5	125	160	200	250	315	400	500
		5.5	132	170	212	265	335	425	530
		6	140	180	224	280	355	450	560
90	180	2	95	118	150	190	236	300	375
		3	112	140	180	224	280	355	450
		4	125	160	200	250	315	400	500
		6	150	190	236	300	375	475	600
		8	170	212	265	335	425	530	670
180	355	3	125	160	200	250	315	400	500
		4	140	180	224	280	355	450	560
		6	160	200	250	315	400	500	630
		8	180	224	280	355	450	560	710

表 2-5　内螺纹小径公差 T_{D_1}（GB/T 197—2003）　　　（单位：μm）

螺距 P/mm	公差等级				
	4	5	6	7	8
0.2	38	—	—	—	—
0.25	45	56	—	—	—
0.3	53	67	85	—	—
0.35	63	80	100	—	—
0.40	71	90	112	—	—
0.45	80	100	125	—	—
0.5	90	112	140	180	—
0.6	100	125	160	200	—
0.7	112	140	180	224	—
0.75	118	150	190	236	—
0.8	125	160	200	250	315
1	150	190	236	300	375
1.25	170	212	265	335	425
1.5	190	236	300	375	475
1.75	212	265	335	425	530
2	236	300	375	475	600
2.5	280	355	450	560	710
3	315	400	500	630	800
3.5	355	450	560	710	900
4	375	475	600	750	950
4.5	425	530	670	850	1060
5	450	560	710	900	1120
5.5	475	600	750	950	1180
6	500	630	800	1000	1250
8	630	800	1000	1250	1600

表 2-6　外螺纹大径公差 T_d（GB/T 197—2003）　　　（单位：μm）

螺距 P/mm	公差等级		
	4	6	8
0.2	36	56	—
0.25	42	67	—
0.3	48	75	—
0.35	53	85	—
0.40	60	95	—
0.45	63	100	—
0.5	67	106	—
0.6	80	125	—
0.7	90	140	—
0.75	90	140	—
0.8	95	150	236
1	112	180	280

（续）

螺距 P/mm	公差等级		
	4	6	8
1.25	132	212	335
1.5	150	236	375
1.75	170	265	425
2	180	280	450
2.5	212	335	530
3	236	375	600
3.5	265	425	670
4	300	475	750
4.5	315	500	800
5	335	530	850
5.5	355	560	900
6	375	600	950
8	450	710	1180

（2）螺纹旋合长度、螺纹公差带和配合选用

1）螺纹旋合长度。螺纹的旋合长度分为三组，分别为短旋合长度组（以 S 表示）、中等旋合长度组（以 N 表示）、长旋合长度组（以 L 表示）。一般使用的旋合长度是螺纹公称直径的 0.5 ~ 1.5 倍，故将此范围内的旋合长度作为中等旋合长度组，小于（或大于）这个范围的便是短（或长）旋合长度组。之所以区分，因为和选用螺纹公差带有关，如图 2-61 所示。

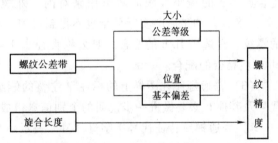

图 2-61　螺纹公差、旋合长度及螺纹精度的关系

2）螺纹公差带。螺纹的基本偏差和公差等级相组合可以组成许多公差带，给使用和选择提供了条件，但实际上并不能用这么多的公差带，一是因为这样一来，定值的量具和刃具规格必然增多，造成经济和管理上的困难；二是有些公差带在实际使用中效果不太好。因此，需要对公差带进行筛选，GB/T 197—2003 对内、外螺纹公差带的推荐值见表 2-7 和表 2-8。选用公差带时可参考表中的注解。除非特殊需要，一般不要选用表 2-7 和表 2-8 规定以外的公差带。

表 2-7　内螺纹的推荐公差带

公差精度	公差带位置 G			公差带位置 H		
	S	N	L	S	N	L
精密	—	—	—	4H	5H	6H
中等	(5G)	**6G**	(7G)	**5H**	**6H**	**7H**
粗糙	—	(7G)	(8G)	—	7H	8H

螺纹公差带的写法是公差等级在前，基本偏差代号在后，这与光滑圆柱体公差带的写法不同，须注意。对外螺纹，基本偏差代号是小写的，内螺纹是大写的。表 2-7 和表 2-8 中有些螺纹的公差带是由两个公差带代号组成的，其中前面一个公差带代号为中径公差带，后面一个为顶径公差带（对外螺纹是大径公差带，对内螺纹是小径公差带）。当顶径与中径公差

带相同时，合写为一个公差带代号。

表 2-8　外螺纹的推荐公差带

公差精度	公差带位置 e			公差带位置 f			公差带位置 g			公差带位置 h		
	S	N	L	S	N	L	S	N	L	S	N	L
精密	—	—	—	—	—	—	—	(4g)	(5g4g)	(3h4h)	**4h**	(5h4h)
中等	—	**6e**	(7e6e)	—	**6f**	—	(5g6g)	**6g**	(7g6g)	(5h6h)	6h	(7h6h)
粗糙	—	(8e)	(9e8e)	—	—	—	—	8g	(9g8g)	—	—	—

使用表 2-7 和表 2-8 时应注意：大量生产的紧固件螺纹，推荐采用带方框的公差带；粗体字公差带应优先选用；一般字体公差带其次选用，加括号的公差带尽量不用。

对螺纹精度选择的一般原则是：精密级用于配合性质要求稳定及保证定位精度的场合。中等级广泛用于一般的联接螺纹，如用在一般的机械、仪器和构件中。粗糙级用于不重要的螺纹及制造困难的螺纹（如在较深盲孔中加工螺纹），也用于使用环境较恶劣的螺纹（如建筑用螺纹）。通常使用的螺纹是中等旋合长度的 6 级公差的螺纹。

3）配合的选用。由表 2-7 和表 2-8 所列的内、外螺纹公差带可以组成许多供选用的配合，但从保证螺纹的使用性能和保证一定的牙型接触高度考虑，选用的配合最好是 H/g、H/h 或 G/h。如为了便于装拆，提高效率，可选用 H/g 或 G/h 的配合，原因是 H/g 或 G/h 配合所形成的最小极限间隙可用来对内、外螺纹的旋合起引导作用，表面需要镀涂的内（外）螺纹，加工后的实际牙型也不得超过 H（h）基本偏差所限定的边界。单件小批生产的螺纹，宜选用 H/h 的配合。对公称直径小于或等于 1.4mm 的螺纹，应选用 5H/6h、4H/6h 或更精密的配合。

（3）普通螺纹在图样上的标注　注整的螺纹标注由螺纹特征代号、尺寸代号、公差带代号及其他有必要做进一步说明的个别信息组成。

1）普通螺纹特征代号用字母"M"表示。

2）单线普通螺纹的尺寸代号为"公称直径×螺距"，公称直径和螺距数值的单位为毫米。对粗牙螺纹，可以省略标注其螺距项。

例如公称直径为 8mm、螺距为 1mm 的单线细牙普通螺纹标注为：M8×1；公称直径为 8mm、螺距为 1.25mm 的单线粗牙普通螺纹标记为：M8。

多线普通螺纹的尺寸代号为"公称直径×Ph 导程 P 螺距"、公称直径、导程和螺距数值的单位为 mm。如果要进一步表明螺纹的线数，可在后面增加括号说明（使用英语进行说明。例如双线为 two starts；三线为 three starts；四线为 four starts）。

例如公称直径为 16mm、螺距为 1.5mm、导程为 3mm 的双线普通螺纹标注为：M16×Ph3P1.5 或 M16×Ph3P1.5 (two starts)。

3）公差带代号包含中径公差带代号和顶径公差带代号。中径公差带代号在前，顶径公差带代号在后。各直径的公差带代号由表示公差等级的数值和表示公差带位置的字母（内螺纹用大写字母；外螺纹用小写字母）组成。如果中径公差带代号与顶径公差带代号相同，则应只标注一个公差带代号。螺纹尺寸代号与公差带间用"-"号分开。

例如中径公差带为 5g、顶径公差带为 6g，螺距为 1mm 的外螺纹标注为：M10×1-5g6g；中径公差带和顶径公差带为 6H 的粗牙内螺纹标注为：M10-6H。

4）标注有必要说明的其他信息包括螺纹的旋合长度和旋向。对短旋合长度组和长旋合长度组的螺纹，宜在公差带代号后分别标注"S"和"L"代号。旋合长度代号与公差带间用"-"号分开。中等旋合长度组螺纹不标注旋合长度代号（N）。

例如短旋合长度的内螺纹标注为：M20×2-5H-S；长旋合长度的内、外螺纹标注为：M6-7H/7g6g-L；中等旋合长度的外螺纹（粗牙、中等精度的 6h 公差带）：M6-6h。

对左旋螺纹，应在旋合长度代号之后标注"LH"代号。旋合长度代号与旋向代号间用"-"号分开。右旋螺纹不标注旋向代号。

例如 M6×0.75-5h6h-S-LH。

（4）螺纹的表面粗糙度要求　螺纹牙型表面粗糙度主要根据中径公差等级来确定。表 2-9 列出了螺纹牙侧表面粗糙度参数 Ra 的推荐值。

表 2-9　螺纹牙侧表面粗糙度参数 Ra 值　　　　　（单位：μm）

工件	螺纹中径公差等级		
	4,5	6,7	7～9
	Ra 不大于		
螺栓、螺钉、螺母	1.6	3.2	3.2～6.3
轴及套上的螺纹	0.8～1.6	1.6	3.2

例 2-1　一螺纹配合为 M20×2-6H/5g6g，试查表求出内、外螺纹的中径、小径和大径的极限偏差，并计算内、外螺纹的中径、小径和大径的极限尺寸。

解：本题用列表法将各计算值列出。

1）确定内、外螺纹中径、小径和大径的基本尺寸。已知公称直径为螺纹大径的基本尺寸，即

$$D = d = 20\text{mm}$$

从普通螺纹各参数的关系知

$$D_1 = d_1 = d - 1.0825P, \ D_2 = d_2 = d - 0.6495P$$

实际工作中，可直接查有关表格。

2）确定内、外螺纹的极限偏差。内、外螺纹的极限偏差可以根据螺纹的公称直径、螺距和内、外螺纹的公差带代号，由表 2-1、表 2-7、表 2-8 中查算出，具体见表 2-10。

3）计算内、外螺纹的极限尺寸。由内、外螺纹的各基本尺寸及各极限偏差算出的极限尺寸见表 2-10。

表 2-10　内、外螺纹尺寸　　　　　（单位：mm）

名　称		内　螺　纹		外　螺　纹	
基本尺寸	大径	$D = d = 20\text{mm}$			
	中径	$D_2 = d_2 = 18.701\text{mm}$			
	小径	$D_1 = d_1 = 17.835\text{mm}$			
极限偏差		ES	EI	es	ei
	大径	—	0	−0.038	−0.318
	中径	0.212	0	−0.038	−0.163
	小径	0.375	0	−0.038	按牙底形状
极限尺寸		上极限尺寸	下极限尺寸	上极限尺寸	下极限尺寸
	大径	—	20	19.962	19.682
	中径	18.913	18.701	18.663	18.538
	小径	18.210	17.835	<17.797	牙底轮廓不超过 $H/8$（H 为螺纹牙型高度）削平线

4. 梯形螺纹的公差与配合

（1）梯形螺纹代号和标注

1）梯形螺纹的代号。梯形螺纹用 Tr 表示，单线螺纹的尺寸规格用"公称直径×螺距表示；多线螺纹用"公称直径×导程表示，当螺纹为左旋时，在尺寸规格之后加注"LH"。例如：

例如单线螺纹：Tr40×7。7 表示螺距为 7mm；40 表示公称直径为 40mm；Tr 表示梯形螺纹。

例如多线螺纹：Tr40×14（P7）LH。LH 表示左旋螺纹；P7 表示螺距为 7 mm；14 表示导程为 14mm；40 表示公称直径为 40mm；Tr 表示梯形螺纹 。

2）梯形螺纹标注。梯形螺纹的标注由梯形螺纹代号、公差带代号及旋合长度代号组成。

梯形螺纹的公差带代号指标注中径公差带（由公差等级的数字及公差带位置的字母组成）。

旋合长度分 N、L 两组，当旋合长度为 N 组时，不标注组别代号 N，当旋合长度为 L 组时，应将组别代号 L 写在公差带代号后面，并用"-"隔开。特殊需要时，可注明旋合长度的数值代替组别代号 L。

梯形螺旋副的公差带要分别注出内、外螺纹的公差带代号。前面的是内螺纹公差带代号，后面是外螺纹公差带代号，中间用斜线分开。

标注示例：

内螺纹：Tr40×7-7H。

外螺纹：Tr40×7-7e。

旋合长度为 L 组的多线外螺纹：Tr40×14（P7）-8e-L

（2）梯形外螺纹的计算

大径：d = 公称直径。

中径：$d_2 = d - 0.5P$

小径：$d_3 = d - 2h_3$

牙高：$h_3 = 0.5P + a_c$。

牙顶间隙：当 $P = 1.5 \sim 5$mm 时，$a_c = 0.25$mm；当 $P = 6 \sim 12$mm 时，$a_c = 0.5$mm；当 $P = 14 \sim 44$mm 时，$a_c = 1$mm。

（3）梯形外螺纹公差与配合的确定 GB/T 5796.4—2005 对梯形螺纹公差做了如下规定。

1）公差带位置和基本偏差。公差带的位置由基本偏差决定，标准规定梯形外螺纹的上偏差为基本偏差。对外螺纹中径规定了 h、e 和 c 三种公差带位置；对大径和小径只规定了 h 一种公差带位置。梯形外螺距中径基本偏差见表 2-11。

2）公差等级的确定。梯形外螺纹公差等级见表 2-12，大径公差见表 2-13，中径公差见表 2-14，小径公差见表 2-15。

3）梯形螺纹的旋合长度。梯形螺纹的旋合长度见表 2-16。

4）梯形螺纹精度与公差带的选用。国标对梯形螺纹规定了中等和粗糙两种精度，其选用原则是：中等用于一般用途；粗糙对精度要求不高时采用。一般情况下应按表 2-17 规定选用中径公差带。

表 2-11　梯形外螺距中径基本偏差

螺距	基本偏差/μm		
	d_2		
P/mm	c Es	e es	h es
1.5 2 3	-140 -150 -170	-67 -71 -85	0 0 0
4 5 6	-190 -212 -236	-95 -106 -118	0 0 0
7 8 9	-250 -265 -280	-125 -132 -140	0 0 0
10 12 14	-300 -335 -155	-150 -160 -180	0 0 0
16 18 20	-375 -400 -425	-190 -200 -212	0 0 0
22 24 28	-450 -475 -500	-224 -236 -250	0 0 0
32 36 40 44	-530 -560 -600 -630	-265 -280 -300 -315	0 0 0 0

表 2-12　梯形螺纹各直径的公差等级

螺纹直径	公差等级	螺纹直径	公差等级
内螺纹小径 D_1 外螺纹大径 d 内螺纹中径 D_2	4 4 7、8、9	外螺纹中径 d_2 外螺纹小径 d_3	(6)※、7、8、9 7、8、9

注：※6 级公差仅是为了计算 7、8、9 级公差而列出的。

表 2-13　梯形外螺纹大径公差 T_d　　　　（单位：μm）

螺距 P/mm	4 级公差	螺距 P/mm	4 级公差
1.5 2 3	150 180 236	16 18 20	710 800 850
4 5 6	300 335 375	22 24 28	900 950 1060
7 8 9	425 450 500	32 36	1120 1250
10 12 14	530 600 670	40 44	1320 1400

表 2-14　梯形螺纹中径公差 T_{d_2}　　　　　　　（单位：μm）

公称直径 d /mm >	公称直径 d /mm ≤	螺距 P /mm	公差等级 6	7	8	9
5.6	11.2	1.5	132	170	212	265
		2	150	190	236	300
		3	170	212	265	335
11.2	22.4	2	160	200	259	315
		3	180	224	280	355
		4	212	265	335	425
		5	224	280	355	450
		8	280	355	450	560
22.4	45	3	200	250	315	400
		5	236	300	375	475
		6	265	355	425	530
		7	280	355	450	560
		8	300	375	475	600
		10	315	400	500	630
		12	335	425	530	670
45	90	3	212	265	335	425
		4	236	300	375	475
		8	315	400	500	630
		9	335	425	530	670
		10	335	425	530	670
		12	375	475	600	750
45	90	14	400	500	630	800
		16	425	530	670	850
		18	450	560	710	900

表 2-15　梯形外螺纹小径公差 T_d

公称直径 d/mm >	公称直径 d/mm ≤	螺距 P /mm	中径公差带位置 c/μm 公差等级 7	8	9	中径公差带位置 e/μm 公差等级 7	8	9	中径公差带位置 h/μm 公差等级 7	8	9
5.6	11.2	1.5	352	405	471	276	332	398	212	265	331
		2	388	445	525	309	366	446	238	295	375
		3	435	501	589	350	416	504	265	331	419
11.2	22.4	2	400	462	544	321	383	465	250	312	394
		3	450	520	514	365	435	529	280	350	444
		4	521	609	690	426	514	595	331	419	531
		5	562	656	775	456	550	669	350	444	562
		8	709	828	965	576	695	832	444	562	700
22.4	45	3	482	564	670	397	479	585	312	394	500
		5	587	681	806	481	575	700	375	469	594
		6	655	767	899	537	649	781	419	531	662

表 2-16　梯形螺纹旋合长度　　　　　　　　　（单位：mm）

公称直径		螺距 P	旋合长度组		
			N		L
>	≤		>	≤	>
5.6	11.2	1.5	5	15	16
		2	6	19	19
		3	10	28	28
11.2	22.4	2	8	24	24
		3	11	32	32
		4	15	43	43
		5	18	53	53
		8	30	85	85
22.4	45	3	12	36	36
		5	21	63	63
		6	25	75	75
		7	30	85	85
		8	34	100	100
		10	42	125	125
		12	50	150	150
45	90	3	15	45	45
		4	19	56	56
		8	38	118	118
		9	43	132	132
		10	50	140	140
		12	60	170	170
		14	67	200	200
		16	75	236	236
		18	85	265	265

表 2-17　梯形内、外螺纹选用公差带

精度	内　螺　纹		外　螺　纹	
	N	L	N	L
中等	7H	8H	7h、7e	8e
粗糙	8H	9H	8e、8c	9c

5. 螺纹的检测

（1）综合检验　图 2-62 所示为外螺纹的综合检验示例。用卡规先检验外螺纹顶径的合格性，再用螺纹量规（检验外螺纹的称为螺纹环规）的通端检验，若外螺纹的作用中径合格，且底径（外螺纹小径）没有大于其上极限尺寸，通端应能在旋合长度内与被检螺纹旋合。若被检螺纹的单一中径合格，螺纹环规的止端不应通过被检螺纹，但允许旋进最多 2~3 牙。

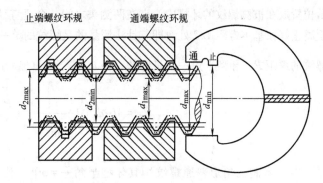

图 2-62　外螺纹的综合检验示例

图 2-63 所示为内螺纹的综合检验示例。用光滑极限量规（塞规）检验内螺纹顶径的合格性，再用螺纹量规（检验内螺纹的称为螺纹塞规）的通端检验，若内螺纹的作用中径合格且内螺纹的大径不小于其下极限尺寸，通规应在旋合长度内与内螺纹旋合。若内螺纹的单

一中径合格，螺纹塞规的止端就不通过，但允许旋进最多2~3牙。

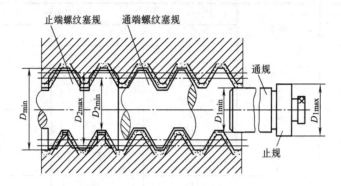

图 2-63　内螺纹的综合检验示例

（2）单项测量　螺纹中径是螺纹尺寸中比较重要的一个尺寸，由于螺纹中径是一个假想圆柱的直径，因而无法用一般量具直接量取尺寸。对于米制螺纹和美制螺纹（两种螺纹牙型角均为60°），可以用螺纹中径千分尺测量，但是在没有螺纹中径千分尺的情况下，对于英制螺纹（牙型角为55°）、梯形螺纹（米制牙型角为30°，美制和英制牙型角为29°）、蜗杆等的中径测量就很困难。对此下面介绍两种简单实用的中径测量方法。

1）用量针测量。量针测量具有精度高、方法简单的特点。用量针测量螺纹中径，分单针法和三针法测量。

① 三针测量法。三针测量法主要用于测量精密的外螺纹中径（螺纹升角小于4°的普通螺纹、梯形螺纹和蜗杆），其方法简便，测量精度高，故生产中应用广泛。测量时将三根直径相同并在一定尺寸范围内的精密量针分别放入螺纹相对两面的螺旋槽中，再由接触式量仪（杠杆千分尺等）测出两面量针顶点之间的距离 M，然后按公式计算出被测中径的实际尺寸。

对普通螺纹，为了减小牙型半角误差对测量结果的影响，应使量针与螺纹牙侧面在中径圆柱面上接触。此时量针为最佳量针。

三针法测量螺纹中径如图 2-64 所示。它是根据被测螺纹的螺距，选择合适的量针直径，按图示位置放在被测螺纹的牙槽内，夹在两测头之间。合适直径的量针，是量针与牙槽接触点的轴间距离正好在基本螺距1/2 处，即三针法测量的是螺纹的单一中径。从仪器上读得 M 值后，再根据螺纹的螺距 P、牙型半角 $\dfrac{\alpha}{2}$ 及量针的直径 d_0 按下式算出所测出的单一中经 d_{2s}。

$$d_{2s} = M - d_0 \left(1 + \dfrac{1}{\sin\dfrac{\alpha}{2}} \right) + \dfrac{P}{2}\cot\dfrac{\alpha}{2}$$

对于米制三角形普通螺纹，其牙型半角 $\dfrac{\alpha}{2} = 30°$，代入上式得

$$d_{2s} = M - 3d_0 + \dfrac{\sqrt{3}}{2}P$$

当螺纹存在牙型半角误差时，量针与牙槽接触位置的轴向距离便不在 $\dfrac{P}{2}$ 处，这就造成了测量误差，为了减小牙型半角误差对测量的影响，应选取最佳量针直径 $d_{0(最佳)}$。由图 2-64b 可知：

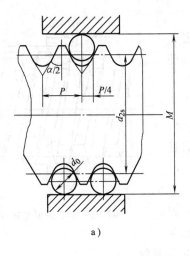

a)

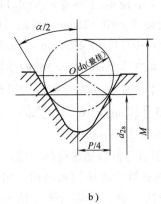

b)

图 2-64　三针法测量螺纹中径

$$d_{0(最佳)} = \frac{1}{\sqrt{3}}P$$

$$d_{2s} = M - \frac{3}{2}d_{0(最佳)}$$

千分尺的读数值 M 和量针直径 d_0 的简化公式见表2-11。

② 单针测量法。单针测量法常用于大直径螺纹的中径测量，如图2-65所示。将量针放在螺旋槽中，先量出螺纹顶径的实际尺寸 d_1，再用千分尺测出以外螺纹顶径为基准到量针顶点之间的距离 A，其原理与三针测量法相同，测量方法比较简便。其计算公式如下：

$$A = (M + d_1)/2$$

式中　A——单针测量值（mm）；

　　　d_1——螺纹顶径的实际尺寸（mm）；

　　　M——三针法测量时千分尺的读数值（mm），见表2-18。

表 2-18　千分尺的读数值 M 和量针直径 d_0 的简化公式

螺纹牙型角	计算公式 M	量针直径 d_0		
		最大值	最佳值	最小值
29°（英制蜗杆）	$M = d_2 + 4.994d_0 - 1.933P$	—	$0.516P$	—
30°（梯形螺纹）	$M = d_2 + 4.864d_0 - 1.866P$	$0.656P$	$0.518P$	$0.486P$
40°（蜗杆）	$M = d_2 + 3.924d_0 - 4.316m_x$	$2.446m_x$	$1.675m_x$	$1.61m_x$
55°（英制螺纹）	$M = d_2 + 3.166d_0 - 0.961P$	$0.894P - 0.029$	$0.564P$	$0.481P - 0.016$
60°（普通螺纹）	$M = d_2 + 3d_0 - 0.866P$	$1.01P$	$0.577P$	$0.505P$

注：表中，d_2——螺纹中径；d_0——量针直径；P——螺距；m_x——蜗杆轴向模数。

例1：用单针测量螺纹 Tr36×6-8e 时，量得工件实际外径 $d_1 = 35.95$mm，求单针测量值 A 是多少才合适？

解：查表2-11，选择最佳量针直径 d_0，并计算 M 值。

$$d_0 = 0.518P = 0.518 \times 6\text{mm} = 3.108\text{mm}$$

$$d_2 = d - 0.5P = (36 - 0.5 \times 6)\text{mm} = 33\text{mm}$$

$$M = d_2 + 4.864d_2 - 1.866P$$

$$= (33 + 4.864 \times 3.108 - 1.866 \times 6)\text{mm}$$

= 36.92mm

查表 2-1 中径 d_2 上偏差 es = -0.118mm，查表 2-4 中径 d_2 公差 T_{d2} = 0.425mm，所以，中径 d_2 下偏差 ei = es - T_{d2} = (-0.118 - 0.425) mm = -0.543mm。即

$$d_2 = 33_{-0.543}^{-0.118} \text{mm}, \quad M = 36.92_{-0.543}^{-0.118} \text{mm}$$

所以，$A = (M + d_1) / 2 = [(36.92_{-0.543}^{-0.118} + 35.95) / 2]$ mm = $36.435_{-0.543}^{-0.118}$ mm = $36.5_{-0.543}^{-0.118}$ mm。因此单针测量值 A 应为 $36.5_{-0.543}^{-0.118}$ mm。

2) 用工具显微镜测螺纹各参数。

① 工具显微镜的功用和结构。用工具显微镜测量属于影像法测量，能测量螺纹的各种参数。如测量螺纹的大径、中径、小径、螺距、牙型半角等几何参数。

图 2-66 所示为大型工具显微镜外观图，其组成部分为：底座，用以支撑量仪整体；圆工作台，用于放置工件，圆工作台中央是一个透明玻璃板，以使该玻璃板下的光线能透射上来，在目镜视场内形成被测工件的轮廓影像，圆工作台可做横向、纵向、转位移动，并能读出其位移值；光学放大镜组用于把工件轮廓影像放大并送至目镜视场以供测量；角度目镜，用于测量角度值；立柱，用于安装光学放大镜组及相关部件。

② 工具显微镜的使用方法。现以测量螺纹牙型半角为例，简单介绍一下用工具显微镜测量螺纹几何参数。

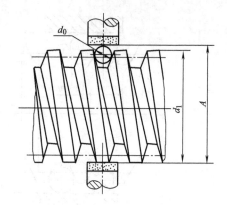

图 2-65 单针法测量螺纹中径

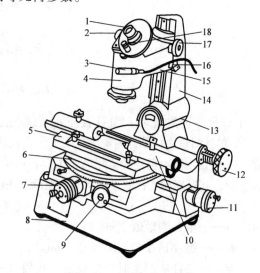

图 2-66 大型工具显微镜

1—目镜 2—旋转米字线手轮 3—角度读数目镜光源
4—光学放大镜组 5—顶尖座 6—圆工作台 7—横向
千分尺 8—底座 9—圆工作台转动手轮 10—顶尖
11—纵向千分尺 12—立柱倾斜手轮 13—连接座
14—立柱 15—立臂 16—锁紧螺钉 17—升降
手轮 18—角度目镜

先将被测工件顶在工具显微镜上的两顶尖间，接通电源后根据被测螺纹的中径尺寸，调好合适的光阑直径，转动立柱倾斜手轮 12，使立柱 14 向一边倾斜一个被测螺纹的螺旋升角，转动目镜 1 上的调整螺钉，使目镜视场的米字线清晰，松开锁紧螺钉 16，转动升降手轮 17，使目镜视场内被测螺纹的牙型轮廓变得清晰，再旋紧锁紧螺钉 16。

当角度目镜 18 中的示值为 0°0′时，表示米字线中间虚线 A—A 垂直于工作台纵向轴线。将 A—A 线与牙型轮廓影像的一个牙侧面相靠，如图 2-67a 所示，此时角度读数目镜中的示值即为该侧的牙型半角值。

为了消除被测螺纹安装误差对测量结果的影响，应在左、右两侧面分别测出 $\frac{\alpha}{2}_{(1)}$ 、

$\dfrac{\alpha}{2}_{(\text{II})}$、$\dfrac{\alpha}{2}_{(\text{III})}$、$\dfrac{\alpha}{2}_{(\text{IV})}$，计算出其平均

值，如图 2-67b 所示。

$$\frac{\alpha}{2}_{(\text{左})} = \frac{1}{2}\left[\frac{\alpha}{2}_{(\text{I})} + \frac{\alpha}{2}_{(\text{IV})}\right],\quad \frac{\alpha}{2}_{(\text{右})} =$$
$$\frac{1}{2}\left[\frac{\alpha}{2}_{(\text{II})} + \frac{\alpha}{2}_{(\text{III})}\right]$$

将它们与牙型半角的基本值 $\dfrac{\alpha}{2}$ 比

较，得牙型半角误差值为

$$\Delta\frac{\alpha}{2}_{(\text{左})} = \frac{\alpha}{2}_{(\text{左})} - \frac{\alpha}{2} \quad \Delta\frac{\alpha}{2}_{(\text{右})} = \frac{\alpha}{2}_{(\text{右})} - \frac{\alpha}{2}$$

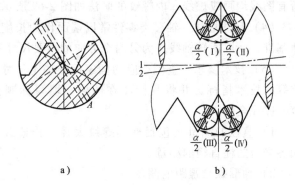

a)　　　　　b)

图 2-67　螺纹牙型半角的测量

6. 丝杠的测量

（1）结构分析　丝杠属于轴类零

件，轴类零件大多数由位于同一轴线上数段直径不同的回转体组成，它们长度方向的尺寸一般比回转体直径尺寸大。根据设计、安装、加工等要求，常见的结构有倒角、圆角、退刀槽、键槽及锥度等。

（2）表达方法　轴套类零件一般多在车床、磨床上加工，为便于操作工人对照图样进行加工，通常采用以下表达方法。

① 采用加工位置、显示轴线长度方向作为画主视图的方向。

② 轴线放在水平位置，用一个基本视图把轴上各段回转体的相对位置和形状表达清楚。

③ 用断面图、局部视图、局部剖视或局部放大图等表达方式表示轴上的结构形状。

④ 对于形状简单且较长的部分也可断开后缩短绘制。

⑤ 空心轴套因存在内部结构，可用全剖视图或半剖视图表示。

（3）螺纹的规定画法　机械制图国家标准对螺纹画法作了详细的规定。

1）外螺纹的画法。外螺纹不论其牙型如何，螺纹的牙顶（大径）及螺纹终止线用粗实线表示，螺杆的倒角或倒圆部分也应画出；牙底（小径）用细实线表示。画图时小径尺寸近似地取 $d_1 \approx 0.85d$。在垂直于螺纹轴线投影面上的视图中，表示牙底的细实线圆只画 3/4 圈，此时倒角省略不画。画剖视图时螺纹终止线只画一小段粗实线到小径处，剖面线应画到粗实线。外螺纹的画法如图 2-68 所示。

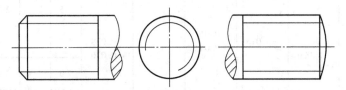

图 2-68　外螺纹的画法

2）内螺纹的画法。在剖视图中，小径用粗实线表示，大径用细实线表示；在投影为圆的视图上，用细实线只画约 3/4 圈表示螺纹大径圆，倒角圆省略不画，螺纹的终止线用粗实线表示，剖面线画到粗实线处。绘制不通的螺纹孔时应将螺纹孔和钻孔深度分别画出，一般钻孔深度应比螺纹孔深大约 4 倍的螺距，钻孔底部的锥角应画成 120°。表示不可见螺纹时，

所有图线均画成虚线。内螺纹的画法如图 2-69 所示。

（4）尺寸标注 轴套类零件常以端面作为长度方向的主要尺寸基准，而以回转轴线作为另两个方向的主要尺寸基准。

（5）技术要求 查阅相应的国家标准确定尺寸公差、几何公差等的技术指标，并将其标注在图中。填写标题栏中的各项内容，完成全图。

1）直径的测量 包括梯形螺纹大径、普通螺纹大径的测量和各光滑圆柱直径的测量。

2）梯形螺纹螺距的测量。

3）半圆键键槽的测量 包括键槽深度、宽度和定位尺寸的测量。

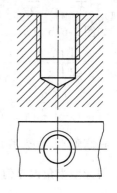

图 2-69 内螺纹的画法

4）销孔的测量 包括孔径和定位尺寸的测量。

5）砂轮越程槽和螺纹退刀槽的测量 包括槽宽和槽深的测量。

7. 绘制丝杠零件草图和零件图

（1）计算并确定半圆键尺寸 直径 D = 圆弧的深度+圆弧宽度的平方/4 倍的圆弧高。

根据计算数值在表 2-19 中查得标准值。半圆键键槽尺寸及公差见表 2-19。

表 2-19 半圆键键槽尺寸及公差（摘自 GB/T 1098—2003） （单位：mm）

键尺寸 $b×h×d$	键槽										
	宽度 b						深度				半径 R
	基本尺寸	极限偏差					轴 t_1		毂 t_2		
		正常联接		紧密联接	松联接		基本尺寸	极限偏差	基本尺寸	极限偏差	
		轴 N9	毂 JS9	轴和毂 P9	轴 H9	毂 D10					最大	最小
3×5×13 3×4×13	3	−0.004 −0.029	±0.0125	−0.006 −0.031	+0.025 0	+0.060 +0.020	3.8		1.4		0.16	0.08
3×6.5×16 3×5.2×16	3						5.3		1.4			
4×6.5×16 4×5.2×16	4						5.0	+0.2 0	1.8	+0.1 0		
4.0×7.5×19 4×6×19	4						6.0		1.8			
5×6.5×16 5×5.2×19	5						4.5		2.3		0.25	0.16
5×7.5×19 5×6×19	5	0 −0.030	±0.015	−0.012 −0.042	+0.030 0	+0.078 +0.030	5.5		2.3			
5×9×22 5×7.2×22	5						7.0		2.3			
6×9×22 6×7.2×22	6						6.5	+0.3 0	2.8	+0.2 0		
6×10×25 6×8×25	6						7.5		2.8			

（2）根据公式计算梯形螺纹大径、中径和小径的尺寸。

（3）选择视图确定表达方案并绘制零件草图和零件图。

1）尺寸公差的确定。

① 长度公差：按照线性尺寸的极限偏差确定。

② 直径公差：包括梯形螺纹尺寸公差和光滑圆柱尺寸公差。梯形螺纹尺寸公差包括大径、中径和小径尺寸公差；光滑圆柱尺寸公差包括与床鞍配合圆柱面、与套筒配合圆柱面、与刻度盘配合圆柱面的尺寸公差。

2）键槽的几何公差及表面粗糙度。为了保证键宽和键槽宽之间具有足够的接触面积和避免装配困难，国家标准对键和键槽的几何公差作了规定。

① 轴键槽对轴的轴线及轮毂键槽对孔的轴线的对称度公差按《形状和位置公差未注公差值》（GB/T 1184—1996）中对称度公差 7~9 级选取。

② 当键长 L 与键宽 b 之比大于或等于 8 时，键的两侧面的平行度应符合 GB/T 1184—1996 的规定，当 $b \leqslant 6mm$ 时按 7 级；b 在 8~36mm 之间按 6 级；$b \geqslant 40mm$ 按 5 级。

③ 国家标准还规定轴线键槽、轮毂键槽宽 b 的两侧面的表面粗糙度参数 Ra 的最大值为 1.6~3.2μm，轴键槽底面、轮毂键槽的表面粗糙度参数 Ra 的最大值为 6.3μm。

④ 当几何误差的控制可由工艺保证时，图样上可不给出公差。

3）其他表面粗糙度的确定。

其他表面粗糙度包括梯形螺纹工作面 、外圆表面 、其他未注表面 、圆锥孔的表面粗糙度。

丝杠零件图样例如图 2-70 所示。

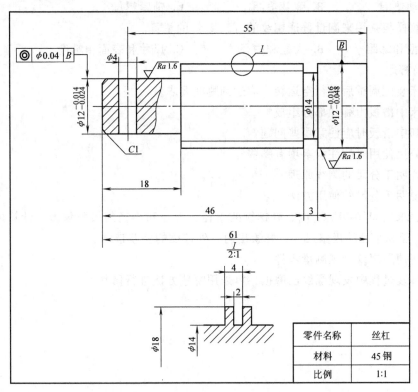

图 2-70　丝杠零件图样例

练习与实践

一、填空题

1. 对于丝杠、光杠等长径比大的零件，拆下后应_____或_____放置。

2. 拆卸设备时，用力要适当，特别要注意保护_____，对于相配合的两个零件，在必须拆坏一个零件的情况下，应尽量保存_____、_____或质量较好的零件。

3. 滑动丝杆螺母副常见的损坏形式有_____、_____和_____等。

4. 千分尺的测量精度为_____mm。

5. 千分尺的种类有外径千分尺、_____千分尺、_____千分尺、_____千分尺等。

6. 螺纹常用的防松方法有_____、_____、_____、_____、_____。

7. 螺纹常用的修复方法是_____、_____。

二、判断题

1. 丝杠、螺母的轴向间隙会直接影响其传动速度。　　　　　　　　（　　　）

2. 刀架和小滑板也要调整到规定位置，不能将小滑板摇出过长。　（　　　）

3. 丝杠和螺母的间隙越小越好。　　　　　　　　　　　　　　　　（　　　）

三、选择题

1. 采用机械方法防止螺纹联接的防松装置，其中包括（　　　）防松。

A. 止动垫圈　　　　　B. 弹簧垫圈　　　　　　C. 锁紧螺母

2. 螺纹样板是用来测量普通螺纹的（　　　）的量具。

A. 牙型和螺距　　　　B. 大径和中径　　　　　C. 尺寸和表面粗糙度

四、简答题

1. 车床装配调试后进行空运转，应达到哪些要求？

2. 车床中滑板由哪几部分组成？

3. 拆卸中滑板时应注意哪些问题？

4. 千分尺使用时的注意事项有哪些？

5. 试说明千分尺的刻线原理。

6. 试说明千分尺的使用方法。

7. 查表求出 M16-6H/6g 内、外螺纹的中径、大径和小径的极限偏差，计算内、外螺纹的中径、大径和小径的极限尺寸，并绘出内、外螺纹的公差带图。

8. 如何使用螺纹量规测量零件？

9. 在拆装过程中发现螺纹已磨损，可采用哪些方法进行修复？

任务3　CA6140 型卧式车床主轴组件的拆装与直齿圆柱齿轮的测绘

子任务 3.1　CA6140 型卧式车床主轴组件的拆装

工作任务卡

工作任务	CA6140 型卧式车床主轴组件的拆装
任务描述	明确常用的机械拆装方法；认识工作环境；能够认识并正确使用常用拆装工具；以项目小组为单位，根据给定的装配图，搜集资料，进行装配图识读，制订合理的 CA6140 型卧式车床主轴的拆装方案，并采用完全互换法进行拆装主轴部件，能进行主轴精度检测
任务要求	1）熟悉 CA6140 型卧式车床的结构、工作原理和主轴运动的传动路线 2）识读 CA6140 型卧式车床主轴的装配图 3）认识常用拆装工具，明确常用机械拆装方法 4）以小组为单位，根据装配图制订拆装方案 5）根据优化后的拆装方案对主轴进行拆装 6）进行主轴精度检测 7）注意安全文明拆装

3.1.1　拆装车床主轴组件

1. 识读 CA6140 型车床主轴装配图

CA6140 型车床主轴装配图如图 3-1 所示。

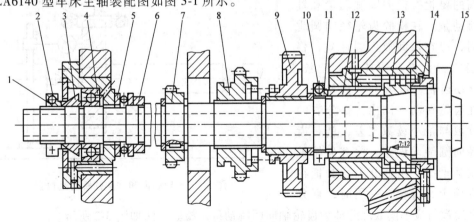

图 3-1　CA6140 型卧式车床主轴装配图

1、11、14—螺母　2、10—锁紧螺钉　3、12—轴套　4—角接触球轴承　5—推力球轴承　6—轴承套
7、8、9—齿轮　13—双列圆柱滚子轴承　15—主轴

CA6140 型卧式车床的主轴是一根空心阶梯轴，其内孔用于通过长棒料或穿入钢棒卸下顶尖，或通过气动、液压或电气夹紧装置的管道、导线。主轴前端 7∶12 的锥孔用于安装前顶尖或心轴，利用锥面配合的摩擦力直接带动顶尖或心轴转动。主轴前端采用短锥法兰式结构。主轴轴肩右端面上的圆形拨块用于传递转矩。主轴尾端的圆柱面是安装各种辅具（气动、液压或电气装置）的安装基面。

主轴的前支承是 D 级精度的 NN3021K 型双列圆柱滚子轴承 13，用于承受径向力。这种轴承具有刚性好、精度高、尺寸小及承载能力大等优点。后支承有 2 个滚动轴承，一个是 D 级精度的 7215AC 型角接触球轴承 4，大口向外安装，用于承受径向力和由后方指向前方的轴向力。后支承还采用一个 D 级精度的 51215 型推力球轴承 5，用于承受由前方指向后方的轴向力。

主轴上装有三个齿轮。右端的斜齿圆柱齿轮 9 空套在主轴 15 上。采用斜齿轮可以使主轴运转比较平稳；由于它是左旋齿轮，在传动时作用于主轴上轴向分力与纵向切削力方向相反，因此，还可以减少主轴后支承所承受的轴向力。中间的齿轮 8 可以在主轴的花键上滑移，它是内齿离合器。当离合器处在中间位置时，主轴空档，此时可较轻快地扳动主轴转动以便找正工件或测量主轴旋转精度。当离合器在左面位置时，主轴高速运转；当离合器移到右面位置时，主轴在中、低速段运转。左端的齿轮 7 固定在主轴上，用于传动进给链。

2. 拆装 CA6140 型卧式车床主轴

（1）常用的拆装方法

1）圆柱齿轮的装配。装配一般分两步进行：先把齿轮装在轴上，再把齿轮轴部件装入箱体。

① 齿轮与轴的装配。在轴上空套或滑移的齿轮，其装配精度取决于零件本身的加工精度，很容易装配。在轴上固定的齿轮，与轴多为过渡配合，有少量的过盈。过盈量小时，用敲击法装配；过盈量大时，用压力机压装。齿轮与轴装配时，应避免齿轮偏心、歪斜和齿轮端面未靠紧轴肩等现象。

齿轮在轴上装好后，对于精度要求高的要检查径向圆跳动量和轴向圆跳动量。在检验齿轮径向圆跳动量时，应在齿间放入圆柱规，将百分表的触头抵在圆柱规上读数，然后转动齿轮，每隔 3~4 齿检查一次，在齿轮转动一周内，百分表的最大读数与最小读数之差，就是齿轮的径向圆跳动误差。检查齿轮轴向圆跳动量时，用百分表触头抵在齿轮端面上，齿轮转一周时，百分

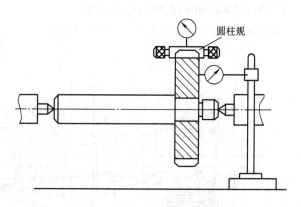

图 3-2　齿轮径向和轴向圆跳动量检查

表最大读数与最小读数之差即为齿轮轴向圆跳动量。检验方法如图 3-2 所示。

② 齿轮轴部件装入箱体。

a. 齿轮轴部件安装前对箱体检查。机器拆卸后的装配，一般对箱体不做检查。但箱体

磨损严重或大修时，应对箱体上互相啮合的齿轮轴孔的孔距、平行度、轴线与基准面之间的尺寸精度和平行度、轴线与箱体端面的垂直度和孔中心线同轴度等进行检验，合格后方可进行装配。不合格时需对箱体进行修理。

b. 按装配技术要求将齿轮轴部件装入箱体。

c. 检查齿轮啮合质量的方法主要有：

（a）百分表检验法。图3-3所示为用百分表测量侧隙的方法。测量时，将一个齿轮固定，在另一个齿轮上装上夹紧杆1。由于侧隙存在，装有夹紧杆的齿轮便可摆动一定角度，在百分表2上得到读数 C，则此时齿侧间隙 Cn 为

$$Cn = CR/L$$

式中　C——百分表2的读数（mm）；

　　　R——装夹紧杆齿轮的分度圆半径（mm）；

　　　L——夹紧杆长度（mm）。

也可将百分表直接抵在一个齿轮的齿面上，另一齿轮固定，将接触百分表触头的齿从一侧啮合迅速转到另一侧啮合，百分表上的读数差值即为侧隙。

（b）压铅丝检验法。如图3-4所示，在齿宽两端的齿面上，平行放置两条铅丝（宽齿应放置3~4条），其直径不宜超过最小间隙的4倍。使齿轮啮合并挤压铅丝，铅丝被挤压后最薄处的尺寸，即为侧隙。机器修理后，常用铅丝检验齿侧间隙。

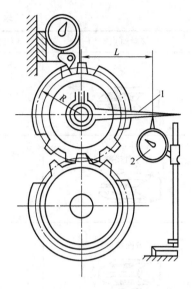

图3-3　用百分表检验齿侧间隙

1—夹紧杆　2—百分表

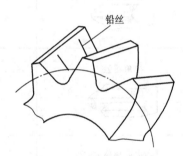

图3-4　压铅丝检验齿轮侧隙

观察与思考

在进行精度检测时，百分表如何安装？

接触精度的主要指标是接触斑点。检验接触斑点一般用涂色法，将红丹粉涂于大齿轮齿面上。转动齿轮时，被动轮应轻微制动。齿轮上接触印痕的面积大小，应该随齿轮精度而定。一般传动齿轮在轮齿的高度上接触斑点不少于30%~50%；在轮齿的宽度上不少于40%~70%，其分布的位置应是自分度圆处上下对称分布。对双向工作的齿轮传动，正反两个方向都应检验。

影响齿轮接触精度的主要因素是齿形精度及安装是否正确，当接触斑点位置正确而面积太小是由于齿形误差太大所致时，应在齿面上加研磨剂并使两轮转动进行研磨，以增加接触面积。

齿形正确而安装有误差造成接触不良的原因及对应的调整方法见表3-1。

表 3-1　齿轮接触精度检验

接触斑点	原因分析	调整方法
正常		
上齿面接触	中心距偏大	调整轴承支座或刮削内圈
下齿面接触	中心距偏小	调整轴承支座
一端接触	两齿轮轴线平行度误差	微调可调环节
搭角接触	两齿轮轴线相对歪斜	微调可调环节
异侧齿面接触不同	两面齿向误差不一致	调换齿轮
不规则接触	齿圈径向圆跳动量较大	采用定向装配法调整；消除齿轮定位面异物（毛刺、凸点等）
鳞状接触	齿面有毛刺或有碰伤隆起	去除毛刺、硬点等，精度要求低时可采用磨合措施

2）轴端零件的拆卸。位于轴端的带轮、链轮、齿轮和滚动轴承等零件的拆卸，可用各种螺旋拉拔器拉出。图 3-5a 所示为用拉拔器拉出滚动轴承；图 3-5b 所示为用拉拔器拉卸滚

动轴承外圈；图 3-5c、d 所示为用拉拔器拉卸带轮和齿轮、滚动轴承。

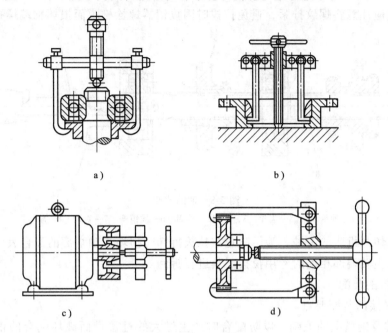

a) b)

c) d)

图 3-5 轴端零件的拉卸

① 轴套的拉卸。由于轴套一般是用硬度较低的铜、铸铁或其他轴承合金制成，如果拆卸不当，容易变形或划坏轴套的配合表面。因此，不必拆卸的尽可能不拆卸，只做清洗和修整即可。对于精度较高，又必须拆卸的轴套，可用专用拉具拆卸。图 3-6 所示为用长度稍大于轴套内径的矩形板拉出。

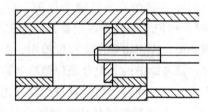

图 3-6 轴套的拉卸

② 钩头键的拉卸。图 3-7 所示为两种拉卸钩头键的方法。这两种拉具结构简单，使用方便且不会损坏钩头键和其他零件。

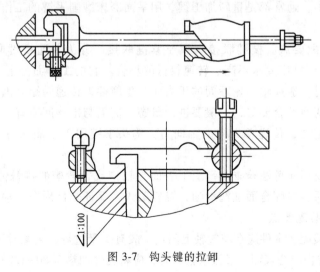

1:100

图 3-7 钩头键的拉卸

③ 轴的拉卸。对于端面有工艺螺孔、直径较小的传动轴，可用拔销器拉卸，如图 3-8 所示。拉拔时应注意将螺纹拧紧，避免拉拔时因拔销器螺栓松脱而损坏轴端螺孔。

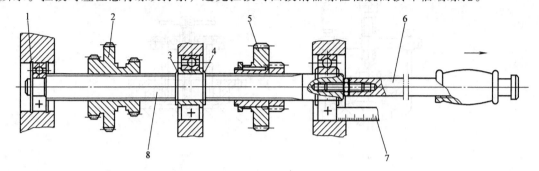

图 3-8　轴的拉卸

1—轴承　2、5—齿轮　3、4—弹性挡圈　6—拔销器　7—直尺　8—轴

对于金属切削机床的主轴，为了防止在拉拔拆卸时损坏主轴端部的配合表面和精密螺纹等，要制作与主轴端部相配的专用拉拔工具进行拆卸。

3）键联接的装配。

① 松键联接的装配要点。

a. 清理键及键槽上的毛刺，以防配合时产生过大的过盈量而破坏配合的正确性；对于重要的键联接，装配前应检查键的直线度、键槽对轴线的对称度及平行度等。

b. 用键的头部与轴槽试配，应能使键较紧地嵌在轴槽中（对普通平键和导向平键而言）；锉配键长时，在键长方向上键与轴槽留有 0.1mm 左右的间隙；在配合面上加机油，用铜棒或台虎钳将键压装在轴槽中，并与槽底接触良好；试配并安装套件（如齿轮、带轮等）时，键与键槽的非配合面应留有间隙，以便轴与套件达到同轴度要求；装配后的套件在轴上不能左右摆动，否则，容易引起冲击和振动。

c. 平键联接（属于松键联接）中，键的工作面是两个侧面。一般机械中要求键在轴槽中固定，在轮毂槽中滑动。在传递重载、冲击及双向转矩的机械传动中，应使平键在轴槽和轮毂槽中都固定。对于轮毂及平键沿轴槽导向的机械，必须使平键在轮毂槽中固定，在轴槽中滑动。修理装配中，通常都是重新加工键，用平面磨床磨削平键的工作面，使平键宽度尺寸达到规定的要求。

② 楔键联接装配要点。楔键联接（属于紧键联接，分为普通楔键联接和钩头楔键联接），一般都应用于同轴度要求不高、转速较低的场合。它的工作面是上、下面，有 1∶100 的斜度。楔键打入时，造成轴与轮毂间的压力而产生摩擦以传递转矩。因此，它的上、下两面与键槽的上、下两面贴合要好，一般要进行研磨。侧面与键槽间应有一定的间隙。紧键联接还能使零件轴向定位，传递单方向的轴向力。钩头楔键用于不能从另一端将楔键打出的场合。

装配楔键时，要用涂色法检查楔键上下表面与轴槽或轮毂槽的接触情况，若接触不良，应修整键槽。合格后，在配合面加润滑油，轻轻敲入，保证套件周向、轴向固定可靠。

③ 花键联接的装配要点。

a. 静联接花键装配。套件应在花键轴上固定，故有少量过盈，装配时可用铜棒轻轻敲入，但不得过紧，以防拉伤配合表面，过盈量较大时，应将套件加热至 80~120℃ 后进行热装。

b. 动联接花键装配。套件在花键轴上可以自由滑动，没有阻滞现象，但间隙应适当，用手摆动套件时，不应感觉有明显的周向间隙。

c. 花键轴、孔间的配合要求比较准确。装配时，必须首先清理凸起处的毛刺和锐边，防止产生拉毛和咬住现象，然后涂色检查孔与轴配合情况。

（2）拆装 CA6140 型卧式车床主轴　本任务在完成时主要采用完全互换法。

互换法的实质是用控制零件的加工误差来保证产品的装配精度。根据互换程度的不同，互换法又可分为完全互换法和不完全互换法两种。在产品装配中，各组成环不需挑选或改变其大小或位置，装配后就能达到封闭环的公差要求。即零件按图样公差加工，装配时不需要进行任何选择、修配和调节，就能达到装配精度和技术要求。这种装配方法称为完全互换装配法。完全互换法的工艺特点是配合件公差之和小于或等于规定的装配公差；装配操作简单，便于组织流水作业，有利于维修工作，对零件的加工精度要求较高，适用于零件数较少、批量大、零件可用经济加工精度制造的产品或虽零件数较多、批量较小，但装配精度要求不高者，如机床、汽车、拖拉机、中小型柴油机和缝纫机等产品中的一些部件装配。

1）拆装卡盘。主轴前端采用短锥法兰式结构与卡盘联接，如图 3-9 所示。安装时，使事先装在拨盘或联接盘 4 上的四个双头螺柱 5 及其螺母 6 通过主轴肩及锁紧盘 2 的圆柱孔，然后将锁紧盘 2 转过一个角度，双头螺柱 5 处于锁紧盘的沟槽内，并拧紧螺钉 9 和螺母 6，就可以使卡盘或拨盘可靠地安装在主轴的前端。这种结构装卸方便，夹紧可靠，定心精度高；主轴前端悬伸长度较短，有利于提高主轴组件的刚度。

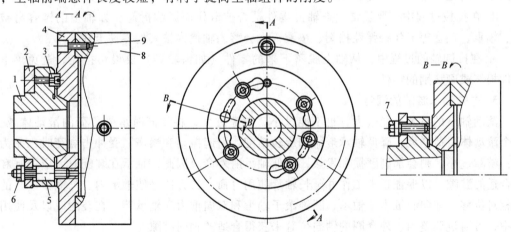

图 3-9　联接盘与主轴、卡盘的联接

1—主轴　2—锁紧盘　3—端面键　4—联接盘　5—双头螺柱　6—螺母　7、9—螺钉　8—卡盘

联接盘前面的台阶面是安装卡盘 8 的定位基面，与卡盘的后端面和台阶孔（俗称止口）配合，以确定卡盘相对于联接盘的正确位置（实际上是相对主轴中心的正确位置）。通过三个螺钉 9 将卡盘与联接盘联接在一起。这样，主轴、联接盘、卡盘三者可靠地连为一体，并保证了主轴与卡盘同轴心。图中端面键 3 可防止联接盘相对主轴转动，是保险装置。螺钉 7 为拆卸联接盘时用。

2）拆装 CA6140 型车床主轴组件。

① 由图 3-1 所示主轴装配图可以看出，主轴的各部分结构由左至右直径逐渐变粗成阶梯状。这就决定了主轴拆卸应由左至右打出。主轴的前轴承为内孔以 7∶12 的锥度与轴颈相

配合的双列圆柱滚子轴承，前轴承要和主轴一起拆下，最后才从主轴上拆下。

② 由于安装时轴承被预紧，使前后轴承圈间和轴承座、主轴轴颈的配合都很紧密，给拆卸带来困难。因此，在卸掉前端盖和后罩盖等零件后，必须先拧松螺母 1、11、14，注意要松掉锁紧螺钉。

③ 从主轴箱中拿出轴承 5、轴承套 6、齿轮 7~9、螺母 11、轴套 12 等，最后，在主轴上的圆柱滚子轴承内圈端面上垫铜套将其敲出。

④ 在主轴拆卸过程中，应充分考虑主轴的结构特点、工作原理、各零件的功用；特别注意滚动轴承的位置及推力轴承的松紧圈朝向；注意零件的相互位置关系，做好记录。

⑤ 随时清洗拆下的零件，掌握零件的清洗操作及方法的选择。

⑥ 注意检查零件的表面磨损状况及缺陷。

⑦ 拆卸轴类零件时，必须注意以下事项：

a. 拆卸前，应熟悉拆卸部位的装配图和有关技术资料，了解拆卸部位的结构和零件之间的配合情况。

b. 拉卸前，应仔细检查轴和轴上的定位件、紧固件等是否已经完全拆除，如弹性挡圈、紧定螺钉等。

c. 根据装配图确定轴的正确拆出方向。拆出方向一般是轴的小端、箱体孔的大端、花键轴的不通端。拆卸时，应先进行试拔，可以通过声音、拉拔用力情况和轴是否被拉动来判断拉出方向是否正确。待确定无误时，再正式拉卸。

d. 在拉拔过程中，要经常检查轴上零件是否被卡住而影响拆卸。如轴上的键容易被齿轮、轴承、垫套等卡住；弹性挡圈、垫圈等也会落入轴槽内被其他零件卡住。

e. 在拉卸轴的过程中，从轴上脱落下来的零件（如齿轮等）要设法接住，避免落下时零件损坏或砸坏别的零件。

3. 主轴轴承游隙的调整

滚动轴承的游隙不能过大，也不能过小。游隙过大，将使同时承受负荷的滚动体减少，单个滚动体负荷增大，降低轴承寿命和旋转精度，引起振动和噪声，受冲击载荷时，尤为显著；游隙过小，则会加剧磨损和发热，降低轴承的寿命。因此，轴承在装配时，应控制和调整合适的游隙，以保证正常工作并延长轴承使用寿命。其方法是使轴承内、外圈做适当的轴向相对位移。如向心推力球轴承、圆锥滚子轴承和双向推力球轴承等，在装配时以及使用过程中，可通过调整内、外套圈的轴向位置来获得合适的轴向游隙。

据图 3-1 所示主轴装配图，前轴承径向间隙的调整方法如下：首先松开主轴前端螺母 14，以及前支承左端调整螺母 11 上的锁紧螺钉 10；拧动螺母 11，推动轴套 12，这时双列圆柱滚子轴承的内环相对于主轴锥面做轴向移动，由于轴承内环很薄，而且内孔也和主轴锥面一样，具有 7：12 的锥度，因此内孔在轴向移动的同时做径向弹性膨胀，从而调整轴承的径向间隙或预紧程度。调整妥当后，再将前螺母 14 上和支承左端调整螺母 11 上的锁紧螺钉 10 拧紧。后支承中轴承 4 的径向间隙，轴承 5 的轴向间隙是用螺母 1 同时调整的，其方法是：松开调整螺母 1 上的锁紧螺钉 2，拧动螺母 1，推动轴套 3、轴承 4 的内环和钢球，从而消除轴承 4 的间隙；拧动螺母 1 的同时，向后拉轴承 5 及轴承套 6，从而调整轴承 5 的轴向间隙。

主轴的径向圆跳动及轴向窜动的允许误差都是 0.01mm。主轴的径向圆跳动影响加工表面的圆度和同轴度，轴向窜动影响加工端面的平面度或螺纹的螺距精度。当主轴的跳动量

（或者窜动量）超过允许值时，一般情况下，只需适当地调整前支承的间隙，就可使主轴跳动量调整到允许值之内。如径向圆跳动仍达不到要求，再调整后轴承，中间轴承一般不调整。

4. 零件的修复

（1）轴的修复　轴经长期使用，在多种原因作用下，会发生失效。轴常见的失效形式主要有：轴颈磨损、点蚀、塑性变形和断裂破坏等。

1）主轴支承轴颈部位的修复原则。主轴支承轴颈部位有下列情况时，均应进行修复。

① 表面粗糙度 Ra 值比原设计值大一级或者大于 $1.6\mu m$。

② 圆度误差及圆柱度误差超过原设计允许误差的 50%。

③ 前、后支承轴颈处的径向圆跳动误差超过允许值。

④ 圆锥孔磨损时，可以修磨。修磨后端面位移量一般要求不得超过圆锥孔的锥度号。

⑤ 主轴的螺纹损坏时，一般可修小外径，螺距不变。

⑥ 主轴有严重伤痕、弯曲、裂纹或修理后不能满足精度要求时，必须更换新件。

2）轴类零件的矫直。细长轴类零件长期在径向载荷作用下，会发生塑性变形，轴线的直线度下降，表现为轴的弯曲。弯曲矫直主要有以下方法：

① 用压力对零件进行矫直。零件在压力作用下引起的变形，包含弹性变形和塑性变形两部分。弹性变形会随着压力的消失而消失。这样，零件的弯曲变形量只有在矫枉过正的条件下，才能由矫直中产生的塑性变形量进行抵消。一般的轴，如凸轮轴或曲轴压力矫直时，所需的压弯量是弯曲变形量的 10~12 倍；零件矫直压弯时，应保持 2~3min，并且用锤子对零件进行快速敲击，提高零件的矫直保持性；零件矫直后应立即进行定性处理。这样，可以消除压校中在零件内部引起的内应力，使材料塑性变形稳定，提高矫直保持性，同时有利于提高零件的刚性。定性处理时，对于调质的零件可加热到 450~500℃，保温 2h 左右。对于表面淬硬的零件可加热到 200~250℃，保温 6h 左右。压力矫直的过程是：使用偏摆检测仪结合百分表确定挠曲方向和挠曲量，做好记号，在压力机上矫直，去应力退火。

② 砸弯矫直。砸弯矫直原理是通过砸击零件上的弯曲低点部分，引起金属材料延伸，在零件弯曲低点的表面处产生伸展性塑性变形，从而改变了零件弯曲部分的内应力分布状况，使弯曲部位伸直，同时可以大大提高零件的矫直保持性。

砸弯矫直实施前，先要自制一个头部为凹圆形的扁平嘴铜棒，与零件外形相适应。然后将零件的弯曲高点安放在硬质木头块上，用铜棒顶在零件弯曲低点处。如果零件为丝杠，应该顶在弯曲低点处的螺纹底径处。这样，就可以用锤子敲击铜棒，并在零件的弯曲低点处依次移动铜棒进行砸弯。砸弯的强度应以弯曲最低点处为最大，两边次之，逐步减弱。每砸完一遍后，可用百分表测量一次零件弯曲值的变化情况，直到使零件矫直为止。砸弯矫直后，对零件一般不用进行定性热处理。

③ 火焰矫直。火焰矫直的原理是用氧乙炔火焰（温度可达 3000~3300℃）迅速加热零件的弯曲最高点时，该处的表面层金属就会迅速膨胀，使零件加深弯曲度。但在加热点周围和弯曲最低点处温度还很低的情况下，冷金属部分会限制加热点金属的膨胀。于是，被加热的金属就会受到压力，在高温下产生塑性变形。这样，加热点处的金属实际上就缩小了。当加热点处迅速冷却后，必然造成零件的反向弯曲。显然，用火焰矫直能矫直形状复杂的大尺寸零件，并且具有矫直保持性好，对疲劳强度影响较小的特点。

火焰矫直的工艺特点为：加热点温度要迅速上升，氧乙炔火焰的热量要大，加热点面积要小，加热后要在加热点处用水迅速冷却，否则将会影响矫直效果。对于变形较小的轴类零件，加热点可以是一点或者多点。对于变形较大的轴类零件或者形状复杂的零件可采用线状加热，使火焰沿直线方向移动，或者在沿直线移动的同时，在宽度方向做横向摆动，形成带状加热；加热的温度一般在 300~700℃ 之间，不宜过高。若采用一点加热不能解决问题，则需采用多点加热。这时每一点处的温度还可适当地再低一点；矫直时，为了做到心中有数，可将百分表打在零件弯曲最高点附近（注意用氧乙炔火焰加热时要保护百分表），以观察矫直情况。当对弯曲最高点加热时，百分表的指针会迅速沿顺时针方向转动。当弯曲最高处被迅速冷却后，百分表的指针会迅速沿逆时针回转，并超过原始零位，则超过值的大小反映了弯曲件的矫直情况。

3）轴颈磨损与损伤的修复。轴颈磨损后，往往使径向尺寸减小，形状误差增大，表面粗糙度值变大。对于磨损不大的轴颈，最常用、最简单的修复方法是用可调研磨套进行研磨和用研磨板进行研磨。如图 3-10 所示，用可调研磨套对轴颈进行研磨，可以明显提高轴颈的圆度、锥度等几

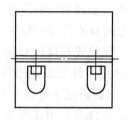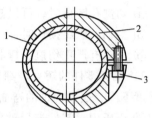

图 3-10   可调研磨套结构示意图

1—研磨套   2—研磨夹具   3—调整螺钉

何精度和减小表面粗糙度值。用研磨板对轴颈进行研磨，可消除轴颈母线的直线度误差，使工件获得精确的尺寸和很小的表面粗糙度值，但是，不能减小其已有的圆度误差，反而会有增大的趋势。轴类零件局部损伤时，可利用锉削方法进行局部修复。

另外，当轴颈磨损较严重时，可根据其特点合理选择特殊修复方法。特殊修复方法是指涂镀、喷镀、镀铬、镀铁、振动堆焊等，特殊修复方法需要专门设备、专门技术和修理工艺。一般情况下，小厂都不具备这些工艺条件。若要采用某种特殊修复方法，可以通过委托进行外协修理。因此，对于小厂维修人员来说，关键是要根据零件及其损伤特点合理选择这些特殊修复方法。

（2）齿轮的修复

1）当齿面有严重疲劳点蚀现象，约占齿长 30%、高度 50% 以上，有严重明显的凹痕擦伤时，应更换新件。

2）损伤。在保证齿轮强度的前提下，允许重新倒角。

3）偏斜。当接触面积低于装配要求时，应换新件。

4）在齿形磨损均匀的前提下，弦齿厚的磨损量极限为：主传动齿轮允许 6%，进给齿轮允许 8%，辅助传动齿轮允许 10%。超过相应的极限应更换。

5）齿部断裂。中小模数的齿轮应进行更换；大模数齿轮损坏的齿数不超过两齿时，允许镶齿；补焊部分不超过齿牙长度的 50% 时，允许补焊。

（3）轴承的修复

1）主轴滑动轴承有调节余量时，可进行修刮，否则更换。

2）滚动轴承的滚道或滚动体产生伤痕、裂纹，保持架损坏，以及滚动体松动时，均应更换新件。

3）轴套产生磨损，轴瓦产生裂纹、剥层时应进行更换。

（4）箱体上安装滚动轴承孔的修复

1）安装 P4、P5 级轴承的孔，实际尺寸应严格控制在原公差带范围之内。

2）安装 P6 级轴承的孔，实际尺寸允许超过原公差带大小的 1/2。

3）安装 P0 级轴承的孔，尺寸精度可以根据具体状况决定，以不造成运转振动及轴承外圈在孔内转动为宜。

4）当轴承孔尺寸严重超差时，在孔壁尺寸允许的情况下，可以采用镶套法修复。若孔壁很薄，应进行涂镀修复。

5）只有特别急需的情况下，允许在轴承外圈上镀金属层或涂环氧树脂粘接剂进行修复。

（5）键的修复

1）键磨损和损坏时，一般应更换新键。

2）轴与轮上的键槽损坏时，可将轴槽和毂槽用锉削或铣削的方法将键槽加宽，再配制新键。

3）大型花键轴磨损时，可采用镀铬或振动堆焊，然后再加工到规定尺寸的方法进行修复。振动堆焊需要专门设备及振动堆焊机，堆焊时要缓慢冷却，以防花键轴变形。

4）定心花键轴轴颈的表面粗糙度 Ra 值不大于 $6.3\mu m$，间隙配合的公差等级不超过次一级精度时，可继续使用。

5）花键轴键侧表面粗糙度 Ra 值不大于 $6.3\mu m$，磨损量不大于键厚的 2% 时，可继续使用。

6）花键轴键侧没有压痕及不能消除的擦伤，倒棱未超过侧面高度的 30% 时，可继续使用。

5. 主轴精度检验

（1）主轴的轴向窜动和主轴轴肩支承面跳动误差的检验

1）检验工具。指示器和专用检验棒。

2）检验方法。采用固定指示器，使测头 a 接触主轴锥孔的检验棒端部的钢球上，测头 b 接触主轴轴肩支承面上，沿主轴轴线加一个力 F，旋转主轴检验。指示器读数的最大差值就是主轴的轴向窜动和主轴轴肩支承面的跳动误差，如图 3-11 所示。

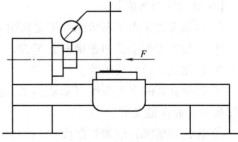

图 3-11　主轴的轴向窜动和主轴轴肩
支承面跳动误差的检验

3）允许误差（最大工件回转直径小于或等于 800mm）。出厂允许误差：测头 a 处 0.01mm，测头 b 处 0.02mm；检查允许误差：测头 a 处 0.01mm；测头 b 处 0.02mm。

（2）主轴定心轴颈的径向圆跳动误差的检验

1）检验工具。指示器。

2）检验方法。固定指示器，使其测头垂直接触轴颈（包括圆锥轴颈）的表面。沿主轴轴线加一力 F，旋转主轴检验。指示器读数的最大差值就是径向圆跳动误差，如图 3-12 所示。

图 3-12　主轴定心轴颈的径向圆跳动误差的检验

3）允许误差（最大工件回转直径小于或等于 800mm）。出厂允许误差：0.01mm；检查允许误差：0.01mm。

（3）主轴锥孔轴线的径向圆跳动误差的检验

1）检验工具。指示器和检验棒。

2）检验方法。将检验棒插入主轴锥孔内，固定指示器，使其测头接触检验棒的表面；测头 a 靠近主轴端面，测头 b 靠近检验棒右端处，旋转主轴检验。拔出检验棒，相对主轴旋转 90°，重新插入主轴锥孔中依次重复检验三次，四次测量结果的平均值就是径向圆跳动误差，如图 3-13 所示。

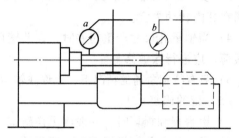

图 3-13　主轴锥孔轴线的径向圆跳动误差的检验

3）允许误差（最大工件回转直径小于或等于 800mm）。出厂允许误差：测头 a 处 0.01mm，测头 b 处在 300mm 测量长度上为 0.02mm；检查允许误差：测头 a 处不超过 0.01mm，测头 b 处不超过 0.025mm。

交流与讨论

完全互换装配法和修配装配法有何不同。

3.1.2　技能提高　CA6140 型卧式车床的机械故障处理三

1. 车削圆形工件表面粗糙度达不到要求

【故障原因分析】

① 车床刚性不足，如滑板的镶条过松，传动件（如带轮）不平衡或主轴太松引起振动。

② 车刀刚性不足引起松动。

③ 工件刚性不足引起松动。

④ 车刀几何形状不正确，如选用过小的前角、主偏角和后角。

⑤ 低速切削时，没有加切削液。

⑥ 切削用量选择不合适。

⑦ 切屑拉毛已加工的表面。

【故障排除与检修】

① 消除或防止由于车床刚性不足而引起的不平衡或松动，正确调整车床各部分的间隙。

② 增加车刀的刚性和正确安装车刀。

③ 增加工件的安装刚性。

④ 选择合理的车刀角度（如适当增加前角，选择合理的后角，用磨石研磨切削刃），减小切削刃表面粗糙度值。

⑤ 低速切削时，应加切削液。

⑥ 进给量不宜太大，精车余量和切削速度要选择适当。

⑦ 控制切屑的形状和排出的方向。

2. 车削工件时出现椭圆或棱圆（即多棱形）

【故障原因分析】

① 主轴的轴承间隙过大。

② 主轴轴承磨损。

③ 滑动轴承的主轴轴颈磨损或圆度误差过大。

④ 主轴轴承套的外径或主轴箱体的轴孔呈椭圆，或相互配合间隙过大。

⑤ 卡盘后面的联接盘的内孔、螺纹配合松动。

⑥ 毛坯余量不均匀，在切削过程中背吃刀量发生变化。

⑦ 工件用两顶尖安装时，中心孔接触不良，或后顶尖顶得不紧，以及可使用的回转顶尖产生扭动。

⑧ 前顶尖锥圆跳动达不到要求。

【故障排除与检修】

① 调整轴承的间隙。主轴轴承间隙过大直接影响加工精度，影响主轴旋转精度的因素有径向圆跳动及轴向窜动两种，径向圆跳动公差由主轴的前后双列向心短圆柱滚子轴承保证。在一般情况下调整前轴承即可。如径向圆跳动仍达不到要求，就要对后轴承进行同样的调整，调整后应进行 1h 的高速空转运行试验，主轴轴承温度不得超过 70℃，否则应稍松开一点螺母。

② 更换滚动轴承。

③ 修磨轴颈或重新刮研轴承。

④ 可更换轴承外套或修正主轴箱的轴孔。

⑤ 重新修配卡盘后面的联接盘。

⑥ 在此道工序前增加一道或两道粗车工序，使毛坯余量基本均匀，以减小复映误差，再进行此道工序加工。

⑦ 工件在两顶尖间安装必须松紧适当。发现回转顶尖产生扭动，必须及时修理或更换。

⑧ 检查、更换前顶尖，或把前顶尖锥面修车一刀，然后再安装工件。

3. 精车外圆时圆周表面上与主轴轴线平行或某一角度重复出现有规律的波形

【故障原因分析】

① 主轴上的传动齿轮齿形不良或啮合不良。

② 主轴轴承的间隙太大或太小。

③ 主轴箱上的带轮外径或 V 形槽松摆过大。

【故障排除与检修】

① 出现这种波纹时，如果波纹的头数（线条数）与主轴上的传动齿轮齿数相同，就能确定是主轴上的传动齿轮齿形不良和啮合不良造成的。在主轴轴承调整安装好后，一般要求主轴齿轮的啮合间隙不得太大或太小，正常情况下侧隙保持在 0.05mm 左右。当啮合间隙太小时可用研磨液研磨齿轮，然后要全部拆卸清洗。啮合间隙过大或齿形磨损过度而无法消除这种波纹时，只能更换主轴齿轮。

② 调整主轴轴承的间隙。

4. 发生切削自振现象

【故障原因分析】

用切槽刀切槽或者加工工件外圆切削负载较大时，在切削过程中会发生刀具相对工件的振动。切削自振现象的产生及其振动的强弱与设备切削系统的动刚度、工件的切削刚度及切削条件有关。当切削条件改变以后，切削自振现象仍然不能排除，主要应检查设备切削系统动刚度的下降情况。尤其是主轴前轴承的径向间隙过大，溜板与床身导轨之间的接触面积过小等原因都容易产生这种现象。

【故障排除与检修】

首先要将主轴前轴承安装正确、间隙调整合适，使主轴锥孔中心线的径向圆跳动公差值符合要求。在此基础上，再对溜板和床身导轨进行检查和刮修，提高其接触刚度。若还不能解决问题，应对切削系统相关零件的配合关系逐个进行检查，发现影响动刚度的因素，务必进行排除。

5. 精车圆柱表面时出现混乱的波纹

【故障原因分析】

① 主轴的轴向游隙超差。

② 主轴滚动轴承滚道磨损，某粒滚珠磨损或间隙过大。

③ 主轴的滚动轴承外圈与主轴箱主轴孔的间隙过大。

④ 用卡盘夹持工件切削时，因卡盘后面的联接盘磨损而与主轴配合松动，使工件在车削中不稳定；或卡爪呈喇叭孔形状，使工件夹紧不牢。

⑤ 溜板（即床鞍、中滑板、小滑板）的滑动表面之间间隙过大。

⑥ 刀架在夹紧车刀时发生变形，刀架底面与小滑板表面的接触不良。

⑦ 使用尾座顶尖车削时，尾座顶尖套夹紧不稳固，或回转顶尖的轴承滚道磨损，间隙过大。

⑧ 进给箱、溜板箱、托架的三个支承点不同轴，转动时有卡阻现象。

【故障排除与检修】

① 可调整主轴后端推力轴承的间隙。

② 应调整或更换主轴的滚动轴承，并加强润滑。

③ 用千分尺、气缸表等检查主轴孔。圆度公差为 0.012mm，圆柱度公差为 0.01mm，前、后轴孔的同轴度公差为 0.015mm，轴承外圈与主轴孔的配合过盈量为 0~0.02mm。如果主轴孔的圆度、圆柱度等已超差，必须先设法刮圆、刮直，然后再采用局部镀镍等方法，以达到与新的滚动轴承外圈的配合要求。如果超差值过大，无法用局部镀镍的方法修复，则可采用镗孔镶套的办法予以解决。

④ 可先行并紧卡盘后面的联接盘及安装卡盘的螺钉，如不见效，再改变工件的夹持方法，即用尾座顶住进行切削，如乱纹消失，即可肯定是由于卡盘后面的联接盘的磨损所致，这时可按主轴的定心轴颈配作新的卡盘联接盘。如果是卡爪呈喇叭孔时，一般用加垫铜皮的方法即可解决。

⑤ 调整床鞍、中滑板、小滑板的镶条和压板到合适的配合，使之移动平稳、轻便，用 0.04mm 塞尺检查时插入深度应小于或等于 10mm，以克服由于溜板在床身导轨上纵向移动时受齿轮齿条及切削力的倾覆力矩的影响而沿导轨面跳跃的缺陷。

⑥ 在夹紧刀具后用涂色法检查方刀架底面与小滑板接合面的接触精度，应保证方刀架

在夹紧刀具时仍保持与它均匀地全面接触，否则应用刮研法予以修正。

⑦ 应先检查顶尖套是否夹紧，如不是此原因，则应检查顶尖套与尾座体的配合以及夹紧装置是否配合合适，如果确定顶尖套与尾座体的配合过松，则应对尾座进行修理，研磨尾座体孔，顶尖套镀铬后精磨与之相配，间隙控制在 0.015~0.025mm 之间，回转顶尖如有间距，则更换回转顶尖。

⑧ 找正光杠、丝杠与床身导轨的平行度，校正托架的安装位置，调整进给箱、溜板箱、托架三支承的同轴度，使床鞍在移动时无卡阻现象。

3.1.3 技能拓展 C620-1 型卧式车床主轴组件的拆装

1. 熟悉 C620-1 型卧式车床的结构

（1）主轴箱 主轴箱是用来带动主轴并使之按所需转速运动的一个部件，由箱体、主轴、变速机构、操纵机构和润滑装置等组成。

图 3-14 是主轴箱展开图剖面的位置。它是按主轴箱中传动轴的传动顺序取剖面展开的，展开顺序是：Ⅰ 轴、Ⅱ 轴、Ⅲ 轴、Ⅵ 轴，因 Ⅴ 轴的中心线与 Ⅲ 轴重合，Ⅳ 轴单独取剖面展开。

图 3-15 所示是 C620-1 型卧式车床主

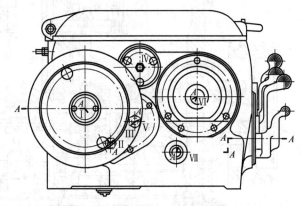

图 3-14 主轴箱展开图剖面的位置

轴箱的展开图。在看展开图时，应对照传动系统图来看。有一些轴本来是互相传动的，但因展开的关系，在图中却没有联系了，如图中 Ⅲ 轴与 Ⅳ 轴、Ⅳ 轴与 Ⅴ 轴之间，齿轮本是互相啮合的，但图中 Ⅳ 轴的位置却展开在上部。

研究展开图，可大体上按下列步骤进行：第一步首先按阅读传动系统图的办法，找出主动轴和从动轴，并找出它们之间的传动关系；第二步研究各轴在装配时，其轴向位置怎样固定，采用的轴承是什么结构，工作时轴向力由哪些零件来承受；第三步研究各种典型机构的作用原理及其装配关系。

现将主轴箱的主要部分结构原理说明如下：

主轴箱的运动是由 Ⅰ 轴传入的，Ⅰ 轴的左端花键上装有带轮，中间部分装有片式摩擦离合器，右端装有操纵摩擦离合器的摆杆和滑环，还装有一个偏心轮 6，通过滚子及杠杆带动活塞润滑泵。装在 Ⅰ 轴上的各个零件，均由左端的螺母 1 并紧。螺母 1 旋紧时，通过压紧带轮、深沟球轴承的内圈及隔套 3，使 $z=56$ 及 $z=51$ 的双联齿轮内衬套固定在卡环与隔套 3 之间。右边 $z=50$ 的齿轮内衬套是由对开衬环 5 卡在轴颈上固定其轴向位置的。Ⅰ 轴的轴向位置，由深沟球轴承靠在法兰盘 2 内孔的台阶上确定，另一方向则由卡环确定。装在 Ⅰ 轴上的零件较多，装配较麻烦，所以通常是在箱体外装配好后，再将整个 Ⅰ 轴部分装到箱体中去，所以法兰盘 2 与箱体的配合孔的直径大于 Ⅰ 轴上任一个零件的直径。Ⅲ 轴上装有三个固定的齿轮和一个滑移齿轮块，都是用花键联接的。固定的齿轮采用卡环和隔套轴向定位。工作中产生的轴向力，由轴两端的圆锥滚子轴承分别承受，Ⅱ 轴的轴向位置由箱内壁的轴承孔台阶确定。左端圆锥滚子轴承的外圈有压板，用螺钉调

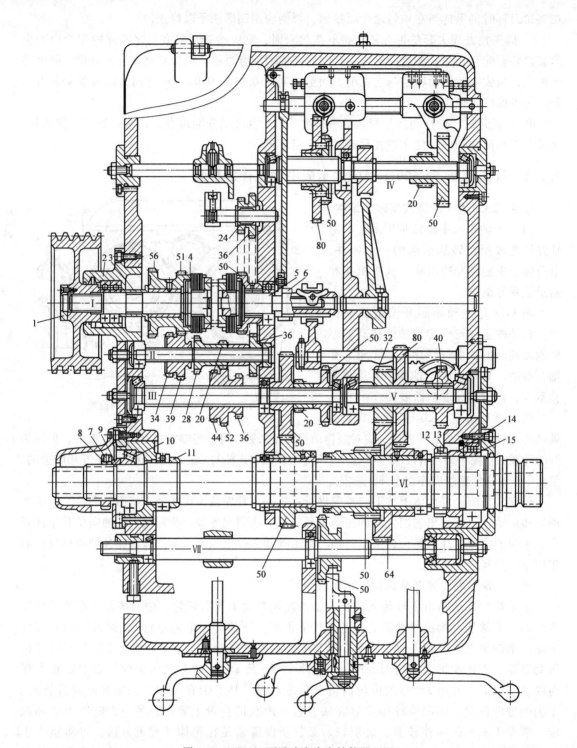

图 3-15 C620-1 型卧式车床主轴箱展开图

1—螺母 2—法兰盘 3—隔套 4—片式摩擦离合器 5—对开衬环 6—偏心轮

7—顶紧螺钉 8—螺母 9—套筒 10—圆锥滚子轴承 11—隔圈 12—顶紧螺钉

13—螺母 14—隔套 15—轴承内圈

整压板的位置，可以调整轴承的间隙。

其余轴的结构及装配关系与 I 轴大体相似。

（2）主轴的结构和装配图识读　主轴是车床的主要零件之一，在工作时承受很大的切削力，故要求主轴具有足够的刚度，还要求具有较高的精度。主轴中心有 $\phi38mm$ 的通孔，以便通过加工的棒料或卡盘自动夹紧装置。前端有 Morse No.5 锥孔，用来安装顶尖。前端的短圆柱面及凸肩是卡盘联接的定位面，螺纹用于紧固卡盘。凸肩后的槽是用来安装卡盘防松装置的，防止车床快速停止及主轴反转时卡盘松开脱落。主轴尾部的圆柱面可以用来安装气缸或液压缸，实现卡盘夹紧自动化。

主轴安装在前、后两个支承上。其前轴承采用精度和刚度较高、且可调节径向间隙的双列短圆柱滚子轴承，后轴承采用圆锥滚子轴承和推力球轴承各一个（轴承的固定形式为一端双向固定）。主轴的轴向位置由尾部的台阶确定，它支在隔圈 II 及推力球轴承上，并由尾部的轴承盖压紧固定在箱体上。切削过程中产生的轴向力由尾部的推力球轴承和圆锥滚子轴承来承受。如果产生的轴向力指向轴的后端时，则由台阶面经隔圈 11 和推力球轴承，作用到和箱体固定在一起的轴承座上面。如果产生的轴向力指向轴承前端时，则经主轴后部的螺纹传给螺母，经套筒和圆锥滚子轴承，作用到轴承座上，由箱体承受。

主轴中部还装有两个推力球轴承，分别用来承受由斜齿轮（$z=50$ 和 $z=64$）所产生的轴向推力。

为了减少主轴的弯曲变形，受力大的齿轮尽量靠近支承处。$z=64$ 的大齿轮比 $z=50$ 的齿轮受力大，所以把 $z=64$ 的大齿轮安装在靠近前轴承的地方。这两个传动齿轮是空套的，内孔压有铜衬套，以保护主轴的外圆表面，减少磨损，延长使用寿命。主轴的花键部分装有离合器，左边用牙嵌式离合器接通由齿轮 $z=50$ 传来的六级转速，右边用 $z=50$ 的外齿轮，套入内齿离合器中，接通由 $z=64$ 的大齿轮传来的 18 级转速。$z=50$ 的齿轮还用以传动进给系统的运动。

主轴的前后轴承由润滑泵送来的润滑油进行润滑，前轴承的箱壁下方有回油通孔，后轴承盖的下方也有回油通孔，从轴承流出的润滑油经回油孔流回箱体内。两端的轴承盖在与箱壁的接触面上垫有密封衬垫，以保证箱体的密封性，防止漏油。

（3）变速操纵机构　主轴箱中的滑移齿轮都使用手柄带动拨叉来操纵。VI 主轴上的牙嵌式离合器、VII 轴上 $z=50$ 的滑移齿轮，是用简式集中操纵机构来操纵的，即在同一轴上安装两个手柄，每个手柄单独操纵一块齿轮滑动。

图 3-16 是六速单手柄操纵机构，利用一个手柄可以操纵 II 轴上的双联滑移齿轮与 III 轴上的三联滑移齿轮，得到六种传动比的工作位置。当转动手柄 1 时，读数盘 2 与齿轮 3 转动，带动齿轮 4，齿轮 4 上装有偏心销 5 和滑块 6，当偏心销 5 绕轴 8 中心做圆周运动时，带动滑块 6 在拨叉 7 的长槽中滑动，从而带动拨叉 7 拨动 III 轴上的三联滑移齿轮，获得左、中、右三个位置。齿轮 4 的转动，通过轴 8 使凸轮盘 9 转动，凸轮盘 9 上有按拨叉动作设计的凸轮槽，槽中嵌有滚子 10。手柄 1 转动 360°，凸轮盘 9 也转动 360°，滚子沿凸轮槽产生二次摆动，带动杠杆 11 摆动，通过滑块 12 带动拨叉 13，拨动 II 轴上的双联滑移齿轮，获得左、右两个位置。

由于齿轮 4 与凸轮盘 9 是同步转动的，而齿轮 3 与 4 的传动比为 1，所以当手柄 1 每转过 1/6 转（60°）时，可以操纵 II 轴和 III 轴上的两块滑移齿轮，得到一种传动比的组合。主

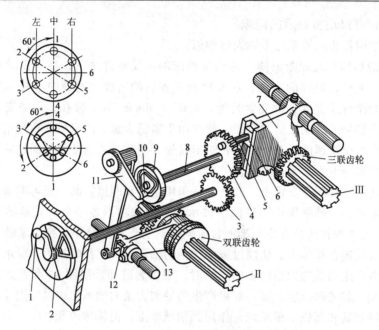

图 3-16 六速单手柄操纵机构

1—手柄 2—读数盘 3、4—齿轮 5—偏心销 6、12—滑块 7、13—拨叉

8—轴 9—凸轮盘 10—滚子 11—杠杆

轴转速的大小可以在扇形块的方框中读数。

2. C620-1 型卧式车床主轴部件的拆装

C620-1 型卧式车床主轴部件结构如图 3-17 所示，主轴的各部分结构由左至右直径变粗，成阶梯状。因此，决定主轴的拆卸应由左至右拆除。主轴的前轴承为内孔以 7：12 的锥度与轴颈相配合的调心滚子轴承，前轴承要和主轴先一起拆下，最后才从主轴上拆下。

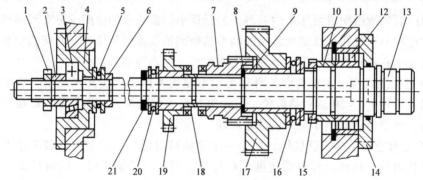

图 3-17 C620-1 型卧式车床主轴部件结构

1、15—圆螺母 2、6、9、10、18—衬套 3—后轴承 4—轴承座 5、16、20—推力轴承

7—离合器 8、11、21—弹簧卡圈 12—前轴承 13—主轴 14—端盖 17、19—齿轮

由于安装时用中轴承被预紧，使前后轴承圈间和轴承座、主轴轴颈的配合都很紧密，给拆卸带来困难。因此，在卸掉前端盖和前罩盖等零件后，必须先拧松圆螺母 1、15，注意要松掉锁紧螺钉。然后将齿轮离合器 7 移至最左端，且使右端面的缺口向上。回转主轴，使弹簧卡圈 8 的环首处于缺口中间，用弹簧卡钳松开弹簧卡圈 8 及 21 此后，才能用木棒边敲打主轴后端，边松开圆螺母，将主轴连同前轴承全部卸出。

从主轴箱中拿出齿轮 19、17，拿出衬套 2、6、9、10 及推力轴承 5、16、20 等；然后，拆卸轴承座 4；最后，在主轴上的调心滚子轴承内圈端面上垫铜套将其敲出。

在主轴拆卸过程中，应特别注意滚动轴承的位置及推力轴承的松紧圈朝向；注意零件的相互位置关系，并做好记录。同时，充分研讨主轴的结构特点、工作原理、各零件的功用。

3. C620-1 型卧式车床主轴回转精度的调整

如图 3-17 所示，主轴的回转精度包括径向圆跳动与轴向窜动两个方面。如使用中发现因轴承磨损致使间隙增大，引起回转精度下降、达不到规定要求时，则必须对轴承间隙进行调整。

1）拆卸主轴前端的端盖 14，松开圆螺母 15 上面的锁紧螺钉后，反转圆螺母，以放松前轴承 12 上带内锥的轴承内圈。

2）在主轴前端用铜棒轻击前轴承的内圈，使其稍微向后移动。然后，使主轴相对前轴承的内圈转动一定角度。通常是以主轴旋转时径向圆跳动的最高点处为基准，使主轴相对前轴承内圈转过 180° 左右，这种进行对角调整的方法可以消除一些相配件之间的综合误差。

3）拧紧圆螺母 15，使前轴承内圈与主轴实现紧密结合，并且通过颈锥的作用，使轴承内圈产生外胀，消除轴承间隙，提高轴承刚度。

4）用千分表和检验棒检查主轴的径向圆跳动量，要求应小于 0.01mm。如果有超差现象，可继续按对角调整的方法重新对前轴承进行调整。

5）当对前轴承已经进行三次调整，主轴旋转时的径向圆跳动量仍然达不到要求时，可对后轴承 3 按照调整前轴承的方法进行调整。

6）当主轴的轴向窜动量超过 0.01mm 时，应对推力轴承 5、轴承座 4 和衬套 6 进行检查，尤其要注意配合面间不能夹杂脏物。

7）安装端盖，进行试运转，检查主轴是否发生过热及振动情况。在最高转速运转 0.5h 之内，轴承温度低于 40℃ 为宜。若主轴运转不正常，应根据实际情况继续进行调整。

3.1.4　质量管理的相关知识

1. 企业的质量方针

企业的质量方针是由企业的最高管理者正式发布企业全面的质量宗旨和质量方向，是企业总方针的重要组织部分。企业的质量方针不仅要提出和规定企业在提供产品、技术或服务的质量须达到的标准和水平，也是企业的经营理念在质量管理工作方面的体现。

2. 岗位的质量要求

岗位的质量要求是企业根据对产品、技术或服务最终的质量要求和本身的条件，对各个岗位质量工作提出的具体要求。这一般都体现在各岗位的作业指导书或工作规程中，包括操作程序、工作内容、工艺规程、参数控制、工序的质量指标、各项质量记录等。

3. 岗位的质量保证措施与责任

岗位的质量保证措施与责任，是为实现各个岗位的质量要求所采取的具体措施与方法。主要内容是：首先要有明确的岗位质量责任制度，对岗位工作要按作业指导书或工艺规程的规定，明确岗位工作的质量标准以及上下工序之间、不同班次之间对相应的质量问题的责任、处理方法和权限；其次是要经常通过对本岗位产生的质量问题进行统计与分析等活动，采用排列图、因果图和对策表等数理统计方法，提出解决这些问题的办法和措施，必要时须经过专家咨询来改进岗位的工作，如取得明显的效果，可在报上级批准后将改进后的工作方法编入作业指导书或工艺规程，进一步规范和提高岗位的工作质量；再者就是要加强对员工的培训工作，提高他们的质量观念和质量意识，并针对岗位工作的特点组织他们学习保证质量的方法和技能，规范其操作程序和技术要求，以提高产品、技术或服务的质量水平。

 ## 子任务 3.2 渐开线标准直齿圆柱齿轮的测绘

工作任务卡

工作任务	渐开线标准直齿圆柱齿轮的测绘
任务描述	能够认识并正确使用常用量具，能搜集资料，自主完成制订测量渐开线直齿齿轮的任务；能根据所给资料进行标准件的选择，并在此基础上绘制齿轮的草图和零件图
任务要求	1）测量渐开线直齿圆柱齿轮 2）绘制齿轮草图 3）绘制齿轮零件图

零件的测绘是对已有零件测量其各部分尺寸大小，按零件图内容绘制成草图，并根据零件加工制造和使用情况确定技术要求，再按草图绘制该零件的工作图。

3.2.1 常用测量工具的认识及其使用

1. 游标卡尺

游标卡尺是检测尺寸的常用计量器具之一，主要用来测量零件的长度、厚度、槽宽、外径、内径和深度等尺寸，应用极为广泛。游标卡尺按测量精度分为 0.10mm、0.05mm 和 0.02mm 三种，其中 0.02mm 精度的最为常用。随着科技的进步，目前在实际使用中有更为方便的带表卡尺和电子数显卡尺代替游标卡尺。带表卡尺可以通过指示表读出测量的尺寸。电子数显卡尺是利用电子数字显示原理，对两测量爪相对移动分隔的距离进行读数的一种长度测量工具。

（1）游标卡尺的结构及使用方法

1）游标卡尺的结构组成。两用游标卡尺主要由尺身 3 和附在主尺上能滑动的游标 5 组成，如图 3-18a 所示。若从背面看，游标是一个整体。游标与尺身之间有一弹簧片（图中未能画出），利用弹簧片的弹力使游标与尺身靠紧。游标上部有一紧固螺钉，可将游标固定在尺身上的任意位置。旋松固定游标用的螺钉 4 即可移动游标调节内外量爪开档大小进行测量。外量爪 1 用来测量工件的外径（图 3-19a）和长度（图 3-19b），深度尺 6 可用来测量工件的深度和台阶的长度（图 3-19c），内量爪 2 可以测量孔径或槽冠及孔距（图 3-19d）。

2）游标卡尺的使用注意事项。

① 使用前，应先擦干净两卡脚测量面，合拢两卡脚，检查尺身零线与游标零线是否对齐，若未对齐，应根据原始误差修正测量读数。

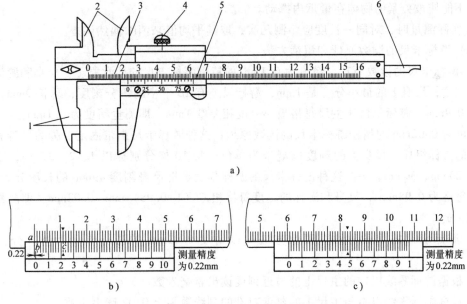

图 3-18　两用游标卡尺及其读数方法

1—外量爪　2—内量爪　3—尺身　4—螺钉　5—游标　6—深度尺

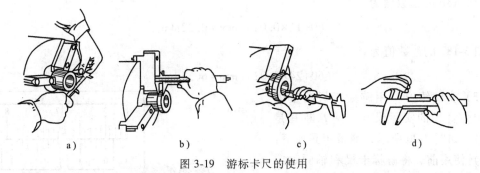

图 3-19　游标卡尺的使用

a) 测量工件的外径　b) 测量工件的长度　c) 测量工件的深度和台阶的长度　d) 测量孔径或槽冠及孔距

② 测量时移动游标并使量爪与工件被测表面保持良好接触，把螺钉旋紧后再读数，以防尺寸变动，使得读数不准。

③ 用两用游标卡尺测量内尺寸时，将两爪插入所测部位，如图 3-19d 所示，这时尺身不动，将游标做适当调整，使卡尺与工件轻轻接触，切不可预先调好尺寸硬去卡工件，并且测量力要适当。测量力太大会造成尺框倾斜，产生测量误差；测量力太小，卡尺与工件接触不良，使测量尺寸不准确。测量内径尺寸时，应轻轻摆动，以便找出最大值。

④ 读数时，视线要垂直于尺面，否则测量值不准确。读数时，视线应与尺面垂直。如需固定读数，可用紧固螺钉将游标固定在尺身上，防止滑动。

⑤ 游标卡尺使用完毕，用棉纱擦拭干净。长期不用时应将它擦上黄油或机油，两量爪合拢并拧紧紧固螺钉，放入卡尺盒内盖好。

⑥ 游标卡尺是比较精密的测量工具，要轻拿轻放，不得碰撞或跌落地下。不要测量表面粗糙的物体，以免损坏量爪，不用时应置于干燥地方防止锈蚀。

⑦ 测量时，应先拧松紧固螺钉，移动游标不能用力过猛。两量爪与待测物的接触不宜

过紧。不能使被夹紧的物体在量爪内挪动。

⑧ 实际测量时，对同一长度应多测几次，取其平均值来消除偶然误差。

（2）游标卡尺的读数原理和识读方法

1）游标卡尺的读数原理。精度为 0.1mm 的精密游标卡尺的读数原理：尺身和游标尺上面都有刻度，尺身上的最小分度是 1mm，游标尺上有 10 个小的等分刻度，总长 9mm，每一分度为 0.9mm。游标每格比主尺每格最小分度相差 0.1mm，即测量精度为 0.1mm。

精度为 0.02mm 的精密游标卡尺的读数原理：这种游标卡尺由带固定卡脚的尺身和带活动卡脚的游标组成。尺身上的刻度以毫米为单位，每 10 格分别标以 1、2、3、…，以表示 10mm、20mm、30mm、…。这种游标卡尺的游标刻度是把尺身刻度 49mm 的长度分为 50 等份，即每格为 0.98mm，尺身和游标的刻度每格相差（1-0.98）mm = 0.02mm，即测量精度为 0.02mm。

2）游标卡尺的识读方法。读数方法（以精度 0.02mm 的游标卡尺为例）分为三个步骤：

① 根据游标零线以左的主尺上的最近刻度读出整毫米数。

② 根据游标零线以右与主尺上的刻度对准的刻线数乘上 0.02 读出小数。

③ 将上面整数和小数两部分加起来，即为总尺寸。

图 3-18b 的读数值为

$$（0+11\times0.02）\ mm = 0.22mm$$

图 3-18c 的读数值为

$$（60+24\times0.02）\ mm = 60.48mm$$

（3）实测练习　用游标卡尺测量图 2-44 中轴直径的实际尺寸，并判断其是否合格。如图 3-20 所示，测量步骤如下：

1）使用前，将游标卡尺和轴同时擦干净，然后拉动游标，检查游标沿尺身滑动是否灵活、平稳。

2）校正零位。轻轻推动游标，使两测量爪的测量面合拢，检查两测量面的接触情况，不得有明显的漏光现象。同时，检查尺身与游标的零刻线是否对齐。

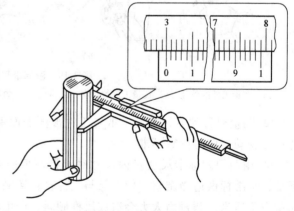

图 3-20　实际尺寸的测量

3）测量时，左手拿轴，右手握尺，量爪张开尺寸略大于轴的直径，然后用右手拇指慢慢推动游标，使两量爪轻轻地与轴表面接触，然后轻轻晃动游标卡尺，使其接触良好，并保持尺身与轴的测量表面垂直，读出尺寸数值。读整数值：29mm；读小数值：49×0.02mm = 0.98mm；实际尺寸为：（29+0.98）mm = 29.98mm。

评定检测结果：因该轴的实际尺寸 $d_a = d_{min}$，所以该轴的尺寸合格。

观察与思考

在使用两用游标卡尺测量尺寸时，发现每次测量结果不一样，试分析其原因。

2. 公法线千分尺

公法线千分尺是利用螺旋副原理对弧形尺架上两盘形测量面间分隔的距离进行测量的一种测量齿轮齿面公法线的工具，在机械制造业中应用广泛，用于测量模数在 0.5mm 以上外啮合圆柱齿轮的公法线长度。它主要用来直接测量直齿、斜齿圆柱齿轮和变位直齿、斜齿圆柱齿轮的公法线长度、公法线长度变动量以及公法线平均长度偏差；也可用于测量工件特殊部位的尺寸，如肋、键、成形刀具的刃、弦齿等的厚度。公法线千分尺使用灵活方便，其测量精度为 0.01mm。按照测量范围，其规格分为 0~25mm、25~50mm、50~75mm、75~100mm，每隔 25mm 为一档规格。

（1）公法线千分尺的结构　公法线千分尺的外形和结构如图 3-21 所示，由尺架、固定测砧、测微螺杆、锁紧装置和测力装置等组成。

（2）公法线千分尺的读数方法　公法线千分尺以测微螺杆的运动对零件进行测量，螺杆的螺距为 0.5mm，当微分筒转一周时，螺杆移动 0.5mm，固定套筒刻线每格 0.5mm，微分筒圆锥面周围共刻 50 格，当微分筒转一格，测微螺杆就移动 0.5mm÷50＝0.01mm。

读数步骤如下：

① 读出微分筒左面固定套筒上露出的刻线整数及半毫米值。

② 找出微分筒上哪条刻线与固定套筒上的轴向基准线对准，读出尺寸的毫米小数值。

③ 把固定套筒上读出的毫米整数值与微分筒上读出的毫米小数值相加，即为测得的实测尺寸。

④ 用公法线千分尺测量工件尺寸之前，应检查千分尺的"零位"，即检查微分筒上的零线和固定套筒上的零线基准是否对齐，测量值中要考虑到零位不准的示值误差，并加以校正。

图 3-21b 的读数值为

8mm+27×0.01mm＝8.27mm

图 3-21c 的读数值为

8.5mm+27×0.01mm＝8.77mm

（3）公法线千分尺的测量方法　用千分尺测量工件时，千分尺可单手握、双手握或将千分尺固定在尺架上，测量误差可控制在 0.01mm 范围之内。

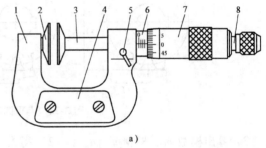

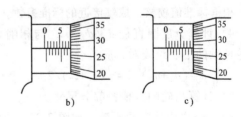

图 3-21　公法线千分尺及其读数

1—尺架　2—固定测砧　3—测微螺杆　4—隔热装置
5—锁紧装置　6—固定套筒　7—微分筒　8—测力装置

1）公法线千分尺使用前应校对零位，测量范围大于 25mm 的，应用校对用的量杆夹校对其零位。

2）公法线千分尺结构与外径千分尺基本相同，不同之处仅为测砧为圆盘形或半圆盘形、圆盘的一部分。圆盘的直径常为 25mm 或 30mm。测量面的平面度、平行度和表面粗糙度要求较高，使用或清洗时应特别注意。测量时若使用测力装置，则可避免由于测力过大或不均匀而使圆盘变形。

3）测量公法线长度时，若用量块为标准来比较测量，则可提高测量准确度。

4）测量时不要使公法线千分尺测量面在小于距其边缘 0.5mm 处与齿面接触，尽可能使接触居中一些，因为测量面 0.5mm 处允许有塌边，同时也存在测力的影响。如在边缘接触，测量面变形就会较大。

交流与讨论

游标卡尺和公法线千分尺在读数方法上有何不同？

3.2.2 测绘直齿圆柱齿轮

根据现有齿轮，通过测绘和计算，确定其主要参数及各部分尺寸，为绘制所需的视图做好准备。

1. 齿轮尺寸测量

（1）齿顶圆直径的测量

1）数得齿数 z。

2）测量齿顶圆直径 d_a。偶数齿可直接得 d_a，如图 3-22a 所示；图 3-22b 所示齿轮齿数为奇数，奇数齿则应先测出孔径 D_1 及孔壁到齿顶间的径向距离 H，$d_a = 2H + D_1$，如图 3-22c 所示。

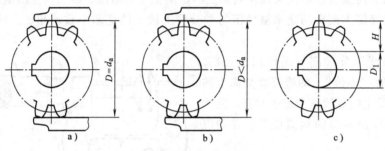

图 3-22 齿顶圆直径 d_a 的测量

3）算出模数 m。根据 $m = d_a/(z+2)$ 得模数，根据标准值校核，取较接近的标准模数。

4）计算分度圆直径 d。$d = mz$，与相啮合齿轮两轴的中心距校对，应符合

$$a = (d_1 + d_2)/2 = m(z_1 + z_2)/2$$

5）计算齿轮的其他各部分尺寸。

（2）公法线长度的测量 如图 3-23 所示，当检验直齿轮时，用卡尺的两个卡脚跨越 k 个轮齿切于渐开线齿廓的 A、B 两点，该两点间的距离 AB 称为被测齿轮跨 k 个齿的公法线长度，用 W 表示。当齿轮压力角 $\alpha = 20°$ 时，标准直齿圆柱齿轮的公法线长度为

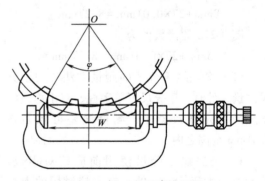

图 3-23 公法线长度的测量

$$W = m[2.9521(k-0.5) + 0.014z]$$

式中　m——模数；

　　　z——齿数；

　　　k——跨齿数。

在测量公法线长度时，应使卡尺的量脚平面与齿廓在分度圆附近相切，这样测得的是准

确的公法线。根据这一要求，对于 $\alpha=20°$ 时的标准直齿圆柱齿轮，跨齿数的计算公式为

$$k=\frac{1}{9}z+0.5=0.111z+0.5$$

实际测量时，跨齿数必为整数，故上式的计算结果必须圆整。

（3）分度圆弦齿厚的测量　齿厚偏差是指在分度圆柱面上，法向齿厚的实际值与公称值之差。因此，齿厚应在分度圆上测量。齿厚通常用齿轮游标卡尺测量。测量时，把垂直游标卡尺定在分度圆弦齿高上，然后用水平游标卡尺量出分度圆弦齿厚，量出的齿厚实际值与公差值之差就是齿厚偏差。分度圆弦齿厚的测量如图3-24所示。

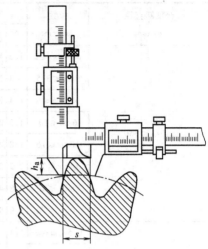

图3-24　分度圆弦齿厚的测量

2. 齿轮传动精度的检测

齿轮传动的使用要求有以下四项：传递运动的准确性、传动的平稳性、载荷分布的均匀性和传动侧隙。

（1）圆柱齿轮轮齿同侧齿面偏差

1）单个齿距偏差 f_{pt}。在端平面上，接近齿高中部的一个与齿轮轴线同心的圆上，实际齿距与理论齿距的代数差。单个齿距偏差见表3-2。

表3-2　单个齿距偏差（GB/T 10095.1—2008）　　　　　　　　（单位：μm）

分度圆直径 d/mm	模数 m/mm	精 度 等 级											
		0	1	2	3	4	5	6	7	8	9	10	11	12
$5\leqslant d\leqslant 20$	$0.5\leqslant m\leqslant 2$	0.8	1.2	1.7	2.3	3.3	4.7	6.5	9.5	13.0	19.0	26.0	37.0	53.0
	$2<m\leqslant 3.5$	0.9	1.3	1.8	2.6	3.7	5.0	7.5	10.0	15.0	21.0	29.0	41.0	59.0
$20<d\leqslant 50$	$0.5\leqslant m\leqslant 2$	0.9	1.2	1.8	2.5	3.5	5.0	7.0	10.0	14.0	20.0	28.0	40.0	56.0
	$2<m\leqslant 3.5$	1.0	1.4	1.9	2.7	3.9	5.5	7.5	11.0	15.0	22.0	31.0	44.0	62.0
	$3.5<m\leqslant 6$	1.1	1.5	2.1	3.0	4.3	6.0	8.5	12.0	17.0	24.0	34.0	48.0	68.0
	$6<m\leqslant 10$	1.2	1.7	2.5	3.5	4.9	7.0	10.0	14.0	20.0	28.0	40.0	56.0	79.0
$50<d\leqslant 125$	$0.5\leqslant m\leqslant 2$	0.9	1.3	1.9	2.7	3.8	5.5	7.5	11.0	15.0	21.0	30.0	43.0	61.0
	$2<m\leqslant 3.5$	1.0	1.5	2.1	2.9	4.1	6.0	8.5	12.0	17.0	23.0	33.0	47.0	66.0
	$3.5<m\leqslant 6$	1.1	1.6	2.3	3.2	4.6	6.5	9.0	13.0	18.0	26.0	36.0	52.0	73.0
	$6<m\leqslant 10$	1.3	1.8	2.6	3.7	5.0	7.5	10.0	15.0	21.0	30.0	42.0	59.0	84.0
	$10<m\leqslant 16$	1.6	2.2	3.1	4.4	6.5	9.0	13.0	18.0	25.0	35.0	50.0	71.0	100.0
	$16<m\leqslant 25$	2.0	2.8	3.9	5.5	8.0	11.0	16.0	22.0	31.0	44.0	63.0	89.0	125.0
$125<d\leqslant 280$	$0.5\leqslant m\leqslant 2$	1.1	1.5	2.1	3.0	4.2	6.0	8.5	12.0	17.0	24.0	34.0	48.0	67.0
	$2<m\leqslant 3.5$	1.1	1.6	2.3	3.2	4.6	6.5	9.0	13.0	18.0	26.0	36.0	51.0	73.0
	$3.5<m\leqslant 6$	1.2	1.8	2.5	3.5	5.0	7.0	10.0	14.0	20.0	28.0	40.0	56.0	79.0
	$6<m\leqslant 10$	1.4	2.0	2.8	4.0	5.5	8.0	11.0	16.0	23.0	32.0	45.0	64.0	90.0
	$10<m\leqslant 16$	1.7	2.4	3.3	4.7	6.5	9.5	13.0	19.0	27.0	38.0	53.0	75.0	107.0
	$16<m\leqslant 25$	2.1	2.9	4.1	6.0	8.0	12.0	16.0	23.0	33.0	47.0	66.0	93.0	132.0
	$25<m\leqslant 40$	2.7	3.8	5.5	7.5	11.0	15.0	21.0	30.0	43.0	61.0	86.0	121.0	171.0

（续）

分度圆直径	模数	精 度 等 级												
d/mm	m/mm	0	1	2	3	4	5	6	7	8	9	10	11	12
	$0.5 \leqslant m \leqslant 2$	1.2	1.7	2.4	3.3	4.7	6.5	9.5	13.0	19.0	27.0	38.0	54.0	76.0
	$2 < m \leqslant 3.5$	1.3	1.8	2.5	3.6	5.0	7.0	10.0	14.0	20.0	29.0	41.0	57.0	81.0
	$3.5 < m \leqslant 6$	1.4	1.9	2.7	3.9	5.5	8.0	11.0	16.0	22.0	31.0	44.0	62.0	88.0
$280 < d \leqslant 560$	$6 < m \leqslant 10$	1.5	2.2	3.1	4.4	6.0	8.5	12.0	17.0	25.0	35.0	49.0	70.0	99.0
	$10 < m \leqslant 16$	1.8	2.5	3.6	5.0	7.0	10.0	14.0	20.0	29.0	41.0	58.0	81.0	115.0
	$16 < m \leqslant 25$	2.2	3.1	4.4	6.0	9.0	12.0	18.0	25.0	35.0	50.0	70.0	99.0	140.0
	$25 < m \leqslant 40$	2.8	4.0	5.5	8.0	11.0	16.0	22.0	32.0	45.0	63.0	90.0	127.0	180.0
	$40 < m \leqslant 70$	3.9	5.5	8.0	11.0	16.0	22.0	31.0	45.0	63.0	89.0	126.0	178.0	252.0
	$0.5 \leqslant m \leqslant 2$	1.3	1.9	2.7	3.8	5.5	7.5	11.0	15.0	21.0	30.0	43.0	61.0	86.0
	$2 < m \leqslant 3.5$	1.4	2.0	2.9	4.0	5.5	8.0	11.0	16.0	23.0	32.0	46.0	65.0	91.0
	$3.5 < m \leqslant 6$	1.5	2.2	3.1	4.3	6.0	8.5	12.0	17.0	24.0	35.0	49.0	69.0	98.0
$560 < d \leqslant 1000$	$6 < m \leqslant 10$	1.7	2.4	3.4	4.8	7.0	9.5	14.0	19.0	27.0	38.0	54.0	77.0	109.0
	$10 < m \leqslant 16$	2.0	2.8	3.9	5.5	8.0	11.0	16.0	22.0	31.0	44.0	63.0	89.0	125.0
	$16 < m \leqslant 25$	2.3	3.3	4.7	6.5	9.5	13.0	19.0	27.0	38.0	53.0	75.0	106.0	150.0
	$25 < m \leqslant 40$	3.0	4.2	6.0	8.5	12.0	17.0	24.0	34.0	47.0	67.0	95.0	134.0	190.0
	$40 < m \leqslant 70$	4.1	6.0	8.0	12.0	16.0	23.0	33.0	46.0	65.0	93.0	131.0	185.0	262.0
	$2 \leqslant m \leqslant 3.5$	1.6	2.3	3.2	4.5	6.5	9.0	13.0	18.0	26.0	36.0	51.0	72.0	103.0
	$3.5 < m \leqslant 6$	1.7	2.4	3.4	4.8	7.0	9.5	14.0	19.0	27.0	39.0	55.0	77.0	109.0
	$6 < m \leqslant 10$	1.9	2.6	3.7	5.5	7.5	11.0	15.0	21.0	30.0	42.0	60.0	85.0	120.0
$1000 < d \leqslant 1600$	$10 < m \leqslant 16$	2.1	3.0	4.3	6.0	8.5	12.0	17.0	24.0	34.0	48.0	68.0	97.0	136.0
	$16 < m \leqslant 25$	2.5	3.6	5.0	7.0	10.0	14.0	20.0	29.0	40.0	57.0	81.0	114.0	161.0
	$25 < m \leqslant 40$	3.1	4.4	6.5	9.0	13.0	18.0	25.0	36.0	50.0	71.0	100.0	142.0	201.0
	$40 < m \leqslant 70$	4.3	6.0	8.5	12.0	17.0	24.0	34.0	48.0	68.0	97.0	137.0	193.0	273.0
	$3.5 \leqslant m \leqslant 6$	1.9	2.7	3.8	5.5	7.5	11.0	15.0	21.0	30.0	43.0	61.0	86.0	122.0
	$6 < m \leqslant 10$	2.1	2.9	4.1	6.0	8.5	12.0	17.0	23.0	33.0	47.0	66.0	94.0	132.0
	$10 < m \leqslant 16$	2.3	3.3	4.7	6.5	9.5	13.0	19.0	26.0	37.0	53.0	74.0	105.0	149.0
$1600 < d \leqslant 2500$	$16 < m \leqslant 25$	2.7	3.8	5.5	7.5	11.0	15.0	22.0	31.0	43.0	61.0	87.0	123.0	174.0
	$25 < m \leqslant 40$	3.3	4.7	6.5	9.5	13.0	19.0	27.0	38.0	53.0	75.0	107.0	151.0	213.0
	$40 < m \leqslant 70$	4.5	6.5	9.0	13.0	18.0	25.0	36.0	50.0	71.0	101.0	143.0	202.0	286.0
	$6 \leqslant m \leqslant 10$	2.3	3.3	4.6	6.5	9.0	13.0	18.0	26.0	37.0	52.0	74.0	105.0	148.0
	$10 < m \leqslant 16$	2.6	3.6	5.0	7.5	10.0	15.0	21.0	29.0	41.0	58.0	82.0	116.0	165.0
$2500 < d \leqslant 4000$	$16 < m \leqslant 25$	3.0	4.2	6.0	8.5	12.0	17.0	24.0	33.0	47.0	67.0	95.0	134.0	189.0
	$25 < m \leqslant 40$	3.6	5.0	7.0	10.0	14.0	20.0	29.0	40.0	57.0	81.0	114.0	162.0	229.0
	$40 < m \leqslant 70$	4.7	6.5	9.5	13.0	19.0	27.0	38.0	53.0	75.0	106.0	151.0	213.0	301.0

（续）

分度圆直径 d/mm	模数 m/mm	精 度 等 级												
		0	1	2	3	4	5	6	7	8	9	10	11	12
4000<d≤6000	6≤m≤10	2.6	3.7	5.0	7.5	10.0	15.0	21.0	29.0	42.0	59.0	83.0	118.0	167.0
	10<m≤16	2.9	4.0	5.5	8.0	11.0	16.0	23.0	32.0	46.0	65.0	92.0	130.0	183.0
	16<m≤25	3.3	4.6	6.5	9.0	13.0	18.0	26.0	37.0	52.0	74.0	104.0	147.0	208.0
	25<m≤40	3.9	5.5	7.5	11.0	15.0	22.0	31.0	44.0	62.0	88.0	124.0	175.0	248.0
	40<m≤70	5.0	7.0	10.0	14.0	20.0	28.0	40.0	57.0	80.0	113.0	160.0	226.0	320.0
6000<d≤8000	10≤m≤16	3.1	4.4	6.5	9.0	13.0	18.0	25.0	36.0	50.0	71.0	101.0	142.0	201.0
	16<m≤25	3.5	5.0	7.0	10.0	14.0	20.0	28.0	40.0	57.0	80.0	113.0	160.0	226.0
	25<m≤40	4.1	6.0	8.5	12.0	17.0	23.0	33.0	47.0	66.0	94.0	133.0	188.0	266.0
	40<m≤70	5.5	7.5	11.0	15.0	21.0	30.0	42.0	60.0	84.0	119.0	169.0	239.0	338.0
8000<d≤10000	10≤m≤16	3.4	4.8	7.0	9.5	14.0	19.0	27.0	38.0	54.0	77.0	108.0	153.0	217.0
	16<m≤25	3.8	5.5	7.5	11.0	15.0	21.0	30.0	43.0	60.0	85.0	121.0	171.0	242.0
	25<m≤40	4.4	6.0	9.0	12.0	18.0	25.0	35.0	50.0	70.0	99.0	140.0	199.0	281.0
	40<m≤70	5.5	8.0	11.0	16.0	22.0	31.0	44.0	62.0	88.0	125.0	177.0	250.0	353.0

2）齿廓总偏差 F_α。在计算范围内，实际齿廓偏离设计齿廓（一般指端面齿廓）的量。齿廓总偏差见表 3-3。

表 3-3　齿廓总偏差（GB/T 10095.1—2008）　　　　　（单位：μm）

分度圆直径 d/mm	模数 m/mm	精 度 等 级												
		0	1	2	3	4	5	6	7	8	9	10	11	12
5≤d≤20	0.5≤m≤2	0.8	1.1	1.6	2.3	3.2	4.6	6.5	9.0	13.0	18.0	26.0	37.0	52.0
	2<m≤3.5	1.2	1.7	2.3	3.3	4.7	6.5	9.5	13.0	19.0	26.0	37.0	53.0	75.0
20<d≤50	0.5≤m≤2	0.9	1.3	1.8	2.6	3.6	5.0	7.5	10.0	15.0	21.0	29.0	41.0	58.0
	2<m≤3.5	1.3	1.8	2.5	3.6	5.0	7.0	10.0	14.0	20.0	29.0	40.0	57.0	81.0
	3.5<m≤6	1.6	2.2	3.1	4.4	6.0	9.0	12.0	18.0	25.0	35.0	50.0	70.0	99.0
	6<m≤10	1.9	2.7	3.8	5.5	7.5	11.0	15.0	22.0	31.0	43.0	61.0	87.0	123.0
50<d≤125	0.5≤m≤2	1.0	1.5	2.1	2.9	4.1	6.0	8.5	12.0	17.0	23.0	33.0	47.0	66.0
	2<m≤3.5	1.4	2.0	2.8	3.9	5.5	8.0	11.0	16.0	22.0	31.0	44.0	63.0	89.0
	3.5<m≤6	1.7	2.4	3.4	4.8	6.5	9.5	13.0	19.0	27.0	38.0	54.0	76.0	108.0
	6<m≤10	2.0	2.9	4.1	6.0	8.0	12.0	16.0	23.0	33.0	46.0	65.0	92.0	131.0
	10<m≤16	2.5	3.5	5.0	7.0	10.0	14.0	20.0	28.0	40.0	56.0	79.0	112.0	159.0
	16<m≤25	3.0	4.2	6.0	8.5	12.0	17.0	24.0	34.0	48.0	68.0	96.0	136.0	192.0
125<d≤280	0.5≤m≤2	1.2	1.7	2.4	3.5	4.9	7.0	10.0	14.0	20.0	28.0	39.0	55.0	78.0
	2<m≤3.5	1.6	2.2	3.2	4.5	6.5	9.0	13.0	18.0	25.0	36.0	50.0	71.0	101.0
	3.5<m≤6	1.9	2.6	3.7	5.5	7.5	11.0	15.0	21.0	30.0	42.0	60.0	84.0	119.0
	6<m≤10	2.2	3.2	4.5	6.5	9.0	13.0	18.0	25.0	36.0	50.0	71.0	101.0	143.0
	10<m≤16	2.7	3.8	5.5	7.5	11.0	15.0	21.0	30.0	43.0	60.0	85.0	121.0	171.0
	16<m≤25	3.2	4.5	6.5	9.0	13.0	18.0	25.0	36.0	51.0	72.0	102.0	144.0	204.0
	25<m≤40	3.8	5.5	7.5	11.0	15.0	22.0	31.0	43.0	61.0	87.0	123.0	174.0	246.0

（续）

分度圆直径 d/mm	模数 m/mm	精度等级 0	1	2	3	4	5	6	7	8	9	10	11	12
280<d≤560	0.5≤m≤2	1.5	2.1	2.9	4.1	6.0	8.5	12.0	17.0	23.0	33.0	47.0	66.0	94.0
	2<m≤3.5	1.8	2.6	3.6	5.0	7.5	10.0	15.0	21.0	29.0	41.0	58.0	82.0	116.0
	3.5<m≤6	2.1	3.0	4.2	6.0	8.5	12.0	17.0	24.0	34.0	48.0	67.0	95.0	135.0
	6<m≤10	2.5	3.5	4.9	7.0	10.0	14.0	20.0	28.0	40.0	56.0	79.0	112.0	158.0
	10<m≤16	2.9	4.1	6.0	8.0	12.0	16.0	23.0	33.0	47.0	66.0	93.0	132.0	186.0
	16<m≤25	3.4	4.8	7.0	9.5	14.0	19.0	27.0	39.0	55.0	78.0	110.0	155.0	219.0
	25<m≤40	4.1	6.0	8.0	12.0	16.0	23.0	33.0	46.0	65.0	92.0	131.0	185.0	261.0
	40<m≤70	5.0	7.0	10.0	14.0	20.0	28.0	40.0	57.0	80.0	113.0	160.0	227.0	321.0
560<d≤1000	0.5≤m≤2	1.8	2.5	3.5	5.0	7.0	10.0	14.0	20.0	28.0	40.0	56.0	79.0	112.0
	2<m≤3.5	2.1	3.0	4.2	6.0	8.5	12.0	17.0	24.0	34.0	48.0	67.0	95.0	135.0
	3.5<m≤6	2.4	3.4	4.8	7.0	9.5	14.0	19.0	27.0	38.0	54.0	77.0	109.0	154.0
	6<m≤10	2.8	3.9	5.5	8.0	11.0	16.0	22.0	31.0	44.0	62.0	88.0	125.0	177.0
	10<m≤16	3.2	4.5	6.5	9.0	13.0	18.0	26.0	36.0	51.0	72.0	102.0	145.0	205.0
	16<m≤25	3.7	5.5	7.5	11.0	15.0	21.0	30.0	42.0	59.0	84.0	119.0	168.0	238.0
	25<m≤40	4.4	6.0	8.5	12.0	17.0	25.0	35.0	49.0	70.0	99.0	140.0	198.0	280.0
	40<m≤70	5.5	7.5	11.0	15.0	21.0	30.0	42.0	60.0	85.0	120.0	170.0	240.0	339.0
1000<d≤1600	2≤m≤3.5	2.4	3.4	4.9	7.0	9.5	14.0	19.0	27.0	39.0	55.0	78.0	110.0	155.0
	3.5<m≤6	2.7	3.8	5.5	7.5	11.0	15.0	22.0	31.0	43.0	61.0	87.0	123.0	174.0
	6<m≤10	3.1	4.4	6.0	8.5	12.0	17.0	25.0	35.0	49.0	70.0	99.0	139.0	197.0
	10<m≤16	3.5	5.0	7.0	10.0	14.0	20.0	28.0	40.0	56.0	80.0	113.0	159.0	225.0
	16<m≤25	4.0	5.5	8.0	11.0	16.0	23.0	32.0	46.0	65.0	91.0	129.0	183.0	258.0
	25<m≤40	4.7	6.5	9.5	13.0	19.0	27.0	38.0	53.0	75.0	106.0	150.0	212.0	300.0
	40<m≤70	5.5	8.0	11.0	16.0	22.0	32.0	45.0	64.0	90.0	127.0	180.0	254.0	360.0
1600<d≤2500	3.5≤m≤6	3.1	4.3	6.0	8.5	12.0	17.0	25.0	35.0	49.0	70.0	98.0	139.0	197.0
	6<m≤10	3.4	4.9	7.0	9.5	14.0	19.0	27.0	39.0	55.0	78.0	110.0	156.0	220.0
	10<m≤16	3.9	5.5	7.5	11.0	15.0	22.0	31.0	44.0	62.0	88.0	124.0	175.0	248.0
	16<m≤25	4.4	6.0	9.0	12.0	18.0	25.0	35.0	50.0	70.0	99.0	141.0	199.0	281.0
	25<m≤40	5.0	7.0	10.0	14.0	20.0	29.0	40.0	57.0	81.0	114.0	161.0	228.0	323.0
	40<m≤70	6.0	8.5	12.0	17.0	24.0	34.0	48.0	68.0	96.0	135.0	191.0	271.0	383.0
2500<d≤4000	6≤m≤10	3.9	5.5	8.0	11.0	16.0	22.0	31.0	44.0	62.0	88.0	124.0	176.0	249.0
	10<m≤16	4.3	6.0	8.5	12.0	17.0	24.0	35.0	49.0	69.0	98.0	138.0	196.0	277.0
	16<m≤25	4.8	7.0	9.5	14.0	19.0	27.0	39.0	55.0	77.0	110.0	155.0	219.0	310.0
	25<m≤40	5.5	8.0	11.0	16.0	22.0	31.0	44.0	62.0	88.0	124.0	176.0	249.0	351.0
	40<m≤70	6.5	9.0	13.0	18.0	26.0	36.0	51.0	73.0	103.0	145.0	206.0	291.0	411.0

（续）

| 分度圆直径 | 模数 | 精 度 等 级 | | | | | | | | | | | | |
d/mm	m/mm	0	1	2	3	4	5	6	7	8	9	10	11	12
4000<d≤6000	6≤m≤10	4.4	6.5	9.0	13.0	18.0	25.0	35.0	50.0	71.0	100.0	141.0	200.0	283.0
	10<m≤16	4.9	7.0	9.5	14.0	19.0	27.0	39.0	55.0	78.0	110.0	155.0	220.0	311.0
	16<m≤25	5.5	7.5	11.0	15.0	22.0	30.0	43.0	61.0	86.0	122.0	172.0	243.0	344.0
	25<m≤40	6.0	8.5	12.0	17.0	24.0	34.0	48.0	68.0	96.0	136.0	193.0	273.0	386.0
	40<m≤70	7.0	10.0	14.0	20.0	28.0	39.0	56.0	79.0	111.0	158.0	223.0	315.0	445.0
6000<d≤8000	10≤m≤16	5.5	7.5	11.0	15.0	21.0	30.0	43.0	61.0	86.0	122.0	172.0	243.0	344.0
	16<m≤25	6.0	8.5	12.0	17.0	24.0	33.0	47.0	67.0	94.0	113.0	189.0	267.0	377.0
	25<m≤40	6.5	9.5	13.0	19.0	26.0	37.0	52.0	74.0	105.0	148.0	209.0	296.0	419.0
	40<m≤70	7.5	11.0	15.0	21.0	30.0	42.0	60.0	85.0	120.0	169.0	239.0	338.0	478.0
8000<d≤10000	10≤m≤16	6.0	8.0	12.0	16.0	23.0	33.0	47.0	66.0	93.0	132.0	186.0	263.0	372.0
	16<m≤25	6.5	9.0	13.0	18.0	25.0	36.0	51.0	72.0	101.0	143.0	203.0	287.0	405.0
	25<m≤40	7.0	10.0	14.0	20.0	28.0	40.0	56.0	79.0	112.0	158.0	223.0	316.0	447.0
	40<m≤70	8.0	11.0	16.0	22.0	32.0	45.0	63.0	90.0	127.0	179.0	253.0	358.0	507.0

3）齿廓形状偏差 $f_{f\alpha}$。在计算范围内，实际齿廓形状偏离设计齿廓的量。齿廓形状偏差见表3-4。

表3-4　齿廓形状偏差 （GB/T 10095.1—2008）　　　　　（单位：μm）

| 分度圆直径 | 模数 | 精 度 等 级 | | | | | | | | | | | | |
d/mm	m/mm	0	1	2	3	4	5	6	7	8	9	10	11	12
5≤d≤20	0.5≤m≤2	0.6	0.9	1.3	1.8	2.5	3.5	5.0	7.0	10.0	14.0	20.0	28.0	40.0
	2<m≤3.5	0.9	1.3	1.8	2.6	3.6	5.0	7.0	10.0	14.0	20.0	29.0	41.0	58.0
20<d≤50	0.5≤m≤2	0.7	1.0	1.4	2.0	2.8	4.0	5.5	8.0	11.0	16.0	22.0	32.0	45.0
	2<m≤3.5	1.0	1.4	2.0	2.8	3.9	5.5	8.0	11.0	16.0	22.0	31.0	44.0	62.0
	3.5<m≤6	1.2	1.7	2.4	3.4	4.8	6.5	9.5	14.0	19.0	27.0	39.0	54.0	77.0
	6<m≤10	1.5	2.1	3.0	4.2	6.0	8.5	12.0	17.0	24.0	34.0	48.0	67.0	95.0
50<d≤125	0.5≤m≤2	0.8	1.1	1.6	2.3	3.2	4.5	6.5	9.0	13.0	18.0	26.0	36.0	51.0
	2<m≤3.5	1.1	1.5	2.1	3.0	4.3	6.0	8.5	12.0	17.0	24.0	34.0	49.0	69.0
	3.5<m≤6	1.3	1.8	2.6	3.7	5.0	7.5	10.0	15.0	21.0	29.0	42.0	59.0	83.0
	6<m≤10	1.6	2.2	3.2	4.5	6.5	9.0	13.0	18.0	25.0	36.0	51.0	72.0	101.0
	10<m≤16	1.9	2.7	3.9	5.5	7.5	11.0	15.0	22.0	31.0	44.0	62.0	87.0	123.0
	16<m≤25	2.3	3.3	4.7	6.5	9.5	13.0	19.0	26.0	37.0	53.0	75.0	106.0	149.0
125<d≤280	0.5≤m≤2	0.9	1.3	1.9	2.7	3.8	5.5	7.5	11.0	15.0	21.0	30.0	43.0	60.0
	2<m≤3.5	1.2	1.7	2.4	3.4	4.9	7.0	9.5	14.0	19.0	28.0	39.0	55.0	78.0
	3.5<m≤6	1.4	2.0	2.9	4.1	6.0	8.0	12.0	16.0	23.0	33.0	46.0	65.0	93.0
	6<m≤10	1.7	2.4	3.5	4.9	7.0	10.0	14.0	20.0	28.0	39.0	55.0	78.0	111.0
	10<m≤16	2.1	2.9	4.0	5.5	8.5	12.0	17.0	23.0	33.0	47.0	66.0	94.0	133.0
	16<m≤25	2.5	3.5	5.0	7.0	10.0	14.0	20.0	28.0	40.0	56.0	79.0	112.0	158.0
	25<m≤40	3.0	4.2	6.0	8.5	12.0	17.0	24.0	34.0	48.0	68.0	96.0	135.0	191.0

（续）

分度圆直径	模数	精 度 等 级												
d/mm	m/mm	0	1	2	3	4	5	6	7	8	9	10	11	12
280<d≤560	0.5≤m≤2	1.1	1.6	2.3	3.2	4.5	6.5	9.0	13.0	18.0	26.0	36.0	51.0	72.0
	2<m≤3.5	1.4	2.0	2.8	4.0	5.5	8.0	11.0	16.0	22.0	32.0	45.0	64.0	90.0
	3.5<m≤6	1.6	2.3	3.3	4.6	6.5	9.0	13.0	18.0	26.0	37.0	52.0	74.0	104.0
	6<m≤10	1.9	2.7	3.8	5.5	7.5	11.0	15.0	22.0	31.0	43.0	61.0	87.0	123.0
	10<m≤16	2.3	3.2	4.5	6.5	9.0	13.0	18.0	26.0	36.0	51.0	72.0	102.0	145.0
	16<m≤25	2.7	3.8	5.5	7.5	11.0	15.0	21.0	30.0	43.0	60.0	85.0	121.0	170.0
	25<m≤40	3.2	4.5	6.5	9.0	13.0	18.0	25.0	36.0	51.0	72.0	101.0	144.0	203.0
	40<m≤70	3.9	5.5	8.0	11.0	16.0	22.0	31.0	44.0	62.0	88.0	125.0	177.0	250.0
560<d≤1000	0.5≤m≤2	1.4	1.9	2.7	3.8	5.5	7.5	11.0	15.0	22.0	31.0	43.0	61.0	87.0
	2<m≤3.5	1.6	2.3	3.3	4.6	6.5	9.0	13.0	18.0	26.0	37.0	52.0	74.0	104.0
	3.5<m≤6	1.9	2.6	3.7	5.5	7.5	11.0	15.0	21.0	30.0	42.0	59.0	84.0	119.0
	6<m≤10	2.1	3.0	4.3	6.0	8.5	12.0	17.0	24.0	34.0	48.0	68.0	97.0	137.0
	10<m≤16	2.5	3.5	5.0	7.0	10.0	14.0	20.0	28.0	40.0	56.0	79.0	112.0	159.0
	16<m≤25	2.9	4.1	6.0	8.0	12.0	16.0	23.0	33.0	46.0	65.0	92.0	131.0	185.0
	25<m≤40	3.4	4.8	7.0	9.5	14.0	19.0	27.0	38.0	54.0	77.0	109.0	154.0	217.0
	40<m≤70	4.1	6.0	8.5	12.0	17.0	23.0	33.0	47.0	66.0	93.0	132.0	187.0	264.0
1000<d≤1600	2≤m≤3.5	1.9	2.7	3.8	5.5	7.5	11.0	15.5	21.0	30.0	42.0	60.0	85.0	120.0
	3.5<m≤6	2.1	3.0	4.2	6.0	8.5	12.0	17.0	24.0	34.0	48.0	67.0	95.0	135.0
	6<m≤10	2.4	3.4	4.8	7.0	9.5	14.0	19.0	27.0	38.0	54.0	76.0	108.0	153.0
	10<m≤16	2.7	3.9	5.5	7.5	11.0	15.0	22.0	31.0	44.0	62.0	87.0	124.0	175.0
	16<m≤25	3.1	4.4	6.5	9.0	13.0	18.0	25.0	35.0	50.0	71.0	100.0	142.0	201.0
	25<m≤40	3.6	5.0	7.5	10.0	15.0	21.0	29.0	41.0	58.0	82.0	117.0	165.0	233.0
	40<m≤70	4.4	6.0	8.5	12.0	17.0	25.0	35.0	49.0	70.0	99.0	140.0	198.0	280.0
1600<d≤2500	3.5≤m≤6	2.4	3.4	4.8	6.5	9.5	13.0	19.0	27.0	38.0	54.0	76.0	108.0	152.0
	6<m≤10	2.7	3.8	5.5	7.5	11.0	15.0	21.0	30.0	43.0	60.0	85.0	120.0	170.0
	10<m≤16	3.0	4.2	6.0	8.5	12.0	17.0	24.0	34.0	48.0	68.0	96.0	136.0	192.0
	16<m≤25	3.4	4.8	7.0	9.5	14.0	19.0	27.0	39.0	55.0	77.0	109.0	154.0	218.0
	25<m≤40	3.9	5.5	8.0	11.0	16.0	22.0	31.0	44.0	63.0	89.0	125.0	177.0	251.0
	40<m≤70	4.6	6.5	9.5	13.0	19.0	26.0	37.0	53.0	74.0	105.0	149.0	210.0	297.0
2500<d≤4000	6≤m≤10	3.0	4.3	6.0	8.5	12.0	17.0	24.0	34.0	48.0	68.0	96.0	136.0	193.0
	10<m≤16	3.4	4.7	6.5	9.5	13.0	19.0	27.0	38.0	54.0	76.0	107.0	152.0	214.0
	16<m≤25	3.8	5.5	7.5	11.0	15.0	21.0	30.0	42.0	60.0	85.0	120.0	170.0	240.0
	25<m≤40	4.3	6.0	8.5	12.0	17.0	24.0	34.0	48.0	68.0	96.0	136.0	193.0	273.0
	40<m≤70	5.0	7.0	10.0	14.0	20.0	28.0	40.0	56.0	80.0	113.0	160.0	226.0	320.0

（续）

分度圆直径 d/mm	模数 m/mm	精　度　等　级												
		0	1	2	3	4	5	6	7	8	9	10	11	12
4000<d≤6000	6≤m≤10	3.4	4.8	7.0	9.5	14.0	19.0	27.0	39.0	55.0	77.0	109.0	155.0	219.0
	10<m≤16	3.8	5.5	7.5	11.0	15.0	21.0	30.0	43.0	60.0	85.0	120.0	170.0	241.0
	16<m≤25	4.2	6.0	8.5	12.0	17.0	24.0	33.0	47.0	67.0	94.0	133.0	189.0	267.0
	25<m≤40	4.7	6.5	9.5	13.0	19.0	26.0	37.0	53.0	75.0	106.0	150.0	212.0	299.0
	40<m≤70	5.5	7.5	11.0	15.0	22.0	31.0	43.0	61.0	87.0	122.0	173.0	245.0	346.0
6000<d≤8000	10≤m≤16	4.2	6.0	8.5	12.0	17.0	24.0	33.0	47.0	67.0	94.0	133.0	188.0	266.0
	16<m≤25	4.6	6.5	9.0	13.0	18.0	26.0	37.0	52.0	73.0	103.0	146.0	207.0	292.0
	25<m≤40	5.0	7.0	10.0	14.0	20.0	29.0	41.0	57.0	81.0	115.0	162.0	230.0	325.0
	40<m≤70	6.0	8.0	12.0	16.0	23.0	33.0	46.0	66.0	93.0	131.0	186.0	263.0	371.0
8000<d≤10000	10≤m≤16	4.5	6.5	9.0	13.0	18.0	25.0	36.0	51.0	72.0	102.0	144.0	204.0	288.0
	16<m≤25	4.9	7.0	10.0	14.0	20.0	28.0	39.0	56.0	79.0	111.0	157.0	222.0	314.0
	25<m≤40	5.5	7.5	11.0	15.0	22.0	31.0	43.0	61.0	87.0	123.0	173.0	245.0	347.0
	40<m≤70	6.0	8.5	12.0	17.0	25.0	35.0	49.0	70.0	98.0	139.0	197.0	278.0	393.0

（2）径向综合偏差与径向圆跳动

1）径向综合总偏差 F_i''。径向综合总偏差 F_i'' 是指在径向（双面）综合检测时，产品齿轮的左右齿面同时与测量的齿轮接触，并转过一圈时出现的中心距最大值与最小值之差。径向综合总偏差主要反映径向误差，可代替齿圈径向圆跳动。径向综合总偏差见表 3-5。

表 3-5　径向综合总偏差（GB/T 10095.2—2008）　　　（单位：μm）

分度圆直径 d/mm	法向模数 m_n/mm	精　度　等　级								
		4	5	6	7	8	9	10	11	12
5≤d≤20	0.2≤m_n≤0.5	7.5	11	15	21	30	42	60	85	120
	0.5<m_n≤0.8	8.0	12	16	23	33	46	66	93	131
	0.8<m_n≤1.0	9.0	12	18	25	35	50	70	100	141
	1.0<m_n≤1.5	10	14	19	27	38	54	76	108	153
	1.5<m_n≤2.5	11	16	22	32	45	63	89	126	179
	2.5<m_n≤4.0	14	20	28	39	56	79	112	158	223
20<d≤50	0.2≤m_n≤0.5	9.0	13	19	26	37	52	74	105	148
	0.5<m_n≤0.8	10	14	20	28	40	56	80	113	160
	0.8<m_n≤1.0	11	15	21	30	42	60	85	120	169
	1.0<m_n≤1.5	11	16	23	32	45	64	91	128	181
	1.5<m_n≤2.5	13	18	26	37	52	73	103	146	207
	2.5<m_n≤4.0	16	22	31	44	63	89	126	178	251
	4.0<m_n≤6.0	20	28	39	56	79	111	157	222	314
	6.0<m_n≤10	26	37	52	74	104	147	209	295	417

（续）

分度圆直径 d/mm	法向模数 m_n/mm	精度等级								
		4	5	6	7	8	9	10	11	12
$50<d\le125$	$0.2\le m_n\le0.5$	12	16	23	33	46	66	93	131	185
	$0.5<m_n\le0.8$	12	17	25	35	49	70	98	139	197
	$0.8<m_n\le1.0$	13	18	26	36	52	73	103	146	206
	$1.0<m_n\le1.5$	14	19	27	39	55	77	109	154	218
	$1.5<m_n\le2.5$	15	22	31	43	61	86	122	173	244
	$2.5<m_n\le4.0$	18	25	36	51	72	102	144	204	288
	$4.0<m_n\le6.0$	22	31	44	62	88	124	176	248	351
	$6.0<m_n\le10$	28	40	57	80	114	161	227	321	454
$125<d\le280$	$0.2\le m_n\le0.5$	15	21	30	42	60	85	120	170	240
	$0.5<m_n\le0.8$	16	22	31	44	63	89	126	178	252
	$0.8<m_n\le1.0$	16	23	33	46	65	92	131	185	261
	$1.0<m_n\le1.5$	17	24	34	48	68	97	137	193	273
	$1.5<m_n\le2.5$	19	26	37	53	75	106	149	211	299
	$2.5<m_n\le4.0$	21	30	43	61	86	121	172	243	343
	$4.0<m_n\le6.0$	25	36	51	72	102	144	203	287	406
	$6.0<m_n\le10$	32	45	64	90	127	180	255	360	509
$280<d\le560$	$0.2\le m_n\le0.5$	19	28	39	55	78	110	156	220	311
	$0.5<m_n\le0.8$	20	29	40	57	81	114	161	228	323
	$0.8<m_n\le1.0$	21	29	42	59	83	117	166	235	332
	$1.0<m_n\le1.5$	22	30	43	61	86	122	172	243	344
	$1.5<m_n\le2.5$	23	33	46	65	92	131	185	262	370
	$2.5<m_n\le4.0$	26	37	52	73	104	146	207	293	414
	$4.0<m_n\le6.0$	30	42	60	84	119	169	239	337	477
	$6.0<m_n\le10$	36	51	73	103	145	205	290	410	580
$560<d\le1000$	$0.2\le m_n\le0.5$	25	35	50	70	99	140	198	280	396
	$0.5<m_n\le0.8$	25	36	51	72	102	144	204	288	408
	$0.8<m_n\le1.0$	26	37	52	74	104	148	209	295	417
	$1.0<m_n\le1.5$	27	38	54	76	107	152	215	304	429
	$1.5<m_n\le2.5$	28	40	57	80	114	161	228	322	455
	$2.5<m_n\le4.0$	31	44	62	88	125	177	250	353	499
	$4.0<m_n\le6.0$	35	50	70	99	141	199	281	398	562
	$6.0<m_n\le10$	42	59	83	118	166	235	333	471	665

2）一齿径向综合偏差 f_i''。一齿径向综合偏差 f_i'' 是指产品齿轮啮合一整圈时，对应一个齿距的径向综合偏差值。一齿径向综合偏差反映运动平稳性完善，且其测量仪器结构简单，操作方便，故在成批生产中应用广泛。一齿径向综合偏差见表3-6。

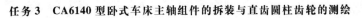

表 3-6　一齿径向综合偏差（GB/T 10095.2—2008）　　（单位：μm）

分度圆直径 d/mm	法向模数 m_n/mm	精 度 等 级								
		4	5	6	7	8	9	10	11	12
$5 \leqslant d \leqslant 20$	$0.2 \leqslant m_n \leqslant 0.5$	1.0	2.0	2.5	3.5	5.0	7.0	10	14	20
	$0.5 < m_n \leqslant 0.8$	2.0	2.5	4.0	5.5	7.5	11	15	22	31
	$0.8 < m_n \leqslant 1.0$	2.5	3.5	5.0	7.0	10	14	20	28	39
	$1.0 < m_n \leqslant 1.5$	3.0	4.5	6.5	9.0	13	18	25	36	50
	$1.5 < m_n \leqslant 2.5$	4.5	6.5	9.5	13	19	26	37	53	74
	$2.5 < m_n \leqslant 4.0$	7.0	10	14	20	29	41	58	82	115
$20 < d \leqslant 50$	$0.2 \leqslant m_n \leqslant 0.5$	1.5	2.0	2.5	3.5	5.0	7.0	10	14	20
	$0.5 < m_n \leqslant 0.8$	2.0	2.5	4.0	5.5	7.5	11	15	22	31
	$0.8 < m_n \leqslant 1.0$	2.5	3.5	5.0	7.0	10	14	20	28	40
	$1.0 < m_n \leqslant 1.5$	3.0	4.5	6.5	9.0	13	18	25	36	51
	$1.5 < m_n \leqslant 2.5$	4.5	6.5	9.5	13	19	26	37	53	75
	$2.5 < m_n \leqslant 4.0$	7.0	10	14	20	29	41	58	82	116
	$4.0 < m_n \leqslant 6.0$	11	15	22	31	43	61	87	123	174
	$6.0 < m_n \leqslant 10$	17	24	34	48	67	95	135	190	269
$50 < d \leqslant 125$	$0.2 \leqslant m_n \leqslant 0.5$	1.5	2.0	2.5	3.5	5.0	7.5	10	15	21
	$0.5 < m_n \leqslant 0.8$	2.0	3.0	4.0	5.5	8.0	11	16	22	31
	$0.8 < m_n \leqslant 1.0$	2.5	3.5	5.0	7.0	10	14	20	28	40
	$1.0 < m_n \leqslant 1.5$	3.0	4.5	6.5	9.0	13	18	26	36	51
	$1.5 < m_n \leqslant 2.5$	4.5	6.5	9.5	13	19	26	37	53	75
	$2.5 < m_n \leqslant 4.0$	7.0	10	14	20	29	41	58	82	116
	$4.0 < m_n \leqslant 6.0$	11	15	22	31	44	62	87	123	174
	$6.0 < m_n \leqslant 10$	17	24	34	48	67	95	135	191	269
$125 < d \leqslant 280$	$0.2 \leqslant m_n \leqslant 0.5$	1.5	2.0	2.5	3.5	5.5	7.5	11	15	21
	$0.5 < m_n \leqslant 0.8$	2.0	3.0	4.0	5.5	8.0	11	16	22	32
	$0.8 < m_n \leqslant 1.0$	2.5	3.5	5.0	7.0	10	14	20	29	41
	$1.0 < m_n \leqslant 1.5$	3.0	4.5	6.5	9.0	13	18	26	36	52
	$1.5 < m_n \leqslant 2.5$	4.5	6.5	9.5	13	19	27	38	53	75
	$2.5 < m_n \leqslant 4.0$	7.5	10	15	21	29	41	58	82	116
	$4.0 < m_n \leqslant 6.0$	11	15	22	31	44	62	87	124	175
	$6.0 < m_n \leqslant 10$	17	24	34	48	67	95	135	191	270
$280 < d \leqslant 560$	$0.2 \leqslant m_n \leqslant 0.5$	1.5	2.0	2.5	4.0	5.5	7.5	11	15	22
	$0.5 < m_n \leqslant 0.8$	2.0	3.0	4.0	5.5	8.0	11	16	23	32
	$0.8 < m_n \leqslant 1.0$	2.5	3.5	5.0	7.5	10	15	21	29	41
	$1.0 < m_n \leqslant 1.5$	3.5	4.5	6.5	9.0	13	18	26	37	52
	$1.5 < m_n \leqslant 2.5$	5.0	6.5	9.5	13	19	27	38	54	76
	$2.5 < m_n \leqslant 4.0$	7.5	10	15	21	29	41	59	83	117
	$4.0 < m_n \leqslant 6.0$	11	15	22	31	44	62	88	124	175
	$6.0 < m_n \leqslant 10$	17	24	34	48	68	96	135	191	271

（续）

分度圆直径 d/mm	法向模数 m_n/mm	精度 等 级								
		4	5	6	7	8	9	10	11	12
560<d≤1000	0.2≤m_n≤0.5	1.5	2.0	3.0	4.0	5.5	8.0	11	16	23
	0.5<m_n≤0.8	2.0	3.0	4.0	6.0	8.5	12	17	24	33
	0.8<m_n≤1.0	2.5	3.5	5.5	7.5	11	15	21	30	42
	1.0<m_n≤1.5	3.5	4.5	6.5	9.5	13	19	27	38	53
	1.5<m_n≤2.5	5.0	7.0	9.5	14	19	27	38	54	77
	2.5<m_n≤4.0	7.5	10	15	21	30	42	59	83	118
	4.0<m_n≤6.0	11	16	22	31	44	62	88	125	176
	6.0<m_n≤10	17	24	34	48	68	96	136	192	272

3）径向圆跳动公差 F_r。径向圆跳动公差是指在齿轮转一圈范围内，测头（球形、圆柱形、砧形）相继置于每个齿槽内时，从它到齿轮轴线的最大和最小径向距离之差。检查时，测头在近似齿高中部与左右齿面接触。径向圆跳动公差见表3-7。

表 3-7 径向圆跳动公差（GB/T 10095.2—2008）　　　（单位：μm）

分度圆直径 d/mm	法向模数 m_n/mm	精度 等 级												
		0	1	2	3	4	5	6	7	8	9	10	11	12
5≤d≤20	0.5≤m_n≤2.0	1.5	2.5	3.0	4.5	6.5	9.0	13	18	25	36	51	72	102
	2.0<m_n≤3.5	1.5	2.5	3.5	4.5	6.5	9.5	13	19	27	38	53	75	106
20<d≤50	0.5<m_n≤2.0	2.0	3.0	4.0	5.5	8.0	11	16	23	32	46	65	92	130
	2.0<m_n≤3.5	2.0	3.0	4.0	6.0	8.5	12	17	24	34	47	67	95	134
	3.5<m_n≤6.0	2.0	3.0	4.5	6.0	8.5	12	17	25	35	49	70	99	139
	6.0<m_n≤10	2.5	3.5	4.5	6.5	9.5	13	19	26	37	52	74	105	148
50<d≤125	0.5≤m_n≤2.0	2.5	3.5	5.0	7.5	10	15	21	29	42	59	83	118	167
	2.0<m_n≤3.5	2.5	4.0	5.5	7.5	11	15	22	30	43	61	86	121	171
	3.5<m_n≤6.0	3.0	4.0	5.5	8.0	11	16	22	31	44	62	88	125	176
	6.0<m_n≤10	3.0	4.0	6.0	8.0	12	16	23	33	46	65	92	131	185
	10<m_n≤16	3.0	4.5	6.0	9.0	12	18	25	35	50	70	99	140	198
	16<m_n≤25	3.5	5.0	7.0	9.5	14	19	27	39	55	77	109	154	218
125<d≤280	0.5≤m_n≤2.0	3.5	5.0	7.0	10	14	20	28	39	55	78	110	156	221
	2.0<m_n≤3.5	3.5	5.0	7.0	10	14	20	28	40	56	80	113	159	225
	3.5<m_n≤6.0	3.5	5.0	7.0	10	14	20	29	41	58	82	115	163	231
	6.0<m_n≤10	3.5	5.5	7.5	11	15	21	30	42	60	85	120	169	239
	10<m_n≤16	4.0	5.5	8.0	11	16	22	32	45	63	89	126	179	252
	16<m_n≤25	4.5	6.0	8.5	12	17	24	34	48	68	96	136	193	272
	25<m_n≤40	4.5	6.5	9.5	13	19	27	36	54	76	107	152	215	304

（续）

分度圆直径 d/mm	法向模数 m_n/mm	精度等级												
		0	1	2	3	4	5	6	7	8	9	10	11	12
280<d≤560	0.5≤m_n≤2.0	4.5	6.5	9.0	13	18	26	36	51	73	103	146	206	291
	2.0<m_n≤3.5	4.5	6.5	9.0	13	18	26	37	52	74	105	148	209	296
	3.5<m_n≤6.0	4.5	6.5	9.5	13	19	27	38	53	75	106	150	213	301
	6.0<m_n≤10	5.0	7.0	9.5	14	19	27	39	55	77	109	155	219	310
	10<m_n≤16	5.0	7.0	10	14	20	29	40	57	81	114	161	228	323
	16<m_n≤25	5.5	7.5	11	15	21	30	43	61	86	121	171	242	343
	25<m_n≤40	6.0	8.5	12	17	23	33	47	66	94	132	187	265	374
	40<m_n≤70	7.0	9.5	14	19	27	38	54	76	108	153	216	306	432
560<d≤1000	0.5≤m_n≤2.0	6.0	8.5	12	17	23	33	47	66	94	133	188	266	376
	2.0<m_n≤3.5	6.0	8.5	12	17	24	34	48	67	95	134	190	269	380
	3.5<m_n≤6.0	6.0	8.5	12	17	24	34	48	68	96	136	193	272	385
	6.0<m_n≤10	6.0	8.5	12	18	25	35	49	70	98	139	197	279	394
	10<m_n≤16	6.5	9.0	13	18	25	36	51	72	102	144	204	288	407
	16<m_n≤25	6.5	9.5	13	19	27	38	53	76	107	151	214	302	427
	25<m_n≤40	7.0	10	14	20	29	41	57	81	115	162	229	324	459
	40<m_n≤70	8.0	11	16	23	32	46	65	91	129	183	258	365	517
1000<d≤1600	2.0≤m_n≤3.5	7.5	10	15	21	30	42	59	84	118	167	236	334	473
	3.5<m_n≤6.0	7.5	11	15	21	30	42	60	85	120	169	239	338	478
	6.0<m_n≤10	7.5	11	15	22	30	43	61	86	122	172	243	344	487
	10<m_n≤16	8.0	11	16	22	31	44	63	88	125	177	250	354	500
	16<m_n≤25	8.0	11	16	23	33	46	65	92	130	184	260	368	520
	25<m_n≤40	8.5	12	17	24	34	49	69	98	138	195	276	390	552
	40<m_n≤70	9.5	13	19	27	38	54	76	108	152	215	305	431	609
1600<d≤2500	3.5≤m_n≤6.0	9.0	13	18	26	36	51	73	103	145	206	291	411	582
	6.0<m_n≤10	9.0	13	18	26	37	52	74	104	148	209	295	417	590
	10<m_n≤16	9.5	13	19	27	38	53	75	107	151	213	302	427	604
	16<m_n≤25	9.5	14	19	28	39	55	78	110	156	220	312	441	624
	25<m_n≤40	10	14	20	29	41	58	82	116	164	232	328	463	655
	40<m_n≤70	11	16	22	32	45	63	89	126	178	252	357	504	713
2500<d≤4000	6.0≤m_n≤10	11	16	23	32	45	64	90	127	180	255	360	510	721
	10<m_n≤16	11	16	23	32	46	65	92	130	183	259	367	519	734
	16<m_n≤25	12	17	24	33	47	67	94	133	188	267	377	533	754
	25<m_n≤40	12	17	25	35	49	69	98	139	196	278	393	555	785
	40<m_n≤70	13	19	26	37	53	75	105	149	211	298	422	596	843

（续）

分度圆直径 d/mm	法向模数 m_n/mm	精度等级												
		0	1	2	3	4	5	6	7	8	9	10	11	12
4000<d≤6000	6.0≤m_n≤10	14	19	27	39	55	77	110	155	219	310	438	620	876
	10<m_n≤16	14	20	28	39	56	79	111	157	222	315	445	629	890
	16<m_n≤25	14	20	28	40	57	80	114	161	227	322	455	643	910
	25<m_n≤40	15	21	29	42	59	83	118	166	235	333	471	665	941
	40<m_n≤70	16	22	31	44	62	88	125	177	250	353	499	706	999
6000<d≤8000	6.0≤m_n≤10	16	23	32	45	64	91	128	181	257	363	513	726	1026
	10<m_n≤16	16	23	32	46	65	92	130	184	260	367	520	735	1039
	16<m_n≤25	17	23	33	47	66	94	132	187	265	375	530	749	1059
	25<m_n≤40	17	24	34	48	68	96	136	193	273	386	545	771	1091
	40<m_n≤70	18	25	36	51	72	102	144	203	287	406	574	812	1149
8000<d≤10000	6.0≤m_n≤10	18	25	36	51	72	102	144	204	289	408	577	816	1154
	10<m_n≤16	18	26	36	52	73	103	146	206	292	413	584	826	1168
	16<m_n≤25	19	26	37	52	74	105	148	210	297	420	594	840	1188
	25<m_n≤40	19	27	38	54	76	108	152	216	305	431	610	862	1219
	40<m_n≤70	20	28	40	56	80	113	160	226	319	451	639	903	1277

（3）渐开线圆柱齿轮的精度　GB/T 10095.1—2008 对齿轮同侧齿面公差规定了 13 个精度等级。其中，0 级精度最高，12 级精度最低。齿轮副中两个齿轮的精度等级一般取成相同，也允许取成不同。

在 13 个精度等级中，目前 0、1、2 级精度的加工工艺水平和测量手段尚难以达到，一般不用。3~12 级可以分三档：高精度等级 3、4、5 级；中等精度等级 6、7、8 级；低精度等级 9、10、11、12 级。表 3-8 列出了 5~9 级圆柱齿轮精度等级的适用范围。

表 3-8　圆柱齿轮精度等级的适用范围

精度等级	工作条件与应用范围	圆周速度 /m·s⁻¹	齿面的最终加工
5	用于高平稳且低噪声的高速传动的齿轮；精密机构中的齿轮；涡轮机齿轮；检验 8、9 级精度齿轮的齿轮；重要的航空、船用齿轮箱齿轮	>20	精密磨齿，对尺寸大的齿轮，精密滚齿后研齿或剃齿
6	用于高速下平稳工作，需要高效率及低噪声的齿轮；航空、汽车及机床中的重要齿轮；读数机构齿轮；分度机构的齿轮	<15	磨齿或精密剃齿
7	在高速和功率较小或大功率和速度不太高下工作的齿轮；普通机床中的进给齿轮和主传动链的变速齿轮；航空中的一般齿轮，速度较高的减速器齿轮，起重机的齿轮，读数机构齿轮	<10	对不淬硬的齿轮：用精确的刀具滚齿、插齿、剃齿 对淬硬的齿：磨齿、珩齿或研齿
8	一般机器中无特殊速度要求的齿轮；汽车、拖拉机中的一般齿轮；通用减速器的齿轮；航空、机床中的不重要齿轮，农业机械中的重要齿轮	<6	滚齿、插齿，必要时剃齿、珩齿或研齿
9	无精度要求的较粗糙齿轮，农业机械中的一般齿轮	<2	滚齿、插齿、铣齿

3. 普通平键联接的公差配合及测量

（1）普通平键的形式尺寸及标记　普通平键的形式尺寸如图 3-25 所示。

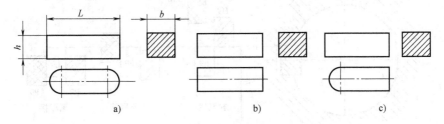

图 3-25　普通平键的形式尺寸

a）A 型　b）B 型　c）C 型

GB/T 1096—2003《普通型　平键》中规定，普通平键的标记由国标代号、键型、键宽、键高、键长组成，键型用 A、B、C 表示，其中 A 型键可省略型号。

标记示例：

宽度 $b=16$mm，高度 $h=10$mm、长度 $L=100$mm 普通 A 型平键的标记为：

GB/T 1096　键 16×10×100

宽度 $b=16$mm、高度 $h=10$mm、长度 $L=100$mm 普通 B 型平键的标记为：

GB/T 1096　键 B16×10×100

宽度 $b=16$mm、高度 $h=10$mm、长度 $L=100$mm 普通 C 型平键的标记为：

GB/T 1096　键 C16×10×100

（2）普通平键键槽的剖面尺寸　根据 GB/T 1095—2003 的规定，普通平键键槽的剖面尺寸如图 3-26 所示。

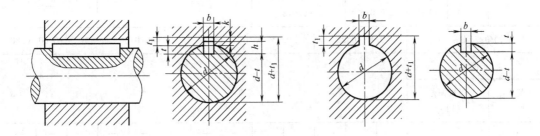

图 3-26　普通平键键槽的剖面尺寸

（3）普通平键及键槽的公差　平键联接是通过键的侧面与键槽的侧面相互接触来传递转矩的，因此，配合的主要参数是键和键槽的宽度，其他为非配合尺寸。

由于平键的侧面同时与轴和轮毂两个零件的键槽侧面联接，往往要求两者有不同的配合性质。此外，键属于标准件，因此键联接采用基轴制配合，其公差带如图 3-27 所示。

为了保证键与键槽侧面接触良好而又便于拆装，键与键槽宽采用过渡配合或小间隙配合。其中，键与键槽宽的配合应较紧，而键与轮毂槽宽的配合可较松。

键宽 b 和键高 h 的公差值按其基本尺寸从 GB/T 1096—2003 中查取，见表 3-9；键宽 b 及其他非配合尺寸公差见表 3-10。

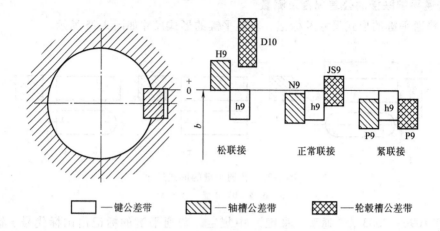

图 3-27　键宽与键槽宽的公差带

表 3-9　普通平键的尺寸与公差　　（单位：mm）

宽度 b	基本尺寸	2	3	4	5	6	8	10	12	14	16	18	20	22
	极限偏差（h8）	0 −0.014		0 −0.018			0 −0.022		0 −0.027				0 −0.033	

高度 h		基本尺寸	2	3	4	5	6	7	8	8	9	10	11	12	14
	极限偏差	矩形（h11）	—							0 −0.090				0 −0.110	
		方形（h8）	0 −0.014		0 −0.018		—			—					

倒角或倒圆 s	0.16~0.25	0.25~0.40	0.40~0.60	0.60~0.80

长度 L

基本尺寸	极限偏差（h14）													
6	0 −0.36		—	—	—	—	—	—	—	—	—	—	—	—
8				—	—	—	—	—	—	—	—	—	—	—
10					—	—	—	—	—	—	—	—	—	—
12						—	—	—	—	—	—	—	—	—
14	0 −0.43						—	—	—	—	—	—	—	—
16							—	—	—	—	—	—	—	—
18								—	—	—	—	—	—	—
20								—	—	—	—	—	—	—
22	0 −0.52	—		标准					—	—	—	—	—	—
25									—	—	—	—	—	—
28										—	—	—	—	—

（续）

宽度 b	基本尺寸	2	3	4	5	6	8	10	12	14	16	18	20	22
	极限偏差（h8）	0 −0.014		0 −0.018			0 −0.022		0 −0.027			0 −0.033		

高度 h	基本尺寸		2	3	4	5	6	7	8	8	9	10	11	12	14
	极限偏差	矩形（h11）	—		—					0 −0.090				0 −0.110	
		方形（h8）	0 −0.014		0 −0.018			—				—			

倒角或倒圆 s	0.16~0.25	0.25~0.40	0.40~0.60	0.60~0.80

长度 L

基本尺寸	极限偏差（h14）													
32	0 −0.62	—								—	—	—	—	—
36		—									—	—	—	—
40		—	—									—	—	—
45		—	—	—				长度					—	—
50		—	—	—									—	—
56		—	—	—	—									—
63	0 −0.74	—	—	—	—	—								
70		—	—	—	—	—								
80		—	—	—	—	—	—							
90		—	—	—	—	—	—	范围						
100	0 −0.87	—	—	—	—	—	—	—						
110		—	—	—	—	—	—	—						
125		—	—	—	—	—	—	—						
140	0 −1.00	—	—	—	—	—	—	—	—					
160		—	—	—	—	—	—	—	—					
180		—	—	—	—	—	—	—	—	—				
200		—	—	—	—	—	—	—	—	—	—			
220	0 −1.15	—	—	—	—	—	—	—	—	—	—	—		
250		—	—	—	—	—	—	—	—	—	—	—		

· 195 ·

（续）

宽度 b	基本尺寸	25	28	32	36	40	45	50	56	63	70	80	90	100
	极限偏差 (h8)	\multicolumn{3}{c}{0 / −0.033}			\multicolumn{4}{c}{0 / −0.039}				\multicolumn{3}{c}{0 / −0.046}			0 / −0.054	

高度 h	基本尺寸		14	16	18	20	22	25	28	32	32	36	40	45	50
	极限偏差	矩形 (h11)	\multicolumn{3}{c}{0 / −0.110}			\multicolumn{4}{c}{0 / −0.130}				\multicolumn{5}{c}{0 / −0.160}				
		方形 (h8)	—				—				—				

倒角或倒圆 s	0.60~0.80	1.00~1.20	1.60~2.00	2.50~3.00

长度 L

基本尺寸	极限偏差 (h14)	25	28	32	36	40	45	50	56	63	70	80	90	100
70	0 / −0.74		—	—	—	—	—	—	—	—	—	—	—	—
80				—	—	—	—	—	—	—	—	—	—	—
90	0 / −0.87				—	—	—	—	—	—	—	—	—	—
100						—	—	—	—	—	—	—	—	—
110								—	—	—	—	—	—	—
125	0 / −1.00								—	—	—	—	—	—
140										—	—	—	—	—
160						标准					—	—	—	—
180												—	—	—
200	0 / −1.15												—	—
220														—
250								长度						
280	0 / −1.30													
320		—												
360	0 / −1.40	—	—						范围					
400		—	—	—										
450	0 / −1.55													
500		—	—	—	—	—								

（4）平键的测量　键联接需测量的主要项目有键和键槽宽度、键槽深度及键槽的位置误差。

1）键槽宽度的测量。在小批生产时，可用游标卡尺或千分尺测量；在大批生产时，则用极限量规检验。

2）键槽深度的测量。在小批生产时，多用外径千分尺来测量轴键槽的深度，用游标卡尺或内径千分尺测量轮毂槽的深度。在大批生产时，可采用极限量规检验。

3）键槽对称平面对轴线或轮毂轴线的对称度的检验。在单件小批生产时，键槽对称度的测量可用分度头、V 形架和指示表进行。在大量和成批生产时，轴槽的对称度检验可用量规，只要通端量规能通过轴槽即为合格；轮毂槽的对称度检验也可用量规，量规能塞入孔内即为合格。

表 3-10　普通型平键键槽的尺寸与公差　（单位：mm）

轴的直径	键的尺寸			键槽深		轴的直径	键的尺寸			键槽深	
d	b	h	L	轴 t	轮毂 t_1	d	b	h	L	轴 t	轮毂 t_1
>8~10	3	3	6~36	1.8	1.4	>38~44	12	8	28~140	5.0	3.3
>10~12	4	4	8~45	2.5	1.8	>44~50	14	9	36~160	5.5	3.8
>12~17	5	5	10~45	3.0	2.3	>50~58	16	10	45~180	6.0	4.3
>17~22	6	6	14~70	3.5	2.8	>58~65	18	11	50~200	7.0	4.4
>22~30	8	7	18~90	4.0	3.3	>65~75	20	12	56~220	7.5	4.9
>30~38	10	8	22~110	5.0	3.3	>75~85	22	14	63~250	9.0	5.4

L 系列：6、8、10、12、14、16、18、20、22、25、28、32、36、40、45、50、56、63、70、80、90、100、110、125、140、160、180、200、250、280、320……

注：在工作图中，轴槽深用（$d-t$）或 t 标注，毂槽深用（$d+t_1$）或 t_1 标注。

4. 矩形花键联接的公差配合及测量

（1）矩形花键尺寸　矩形花键的键侧面为平面，容易加工，可以磨削达到高精度要求。矩形花键的键数为偶数，一般为 4、6、8、10、16、20。矩形花键尺寸主要有大径 D、小径 d 和键宽 B，如图 3-28 所示。

（2）矩形花键联接的公差与配合　GB/T 1144—2001《矩形花键尺寸、公差和检验》规定了圆柱直齿小径定心矩形花键的基本尺寸、公差与配合、检验规则和标记方法及其量规的尺寸公差和数值表。

根据承载能力的不同，矩形花键尺寸规定了轻、中两个系列，内、外花键的基本尺寸都是相同的。

由于国家标准规定小径定心方式，所以花键联接的配合性质由小径配合性质所确定，而且大径 D 的公差等级也相应比小径 d 和键宽 B 的公差等级高。内、外花键的尺寸公差带见表 3-11。

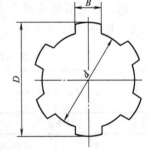

图 3-28　矩形花键的尺寸

对花键孔规定了拉削后热处理和不热处理两种。标准中规定，按装配形式分滑动、紧滑动和固定三种配合。其区别在于，前两种在工作过程中，既可传递转矩，且花键套还可在轴上移动；后者只用来传递转矩，花键套在轴上无轴向移动。

表 3-11　内、外花键的尺寸公差带（摘自 GB/T 1144—2001）

内　花　键				外　花　键			装配型式
d	D	B		d	D	B	
		拉削后不热处理	拉削后热处理				
一　般　用							
H7	H10	H9	H11	f7	a11	d11	滑动
				g7		f9	紧滑动
				h7		h10	固定

（续）

内 花 键				外 花 键			装配型式
d	D	B		d	D	B	
		拉削后不热处理	拉削后热处理				
精 密 传 动 用							
H5				f5		d8	滑动
				g5		f7	紧滑动
	H10	H7、H9		h5	a11	h8	固定
				f6		d8	滑动
H6				g6		f7	紧滑动
				h6		h8	固定

花键联接采用基孔制，目的是减少拉刀的数目。

对于精密传动用的内花键，当需要控制键侧配合间隙时，槽宽公差带可选用H7，一般情况下可选用H9。

当内花键小径公差带为H6和H7时，允许与提高一级的外花键配合。

为保证装配性能要求，小径极限尺寸应遵守GB/T 4249规定的包容原则。

各尺寸（D、d和B）的极限偏差，可按其公差带代号及基本尺寸由"极限与配合"相应国家标准查出。

内、外花键的几何公差要求，主要是位置度公差（包括键、槽的等分度、对称度等）要求，见表3-12。

表 3-12　花键的位置度公差 t_1（摘自 GB/T 1144—2001）

键槽宽或键宽 B/mm		3	3.5~6	7~10	12~18
		$t_1/\mu m$			
键槽宽		10	15	20	25
键宽	滑动、固定	10	15	20	25
	紧滑动	6	10	13	15

对较长的花键，可根据产品性能自行规定键侧对轴线的平行度公差。

花键联接在图样上标注时，按顺序包括以下项目：键数 N，小径 d，大径 D，键宽 B，花键公差带代号和标准号。

标记示例：

花键 $N=6$；$d=23\dfrac{H7}{f7}$；$D=26\dfrac{H10}{a11}$；$B=6\dfrac{H11}{d10}$的标记为：

花键规格：$N×d×D×B$

$6×23×26×6$

花键副：$6×23\dfrac{H7}{f7}×26\dfrac{H10}{a11}×6\dfrac{H11}{d10}$　GB/T 1144—2001

内花键：$6×23H7×26H10×6H11$　GB/T 1144—2001

外花键：6×23f7×26a11×6d10　GB/T 1144—2001

以小径定心时，花键各表面粗糙度推荐值见表3-13。

表3-13　花键各表面粗糙度推荐值

加工表面	内花键	外花键
	\(Ra/\mu m\)	
小径	≤1.6	≤0.8
大径	≤6.3	≤3.2
键侧	≤6.3	≤1.6

（3）花键的检验　矩形花键的检验包括尺寸检验和几何误差检验。一般情况下应采用矩形花键综合量规检验。

1）内花键的检验。内花键应用花键综合塞规同时检验小径、大径、键槽宽、大径对小径的同轴度和键槽的位置度（等分度和对称度）等项目，以保证其配合要求和安装要求。用单项止规（或其他量具）分别检验小径、大径、键槽宽，以保证其尺寸不超过下极限尺寸。

2）外花键的检验。外花键应用花键综合环规同时检验小径、大径、键宽、大径对小径的同轴度和花键的位置度（等分度和对称度）等项目，以保证其配合要求和安装要求。用单项止规（或其他量具）分别检验小径、大径、键宽，以保证其实际尺寸不小于其下极限尺寸。

内、外花键的综合量规如图3-29所示，它们的形状与被测花键相对应。检验内花键的为花键塞规，检验外花键的为花键环规。综合量规只有通规，当检验时，综合量规通过，单项止规不通过，则花键合格。

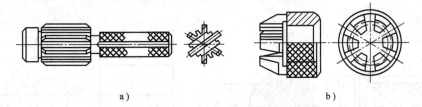

图3-29　内、外花键综合量规
a）花键塞规　b）花键环规

花键单项量规如图3-30所示。

5. 绘制齿轮零件图

（1）齿轮的画法　单个齿轮通常用两个视图表示，轴线放成水平，如图3-31所示，也可用一个视图，再用一个局部视图表示孔和键槽形状。表示分度线的点画线应超出轮廓线；在剖视图中，当剖切平面通过齿轮轴线时，轮齿一律按不剖处理。齿顶圆和齿顶线用粗实线绘制。分度圆和分度线用点画线绘制。齿根圆和齿根线用细实线绘制，可省略；在剖视图中，齿根线用粗实线绘制。

（2）键联接的装配画法及尺寸标注

1）平键联接的画法。当采用平键时，键的长度 L 和宽度 b 要根据轴的直径 d 和传递的转矩大小从标准中选取适当值。轴和轮毂上键槽的表达方法及尺寸标注如图3-32所示。轴上的键槽若在前面，局部视图可以省略不画，键槽在上面时，键槽和外圆柱面产生的截交线

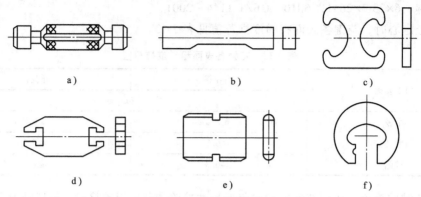

图 3-30　花键单项量规

a）花键孔内径的光滑塞规　b）花键孔外径的板式塞规　c）花键孔槽宽的塞规

d）花键轴外径的卡规　e）花键轴内径的卡规　f）花键轴槽宽的卡规

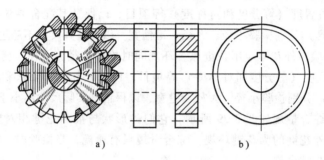

图 3-31　单个齿轮的规定画法

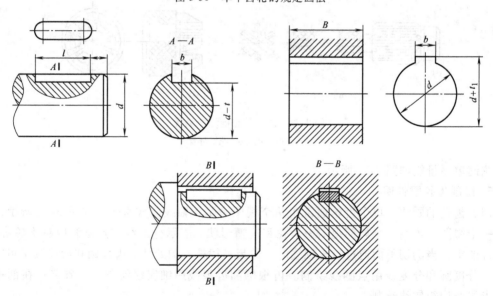

图 3-32　平键联接

可用柱面的转向轮廓线代替。

2）半圆键联接的画法。半圆键联接常用于载荷不大的传动轴上，其工作原理和画法与普通平键相似，键槽的表示方法和装配画法如图 3-33 所示。

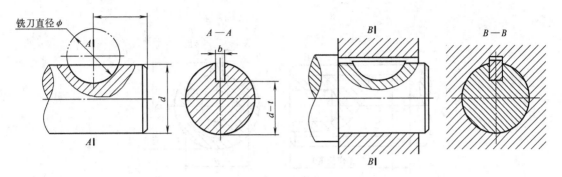

图 3-33　半圆键联接

3）钩头楔键联接的画法。钩头楔键的顶部有 1∶100 的斜度，装配时将键沿轴向嵌入键槽内，靠键的上、下面将轴和轮联接在一起，键的侧面为非工作面，其装配的画法如图 3-34所示。

4）花键联接的画法。当传递的载荷较大时，需采用花键联接。图 3-35 所示为应用较广泛的矩形花键。除矩形花键外，还有梯形、三角形、渐开线形等，现主要介绍矩形花键联接的画法和标注。

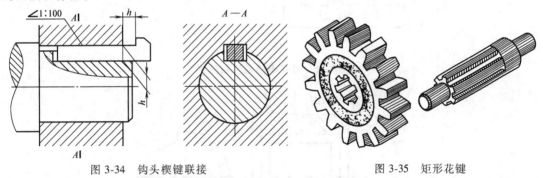

图 3-34　钩头楔键联接　　　　　　　　　图 3-35　矩形花键

① 外花键的画法和标注。和外螺纹画法相似，外花键的大径用粗实线绘制，小径用细实线绘制。当采用剖视时，若平行于键齿剖切，且大小径均用粗实线绘制。在反映圆的视图上，小径用细实线圆绘制。外花键的画法和标注如图 3-36 所示。

外花键的标注可采用一般尺寸标注法和代号标注法两种。一般尺寸标注法应标注大径 D、小径 d、键宽 B（及齿数 N）、工作长度 L；用代号标注时，指引线应从大径引出，代号组成为：

齿数	×	小径	小径公差带代号	×	大径	大径公差带代号	×	齿宽	齿宽公差带代号

② 内花键的画法和标注。内花键的画法和标注如图 3-37 所示。当采用剖视时，若平行于键齿剖切，键齿按不剖绘制，且大、小径均用粗实线绘制。在反映圆的视图上，大径用细实线圆绘制。内花键的标记同外花键，只是表示公差带的偏差代号用大写字母表示。

③ 矩形花键的联接画法。和螺纹联接画法相似，花键联接的画法为公共部分按外花键绘制，不重合部分按各自的规定画法绘制，如图 3-38 所示。

渐开线直齿圆柱齿轮零件图样例如图 3-39 所示。

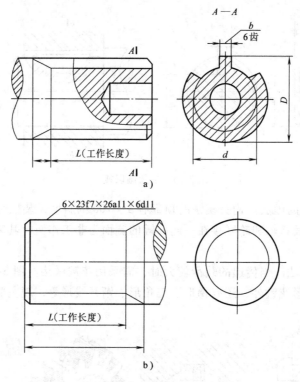

图 3-36　外花键的画法和标注

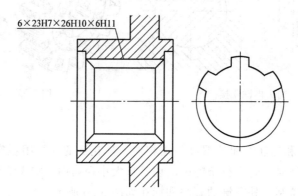

图 3-37　内花键的画法和标注

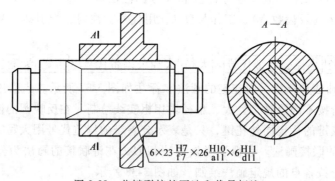

图 3-38　花键联接的画法和代号标注

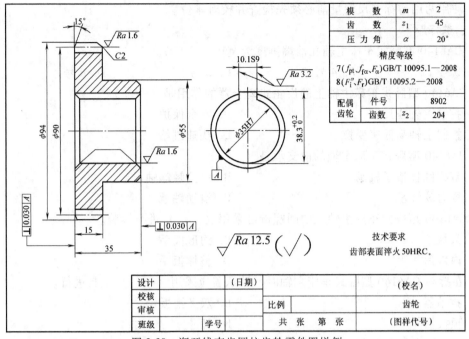

模　数	m	2
齿　数	z_1	45
压力角	α	20°
精度等级		
$7(f_{pt}, f_{f\alpha}, F_{\alpha})$GB/T 10095.1—2008 $8(F_i'', F_r)$GB/T 10095.2—2008		
配偶齿轮	件号	8902
	齿数 z_2	204

技术要求
齿部表面淬火 50HRC。

设计		（日期）		（校名）
校核				
审核			比例	齿轮
班级		学号	共　张　第　张	（图样代号）

图 3-39　渐开线直齿圆柱齿轮零件图样例

练习与实践

一、填空题

1. 常用的装配方法有_____、_____、_____、_____。

2. 常用的清洗方法有_____、_____、_____。

3. 当主轴的跳动量超过允许值时，一般情况下，只许适当地调整_____的间隙。如径向圆跳动仍达不到要求，再调整_____，_____一般不调整。

4. 两用游标卡尺的外量爪用来测量工件的_____和_____，内量爪可以测量_____或_____及_____，深度尺可用来测量工件的_____和_____。

5. 用齿轮游标卡尺测量齿厚时，把_____卡尺定在分度圆弦齿高上，然后用_____尺量出分度圆弦齿厚。

6. 在拆装滚动轴承时检验的主要内容有_____、_____、_____。

7. 装配双头螺柱时，必须使其轴心线与机体表面_____，可用_____进行检验。

二、判断题

1. 在装配 CA6140 型卧式车床主轴过程中，可使用煤油或轻柴油清洗零件。　　　（　　）

2. 车床可以加工各种回转体内、外表面。　　　（　　）

3. 传动系统图能代表各元件的实际尺寸和空间位置。　　　（　　）

4. CA6140 型卧式车床的主轴是一个实心阶梯轴。　　　（　　）

5. 安装深沟球轴承时，当内圈与轴颈配合较紧，外圈与壳体孔配合较松时，应先将轴承压入壳体中。　　　（　　）

6. 安装推力球轴承时，一定要使紧环靠在转动零件的平面上，松环靠在静止零件的平面上。　　　（　　）

7. 使用两用游标卡尺测量前必须先检查并校对零位。 （　　）

三、选择题

1. CA6140 型卧式车床主轴孔前端锥度为莫氏 （　　）。

A. 3 号 　　　　　　B. 4 号 　　　　　　C. 5 号 　　　　　　D. 6 号

2. CA6140 型卧式车床主轴上的齿轮式离合器的作用是 （　　）。

A. 控制主轴正反转 　　　　　　　　B. 安全保护

C. 控制主轴高低速变换 　　　　　　D. 快速进给

3. CA6140 型卧式车床主轴的前支承是 （　　）。

A. 双列圆柱滚子轴承 　　　　　　　B. 角接触球轴承

C. 推力球轴承 　　　　　　　　　　D. 滑动轴承

4. CA6140 型卧式车床主轴上的圆螺母可采用 （　　）进行拆装。

A. 呆扳手 　　　　　　　　　　　　B. 钩形扳手

C. 内六角扳手 　　　　　　　　　　D. 整体扳手

5. 在拆卸 CA6140 型卧式车床主轴时，轴承盖应采用 （　　）工具进行。

A. 拔销器 　　　　　　　　　　　　B. 双叉销扳子

C. 顶拔器 　　　　　　　　　　　　D. 锤子

6. 在测量齿轮公法线长度时，应使公法线千分尺的量脚平面与齿廓在 （　　）附近相切。

A. 齿顶圆 　　　　　B. 分度圆 　　　　　C. 齿根圆 　　　　　D. 基圆

7. 在拆卸深沟球轴承时，应将顶拔器作用在轴承的 （　　）上。

A. 外圈 　　　　　B. 滚动体 　　　　　C. 内圈 　　　　　D. 都可以

8. CA6140 型卧式车床主轴的前支承承受的力是 （　　）。

A. 径向力 　　　　　B. 轴向力 　　　　　C. 径向力和轴向力 　　D. 无正确答案

9. 确定拆装的先后次序一般原则是 （　　）。

A. 先上后下 　　　　　　　　　　　B. 先易后难

C. 先一般后精密 　　　　　　　　　D. 先内后外

10. 固定齿轮在花键轴上装配时可 （　　）。

A. 用铁锤重力打入 　　　　　　　　B. 用铜棒轻轻敲入

C. 用錾子重力打入 　　　　　　　　D. 用铜棒重力敲入

四、简答题

1. CA6140 型卧式车床主轴都由哪些轴承支承？这些轴承分别承受什么力？

2. 什么是完全互换法？有何特点？

3. 试叙述主轴修复的一般技术规定。

4. 在装配 CA6140 型卧式车床主轴时，深沟球轴承、推力球轴承如何装配？

5. 在拆卸 CA6140 型卧式车床主轴时，滚动轴承如何拆卸？

6. 在装配 CA6140 型卧式车床主轴后，主轴轴向窜动和主轴轴肩支承面跳动误差如何检验？

7. 在装配 CA6140 型卧式车床主轴后，主轴定心轴颈的径向圆跳动如何检验？

8. 当使用 CA6140 型卧式车床加工工件时，发现加工端面的平面度或螺纹的螺距精度超差，试分析其原因，并提出解决办法。

9. 在进行 CA6140 型卧式车床主轴与联接盘、卡盘装配时，装配螺纹联接时有哪些要求？

10. 如何进行 CA6140 型卧式车床主轴与齿轮的装配？

11. 在进行零部件装配前，可采用哪些常用的清洗方法清洗零件？

12. 在使用两用游标卡尺测量尺寸时，发现每次测量结果不一样，试分析其原因。

13. 平键联接中，键宽与键槽宽的配合采用的是什么基准制？为什么？

14. 平键联接的配合种类有哪些？它们分别应用于什么场合？

15. 国家标准中，对键和键槽的几何公差作了哪些规定？

16. 齿轮传动的使用要求有哪些？影响这些使用要求的主要误差是哪些？它们之间有何区别与联系？

17. 齿圈径向圆跳动公差 ΔF_r 与径向综合误差有何异同？

18. 切向综合误差与径向综合误差 $\Delta F_i''$ 同属综合误差，它们之间有何不同？

19. 为什么单独检测齿圈径向跳动公差 ΔF_r 或公法线长度变动 ΔF_w 不能充分保证齿轮传递运动的准确性？

20. 齿轮副的侧隙是如何形成的？影响齿轮副侧隙大小的因素有哪些？

21. 公法线长度变动 ΔF_w 与公法线平均长度偏差 ΔE_{wm} 有何区别？

22. 选择齿轮精度等级时候应该考虑哪些因素？

任务 4　CA6140 型卧式车床主轴箱 I 轴的拆装与 I 轴的测绘

子任务 4.1　CA6140 型卧式车床主轴箱 I 轴的拆装

工作任务卡

工作任务	CA6140 型卧式车床主轴箱 I 轴的拆装
任务描述	以项目小组为单位，根据给定的装配图，搜集资料，制订合理的 I 轴拆装方案，并采用完全互换法拆装 I 轴部件。
任务要求	1) I 轴装配图的识读 2) 以小组为单位，根据装配图制订拆装方案 3) 各小组讲述拆装工艺方案设计思路及成果，并根据教师和其他人员提出的问题，改进和完善拆装工艺方案 4) 根据优化后的拆装方案对 I 轴进行拆装 5) 能调整摩擦片间隙 6) 对 I 轴进行测绘 7) 绘制 I 轴的草图和零件图 8) 根据拆装结果写出实训报告

4.1.1　拆装车床主轴箱 I 轴

1. 认识工作环境

（1）CA6140 型卧式车床主轴箱 I 轴　主轴箱是用于安装主轴，实现主轴旋转及变速的部件。图 4-1 所示为 CA6140 型卧式车床主轴箱的展开图，它是将传动轴沿轴心线剖开，按照传动的先后顺序将其展开而形成的。

1）I 轴的组成。如图 4-2 所示，I 轴的作用是实现主轴起动、停止、换向及过载保护，主要由轴承座套、正转齿轮、调整环、反转齿轮、反转齿轮铜套、对开定位垫、拉杆、摆杆、滑套、键、偏心套、花键套、圆柱销、外摩擦片、内摩擦片、正转齿轮铜套等零件组成。

2）多片离合器及操纵机构。图 4-3 所示为多片离合器及操纵机构的结构示意图。

① 多片离合器及操纵机构的特点。装在主轴箱内 I 轴上的离合器具有左右两组摩擦片，每一组由若干片内、外摩擦片交叠组成。当摩擦片相互压紧时，就可传递运动和转矩。离合

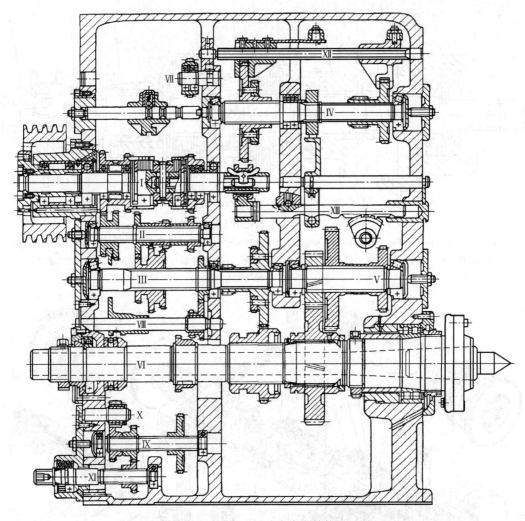

图 4-1 CA6140 型卧式车床主轴箱展开图

器的内摩擦片 10 与 I 轴以花键孔相联接，随 I 轴一起转动。外摩擦片 9 的内孔是光滑圆孔，空套在 I 轴的花键外圆上，其外圆上有四个凸齿，卡在 I 轴上正转齿轮 7 和反转齿轮 14 的四个缺口槽中，内、外片相间排叠。左离合器传动主轴正转，用于切削加工，传递转矩大，因而片数多；右离合器片数少，传动主轴反转，主要用于退刀。

② 多片离合器操纵机构动作过程。当操纵杆手柄 1 处于停车位置，花键套 12 处在中间位置，左、右两边摩擦片均未压紧，主轴不转。当操纵杆手柄向上抬起，经操纵杠 26 及连杆 25 向前移动，扇形齿轮 23 顺时针转动，使齿条轴 24 右移，经拨叉带动滑环 16 右移，压迫 I 轴 1 上摆杆 17 绕支点销摆动，下端则拨动拉杆 15 右移，再由拉杆上销 13 带动花键套 12 和调整环 11 左移，从而将左边的内、外摩擦片压紧，则 I 轴的转动使通过内外摩擦片的摩擦力带动空套齿轮 7 转动，使主轴实现正转。同理，若操纵杠手柄向下压时，使滑环 16 左移，经摆杆 17 使拉杆 15 右移，便可压紧右边摩擦片，则 I 轴带动右边空套反转齿轮 14 转动，使轴实现反转。

③ 多片离合器的调整方法。离合器摩擦片松开时的间隙要适当，当间隙过大或过小时，

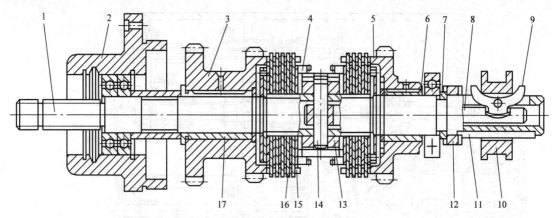

图 4-2　卧式车床主轴箱中 I 轴的装配图

1—I轴　2—轴承座套　3—正转齿轮　4—调整环　5—反转齿轮　6—反转齿轮铜套　7—对开定位垫　8—拉杆
9—摆杆　10—滑套　11—键　12—偏心套　13—花键套　14—圆柱销　15—外摩擦片　16—内摩擦片
17—正转齿轮铜套

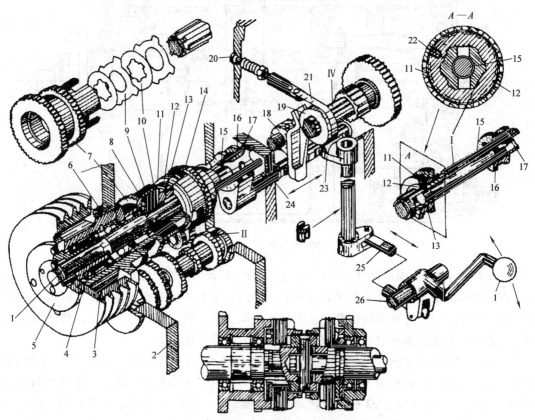

图 4-3　多片离合器操纵机构

1—I轴　2—主轴箱　3—带轮　4—轴承　5—端盖　6—轴承座套　7—正转齿轮　8—摩擦片　9—外摩擦片
10—内摩擦片　11—调整环　12—花键套　13—销　14—反转齿轮　15—拉杆　16—滑环　17—摆杆　18—杠杆
19—制动盘　20—调节螺钉　21—制动带　22—定位销　23—扇形齿轮　24—齿条轴　25—连杆　26—操纵杆

必须进行调整。调整的方法如图 4-4 中 A—A 剖面所示，将定位销 22 压入调整环 11 的缺口处，然后转动左侧调整环 11，可调整左侧摩擦片间隙；转动右侧螺母，可调整右边摩擦片

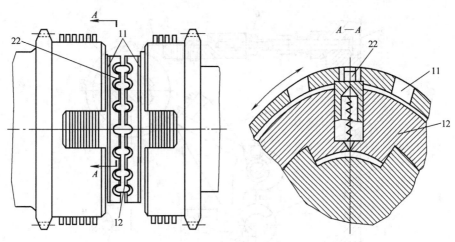

图 4-4　多片离合器的调整

11—调整环　12—花键套　22—定位销

间隙。调整完毕，让定位销 22 自动弹出，重新卡住螺母缺口，以防止螺母在工作中松脱。

④ 多片离合器的修理。多片离合器的零件磨损后，一般需换新件。但摩擦片变形或划伤时，可校平后磨削修复，修磨后厚度减小，可适当增加片数以保证调节余量。

观察与思考

调整片式摩擦离合器间隙和调整主轴轴向间隙的方法有何不同？

（2）制动装置　为了缩短辅助时间，使主轴能迅速停车，Ⅳ轴上装有钢带式制动器。其功用是在车床停车过程中，克服主轴箱内各运动件的旋转惯性，使主轴迅速停止转动，以缩短辅助时间。

图 4-5 是 CA6140 型卧式车床上的闸带式制动器，它由制动轮 8、制动带 7 和杠杆 4 等组成。制动轮是一钢制圆盘，与Ⅳ轴用花键联接。制动带为一钢带，其内侧固定着一层铜丝石棉，以增加摩擦面的摩擦因数。制动带的一端通过调节螺钉 5 与主轴箱体 1 联接，另一端固定在杠杆 4 的上端。制动器的动作由操纵装置操纵。当杠杆 4 的下端与齿条轴 2（即图 4-3 中的齿条轴 24）上的圆弧凹部 a 或 c 接触时，主轴处于正转或反转状态，制动带被放松；移动齿条轴，当其上的凸起部分 b 对正杠杆 4 时，使杠杆 4 绕轴 3 摆动而拉紧制动带 7，此时，离合器处于松开状态，Ⅳ轴和主轴便迅速停止转动。如要调整制动带的松紧程度，可将螺母 6 松开后旋转螺钉 5。在调整合适的情况下，当主轴旋转时，制动带能完全松开，而在离合器松开时，主轴能迅速停转。

CA6140 型卧式车床的摩擦离合器和制动器的操纵机构如图 4-6 所示。

当向上扳动手柄 6 时，通过操纵杆 B、杠杆 5、轴 4 和杠杆 3，使轴 2 和扇形齿轮 1 顺时针转动，传动齿条轴 A 右移，使主轴正转。向下扳动手柄时，主轴便反转。手柄扳至中间位置时，传动链与传动源断开，这时齿条轴 A 上的凸起部分顶住杠杆 12，使制动器作用，主轴迅速停止。手柄 6 的扳动位置，可以改变杠杆 5 和操纵杆 B 的相对位置来实现。

2. 拆装 CA6140 型卧式车床主轴箱 I 轴

（1）销联接的拆卸和装配　销联接结构简单，定位和联接可靠，装拆方便，在各种机

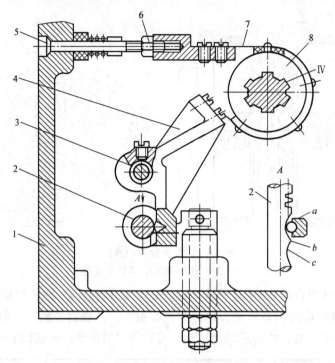

图 4-5 闸带式制动器

1—主轴箱体 2—齿条轴 3—轴 4—杠杆 5—调整螺钉 6—螺母 7—制动带 8—制动轮

械中应用很广。销钉有圆柱销、圆锥销和开口销三种，尺寸已标准化。

1）圆柱销装配。圆柱销靠过盈配合固定在孔中。用以定位时，通常是将联接件的两孔同时钻、铰，然后在销钉上涂少量机油，用铜锤打入孔内。某些定位销不能用敲入法，可用 C 形夹头或压力机把销压入孔中。圆柱销不宜多次装拆，否则将降低定位精度和联接的可靠性。圆柱销装配如图 4-7 所示。

2）圆锥销装配。圆锥销具有 1∶50 的锥度，定位准确，可多次装拆而不降低定位精度，在横向力作用下能保证自锁。圆锥销以小端直径和长度代表其规格。装配时，被联接件的两孔也应同时钻铰，但应注意控制孔径，一般以锥销长度的 80% 能自由插入孔中为宜。用铜锤打入后，圆锥销的大头可稍露出或平于被联接件表面，如图 4-8 所示。

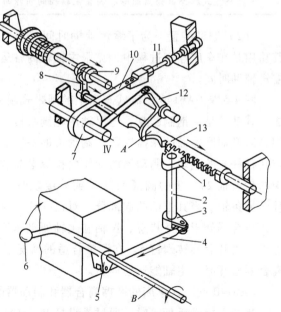

图 4-6 摩擦离合器和制动器的操纵机构

1—扇形齿轮 2、4—轴 3、5—杠杆 6—手柄
7—制动轮 8—拨叉 9—滑环 10—制动带
11—调节螺钉 12—杠杆 13—齿条轴

3）销联接的拆卸。拆卸普通圆柱销和圆锥销时，可用锤子轻轻敲击（圆锥销从小头向

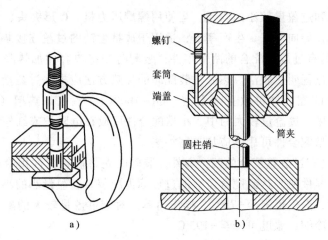

图 4-7　圆柱销装配

a）C 形夹头压入圆柱销　b）手动压力机压入圆柱销

外敲击）的方法。有螺尾的圆锥销可用螺母旋出，如图 4-9 所示。

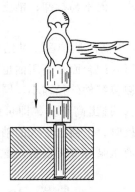

图 4-8　圆锥销装配

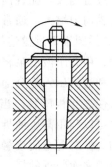

图 4-9　螺尾圆锥销拆卸

　　拆卸带内螺纹的圆柱销和圆锥销时，可用与内螺纹大小相符的螺钉取出，如图 4-10 所示；也可用拔销器拔出，如图 4-11 所示。

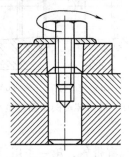

图 4-10　带内螺纹圆柱销的拆卸

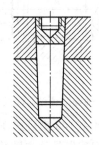

图 4-11　带内螺纹圆锥销的拆卸

　　（2）圆柱面过盈连接的装配方法　圆柱面过盈连接应根据配合后过盈量的大小不同，采取不同的装配方法。常见的过盈连接的装配方法如下：

　　1）压装法。当配合尺寸和过盈量较小时，一般采用在常温下压装法装配。如采用锤子加垫铁敲击压入的方法，这种方法简便，但容易歪斜，适用于单件、小批生产和配合要求较低、配合长度较短和过盈量较小的联接。当使用螺旋压力机、C形夹头、齿条压力机和气动杠杆压力机压合时，导向性好，生产率高，适用于成批生产的过盈连接装配。

2）热胀法。具有过盈量配合的两个零件，装配时先将包容件加热胀大，再将被包容件安装到配合位置的过程叫热胀法。热胀法装配时的加热方法应根据过盈量及套件尺寸大小来选择。过盈量较小的配合件可放在沸水槽（80~100℃）、蒸汽加热槽（120℃）和热油槽（90~230℃）中加热。过盈量较大的中、小型配合件可放在电阻炉或红外线辐射加热箱中加热。过盈量大的大型配合件可用感应加热器加热。

3）冷缩法。具有过盈量配合的两个零件，装配时先将被包容件用冷却剂冷却，使其尺寸收缩，再装入包容件使其达到配合位置的过程称为冷装。过盈量小的小型配合件和薄壁衬套等可用干冰冷缩，温度可降至-78℃，操作简单。对于过盈量较大的配合件，如发动机连杆衬套可采用液氮冷缩，温度可降至-195℃。

（3）圆锥面过盈连接的装配　圆锥面过盈连接是利用轴和孔产生相对轴向位移互相压紧而获得过盈连接的。常用的装配方法有如下两种：

1）螺母压紧圆锥面过盈连接。这种连接如图4-12所示，多用于轴端，拧紧螺母可使配合面压紧形成过盈连接。配合面的锥度小时，所需轴向力小，但不易拆卸；锥度大时，拆卸方便，但拉紧轴向力增大。通常锥度可取 1：30~1：8。

2）液压装拆圆锥面过盈连接。圆锥面过盈连接可以利用高压油装配，其结构如图4-13所示。装配时，用高压液压泵将油由包容件上油孔和油沟压入配合面。高压油也可以由被包容件上的油孔和油沟压入配合面间，使包容件内径胀大，被包容件外径缩小。同时，施加一定的轴向力，使之互相压紧。当压紧至预定的轴向位置后，排出高压油，即可形成过盈连接。同样，也可以利用高压油拆卸。利用液压装拆过盈连接时，不需要很大的轴向力，配合面也不易擦伤。但对配合面接触精度要求较高，需要高压液压泵等专用设备。这种连接多用于承载较大且需多次装拆的场合，尤其适用于大型零件。

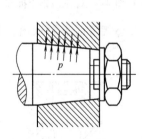

图 4-12　轴端圆螺母形成过盈配合联接

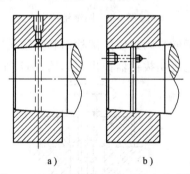

a)　　　　　　　b)

图 4-13　液压装配圆锥面过盈配合联接

（4）拆装 CA6140 型卧式车床主轴箱 I 轴

I 轴的拆卸首先是从主轴箱的左端开始的。I 轴的左端有带轮，第一步用销冲把锁紧螺母拆下，然后用内六角扳手把带轮上的端盖螺丝卸下，用锤子配合铜棒把端盖卸下，拆下带轮上的另一个锁紧螺母，使用撬杠把带轮卸下，然后用锤子配合铜棒把轴承套从主轴箱的右端向左端敲击，直到卸下为止，到这时 I 轴整体可以一同卸到箱体外面。

装在I轴上的零件较多，拆装麻烦，所以通常是在箱体外拆装好后再将I轴装到箱体中。

I 轴上的零件首先从两端开始拆卸，两端各有一个轴承，拆卸轴承时，应用锤子配合铜棒敲击齿轮，连带轴承一起卸下，敲击齿轮时注意用力均匀，卸下轴承后，把Ⅰ轴上的空套齿轮卸下，然后把摩擦片取出，到这时整个Ⅰ轴上的零件卸下。

Ⅰ轴的装配在箱体外进行，在装配过程中应注意轴承的位置和Ⅰ轴上的滑套是否能在元宝销上比较通顺地滑动，否则应视为装配不合理，需重新进行装配。Ⅰ轴装好后，再从箱体外装到箱体中。

3. 常用零部件的修理

（1）销联接的修复原则　销联接损坏或磨损时，一般是更换销。如果销孔损坏或磨损严重时，可重新钻铰尺寸较大的销孔，更换相适应的新销。

（2）离合器的修复原则

1）爪式离合器的修复原则。爪部有裂纹或端面磨损倒角大于齿的 25% 时，应更换新件。齿部允许修磨，但齿厚减薄量得大于齿厚的 5%。

2）片式离合器的修复原则。摩擦片平行度误差超过 0.2mm 或出现不均匀的光秃斑点时，应更换新件。表面有伤痕，修磨平面时，厚度减薄量应不大于原厚度的 25%，由厚度减薄增加的片数应不超过两片。

（3）制动装置的修复原则

1）闸瓦摩擦衬垫厚度磨损达 50% 后应更换。

2）制动轮的工作面磨损超过 1.5~2mm 及表面划伤深度超过 0.5mm 时应进行修复，修复后的制动轮壁厚不得小于原厚度的 50%。

3）轴磨损量超过原直径 5%，圆度误差超过 0.5mm 及有裂纹的拉杆，应及时更换。

4）圆孔的磨损超过名义尺寸 5%，应扩孔配新轴进行修配。

（4）轴类零件的修复原则

1）一般小轴加工工作量小，磨损后应进行更换。

2）传动轴。

① 滑动轴承的轴颈处应修磨轴颈后配作轴套进行修复。

② 装配滚动轴承、齿轮或带轮处磨损，可修磨见光后涂镀修复。

③ 轴上键槽损坏，可根据磨损情况适当增大，最大可按标准尺寸增大一级。结构允许时，可在距原键位置 60° 处加工键槽。

④ 装有齿轮的轴弯曲度大于中心距允许误差时，不能采用矫正方法修复，必须更换新轴。一般细长轴允许矫直，恢复精度。

3）花键轴符合下列情况可继续使用，否则应更换新件。

① 定心轴颈的表面粗糙度 Ra 值不大于 $6.3\mu m$，间隙配合的公差等级不超过次一级精度。

② 键侧表面粗糙度 Ra 值不大于 $6.3\mu m$，磨损量不大于键厚的 2%。

③ 键侧没有压痕及不能消除的擦伤，倒棱未超过侧面高度的 30%。

4）曲轴的支承轴颈处表面粗糙度 Ra 值大于 $3.2\mu m$，轴颈的几何精度超过其公差带大小的 60% 以上时应修复。修复后的轴颈尺寸，最大允许减小名义尺寸的 3%。

5）丝杠符合下列情况时可继续使用。

① 丝杠、螺母的轴向间隙不大于原螺纹厚度的 5%。

② 一般传动丝杠螺纹表面粗糙度 Ra 值不大于 $6.3\mu m$，精密丝杠螺纹表面粗糙度 Ra 值不大于 $3.2\mu n$。

修复丝杠时，要求丝杠外径减小量不得超过原外径的 5%，允许螺纹厚度减薄量不大于 10%。一般传动丝杠弯曲矫直，精密丝杠弯曲必须进行修复。

（5）带轮及飞轮的修复原则

1）带轮的修复原则

① 轮缘及轮辐有损坏及断裂现象时应更换。在不影响精度要求时，允许补焊。

② 工作表面凹凸不平或者表面粗糙度 Ra 值大于 3.2μm 时应加以修复。

③ 径向圆跳动及端面振摆超过 0.2mm 时，应修复。

2）飞轮的径向圆跳动和轴向窜动必须符合标准要求。修理后的飞轮必须平衡，符合设计要求。

4.1.2 技能提高 CA6140 型卧式车床的机械故障处理四

1. 发生闷车现象

【故障原因分析】

主轴在切削负荷较大时，出现了转速明显地低于标牌转速或者自动停车现象。故障产生的常见原因是主轴箱中的片式摩擦离合器的摩擦片间隙调整过大，或者摩擦片、摆杆、滑环等零件磨损严重。如果电动机的传动带调节过松也会出现这种情况。

【故障排除与检修】

首先应检查并调整电动机传动带的松紧程度，然后再调整片式摩擦离合器的摩擦片间隙。如果还不能解决问题，应检查相关件的磨损情况，如内、外摩擦片，摆杆，滑环等件的工作表面是否产生严重磨损。发现问题，应及时进行修理或更换。

2. 重切削时主轴转速低于标牌上的转速，甚至发生停机现象

【故障原因分析】

① 主轴箱内的片式摩擦离合器调整过松；或者是调整好的摩擦片，因机床切削超载，摩擦片之间产生相对滑动，甚至表面被研出较深的沟道；如果表面渗碳硬层被全部磨掉时，片式摩擦离合器就失去效能。

② 片式摩擦离合器操纵机构接头与垂直杆的连接松动。

③ 片式摩擦离合器轴上的元宝销、滑套和拉杆严重磨损。

④ 片式摩擦离合器轴上的弹簧销或调整压力的螺母松动。

⑤ 主轴箱内操纵手柄的销或滑块磨损，手柄定位弹簧过松而使齿轮脱开。

⑥ 主电动机传动 V 带调节过松。

【故障排除与检修】

① 调整片式摩擦离合器，修磨或更换摩擦片。

② 打开配电箱盖，紧固变向机构接头上的螺钉，使接头与主轴之间不发生松动。

③ 修焊或更换元宝销、滑套和拉杆。

④ 检查定位销中的弹簧是否失效，如果缺少弹性就要换新的弹簧，调整好螺母后，把弹簧定位销卡入螺母的圆口中，防止螺母在转动时松动。

⑤ 更换销、滑块，选择弹力较强的弹簧，使手柄定位灵活可靠，确保齿轮啮合传动正常。

⑥ 主电动机装在前床腿内，打开前床腿上的盖板，旋转电动机底板上的螺母来调整电动机的位置，可使两 V 带轮的距离缩小或增大，此例中应使两带轮距离增大，使 V 带张紧。

4.1.3　技能拓展　C620-1 型卧式车床片式摩擦离合器和制动器的拆装

1. 片式摩擦离合器的结构、工作原理及间隙调整

（1）片式摩擦离合器的结构和工作原理　在 I 轴上装有一个双向片式摩擦离合器，其结构与工作原理如图 4-14 所示。它的作用是接通或停止主轴的正转和反转的运动。内摩擦片 1 用花键与轴联接，外摩擦片 2 空套在花键轴上，而其外圆有四个凸缘，可以卡在套筒齿轮 3 的四个槽内，内、外摩擦片相间排叠。松开时，轴带动内摩擦片转动，因外摩擦片是空套的，套筒齿轮 3 也就不转。压紧时内摩擦片则可以靠摩擦力带动外摩擦片转动，从而带动套筒齿轮 3 转动。内、外摩擦片的压紧与松开，是利用拨叉拨动轴上右端的滑环 8 来进行操纵的。滑环 8 向右移时，轴上的元宝销 6 绕支点摆动，其下端就拨动拉杆 7 向左移动，拉杆 7 左端上有一固定销，使花键滑套 5 及螺母 4 向左压紧左边的一组摩擦片，则带动左边的空套双联齿轮 3，此时可使主轴正转。同理，用拨叉将滑环 8 向左拨动时，元宝销 6 摆动而使拉杆 7 向右移，压紧右边的一组摩擦片，则带动右边的空套齿轮，此时可使主轴反转。当滑环 8 在图示中间位置时，左右两组摩擦片都处在松开状态，I 轴的运动则不能传给齿轮，主轴即停止转动。

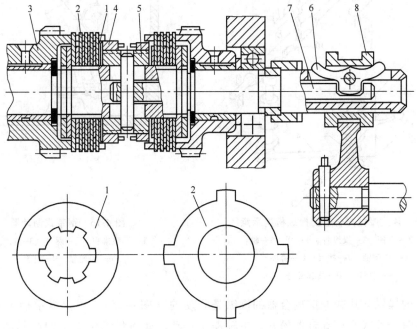

图 4-14　片式摩擦离合器的结构与工作原理

1—内摩擦片　2—外摩擦片　3—套筒齿轮　4—螺母（调整环）　5—花键滑套

6—元宝销　7—拉杆　8—滑环

（2）片式摩擦离合器间隙的调整　离合器的内、外摩擦片在松开时的间隙要适当，如太松了，则压紧时不紧，摩擦片间有打滑现象，车床的动力显得不足，工作时易产生闷车现象，易使摩擦片磨损；如太紧，开车时费力，易损坏操纵机构的零件，松开时，摩擦片不易脱开，严重时可导致摩擦片被烧坏。所以必须注意调整适当。其调整办法与 CA6140 型卧式车床相同。

离合器开合的操纵是用杠杆式的操纵机构，图 4-15 是摩擦离合器的操纵机构示意图。操纵手柄 1（或 2）使操纵杆 3 转动，经过杆 4 使轴 5 转动，然后经过扇形齿轮、齿条机构使齿条轴6做轴向移动，齿条轴6的左端固定有拨叉7，拨叉7可以拨动滑环8做轴向移动，滑环8的左右移动即可通过杠杆9压紧离合器的摩擦片，从而使主轴正转或反转。

2. 钢带式制动器的工作原理、操纵方法及其调整

为了缩短辅助时间，提高生产率，当需要停止机床工作时，主轴应能立即停止旋转，为克服主轴的旋转惯性，在Ⅳ轴上装有钢带式制动器，如图4-16所示，通过杠杆9拉紧包着闸轮的钢带，钢带上的制动装置就抱紧闸轮，起到制动的作用。

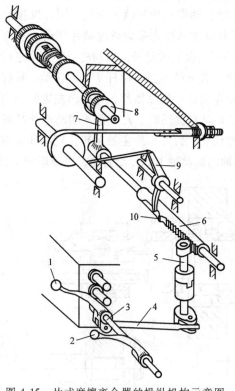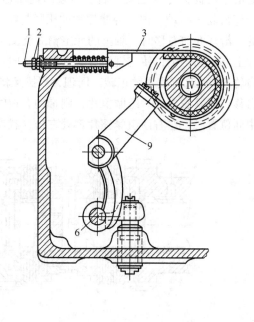

图 4-15　片式摩擦离合器的操纵机构示意图

1、2—手柄　3—操纵杆　4—杆　5—轴
6—齿条轴　7—拨叉　8—滑环
9—杠杆　10—凸起部分

图 4-16　钢带式制动器

1—调整螺钉　2—螺母　3—制动带
6—齿轮轴　9—杠杆

制动器的操纵与片式摩擦离合器的操纵是联动的（图4-15），当操纵手柄1（或2）放在中间位置时，片式摩擦离合器松开，主轴停止转动，此时齿条轴6上的凸起部分10刚好对正杠杆9，从而拉紧钢带，使主轴很快地停止转动。

钢带的松紧程度可调整螺母2（图4-16），当转速为 300r/min 时，能在 2~3r 内制动，即为合格。调整后，应检查当压紧离合器时，钢带是否完全松开，如还紧，则应稍微放松。调整时，要注意防止钢带产生歪扭现象。

4.1.4　机械设备保养的相关知识

正确使用与保养设备是设备管理工作的重要环节，机械设备保养是由操作工人和专业人员根据设备的技术资料及参数要求和保养细则来对设备进行一系列的维护工作。

设备维护保养工作包括：日常维护保养（一级保养）、设备的润滑和定期加油换油、预防性试验、定期调整精度和设备的二、三级保养。维护保养的好坏直接影响到设备的运行情况、产品的质量及企业的生产效率。

1. 机械设备维修保养的基本要求

通过擦拭、清扫、润滑、调整等一般方法对设备进行护理，以维持和保护设备的性能和技术状况，称为设备维护保养。

设备维护保养的要求主要有以下四项：

（1）清洁　设备内外整洁，各滑动面、丝杠、齿条、齿轮箱、油孔等处无油污，各部位不漏油、不漏气，设备周围的切屑、杂物、脏物要清扫干净。

（2）整齐　工具、附件、工件（产品）要放置整齐，管道、线路要有条理。

（3）润滑良好　按时加油或换油，不断油，无干摩擦现象，油压正常，油标明亮，油路畅通，油质符合要求，油枪、油杯、油毡清洁。

（4）安全　遵守安全操作规程，不超负荷使用设备，设备的安全防护装置齐全可靠，及时消除不安全因素。

2. 设备保养的分类及内容

设备的日常维护保养，一般有日保养和周保养，又称日例保和周例保。

（1）日例保　日例保由设备操作工人当班进行，认真做到班前四件事、班中五注意和班后四件事。

1）班前四件事。消化图样资料，检查交接班记录。擦拭设备，按规定润滑加油。检查手柄位置和手动运转部位是否正确、灵活，安全装置是否可靠。低速运转检查传动是否正常，润滑、冷却是否畅通。

2）班中五注意。注意运转声音，设备的温度、压力、液位，电气、液压、气压系统，仪表信号，安全保险是否正常。

3）班后四件事。关闭开关，所有手柄放到零位。清除切屑、脏物，擦净设备导轨面和滑动面上的油污，并加油。清扫工作场地，整理附件、工具。填写交接班记录和运转时间记录，办理交接班手续。

（2）周例保　周例保由设备操作工人在每周末进行，保养时间：一般设备 2h，精密、大型、稀有设备 4h。

1）外观。擦净设备导轨、各传动部位及外露部分，清扫工作场地。达到内外洁净无死角、无锈蚀，周围环境整洁。

2）操纵传动。检查各部位的技术状况，紧固松动部位，调整配合间隙。检查互锁、保险装置。达到传动声音正常、安全可靠。

3）液压润滑。清洗油线、防尘毡、过滤器，为油箱添加油或换油。检查液压系统，达到油质清洁，油路畅通，无渗漏，无研伤。

4）电气系统。擦拭电动机、蛇皮管表面，检查绝缘、接地，达到完整、清洁、可靠。

（3）一级保养　一级保养是以操作工人为主，维修工人协助，按计划对设备局部拆卸和检查，清洗规定的部位，疏通油路、管道，更换或清洗油线、毛毡、过滤器，调整设备各部位的配合间隙，紧固设备的各个部位。一级保养所用时间为 4~8h，一级保养完成后应做记录并注明尚未清除的缺陷，车间机械员组织验收。一级保养的范围应是企业全部在用设备，对重点设备应严格执行。一级保养的主要目的是减少设备磨损，消除隐患，延长设备使用寿命,为完成到下次一级保养期间的生产任务在设备方面提供保障。

卧式车床一级保养的内容:机床运行600h进行一级保养,以操作工人为主,维修工人配合进行。首先切断电源,然后进行保养工作。卧式车床一级保养内容见表4-1。

表4-1 卧式车床一级保养内容

序号	保养部位	保养内容及要求
1	外保养	清洗机床外表面及罩壳,保持内外清洁,无锈蚀;清洗导轨面,检查并修光毛刺;清洗长丝杠、光杠、操作杆,要求清洁无油污;补齐紧固螺钉、螺母、手球、手柄等机件,保持机床整齐;清洗机床附件,做到清洁、整齐、无锈蚀
2	主轴箱	清洗过滤器,检查主轴螺母有无松动,定位螺钉调整适宜;检查调整摩擦片间隙及制动器;检查传动齿轮有无错位和松动
3	进给箱交换齿轮架	清洗各部位;检查、调整交换齿轮间隙;检查轴套,应无松动拉毛
4	刀架滑板	拆洗刀架,调整中小滑板镶条间隙;拆洗、调整中小滑板丝杠螺母间隙
5	尾座	拆洗丝杠、套筒,检查修光套筒外表及锥孔毛刺伤痕;清洗调整制动机构
6	润滑	润滑油线、油毡,保证油孔、油路畅通,油量符合要求,油杯齐全,油标明亮
7	冷却	清洗冷却泵、过滤器、冷却槽、水管水阀,消除泄漏
8	电器	清洗电动机、电器箱;检查各电器元件触点,要求性能良好,安全可靠;检查、紧固接零装置

(4)二级保养 二级保养列入设备的检修计划,对设备进行部分解体检查和修理,更换或修复磨损件,清洗、换油、检查修理电气部分,使设备的技术状况全面达到规定设备完好标准的要求。二级保养所用时间为7天左右。二级保养完成后,维修工人应详细填写检修记录,由车间机械员和操作者验收,验收单交设备动力科存档。二级保养的主要目的是使设备达到完好标准,提高和巩固设备完好率,延长大修周期。

卧式车床二级保养的内容:机床运行5000h进行二级保养,以维修工人为主,操作工人参加,除执行一级保养的内容及要求外,还应测绘易损件,提出备品配件。首先切断电源,然后进行保养工作。卧式车床二级保养内容见表4-2。

表4-2 卧式车床二级保养内容

序号	保养部位	保养内容及要求
1	主轴箱	清洗主轴箱,检查传动系统,修复或更换磨损零件;调整主轴轴向间隙;清除主轴锥孔毛刺,以符合精度要求
2	进给箱交换齿轮架	检查、修复或更换磨损零件
3	刀架滑板	拆洗刀架及滑板;检查、修复或更换磨损零件
4	溜板箱	清洗溜板箱;调整开合螺母间隙;检查、修复或更换磨损零件
5	尾座	检查、修复尾座套筒锥度;检查、修复或更换磨损零件
6	润滑	清洗油池,更换润滑油
7	电器	拆洗电动机轴承;检修、整理电器箱,应符合设备完好标准要求

3. 润滑油、脂的简易鉴别

设备维修中,经常需要判断润滑油、脂的质量好坏,及其对设备运动情况、故障原因的影响。在没有条件分析化验时,采用一些简易鉴别方法,显然很有必要。

(1)润滑油的简易鉴别

1)黏度的检验。通常是把设备已经使用的润滑油和设备需要使用的标准黏度的润滑油,利用对比法进行检验,以判定是否需要换油。

① 在一块干净的玻璃片上,分别滴上一滴待检润滑油和标准润滑油。滴油时,要将玻璃片放平。滴好油后,再将玻璃板倾斜,注意比较两种油滴流下来的速度和流动的距离。流

速大、流的距离远的，相对而言油的黏度就比较小。如果流速大致相同，流的距离比较接近，则两种油的黏度等级就基本相同或者接近。

② 使用两个直径和长度相同的玻璃试管，一个装入待检润滑油，另一个装入标准润滑油。要求两个试管内的油装成相同高度，且不得装满，留出一个气泡。然后用木塞堵住试管口，将两个试管捆绑在一起，同时迅速倒置 180°，观察试管内气泡上升的速度。气泡上升速度快的试管内装入的润滑油黏度就比较小；气泡上升速度慢的试管内装入的润滑油黏度就比较大。

如果要判断待检油是接近哪一种牌号的油，可以用几种已知牌号的润滑油分别与待检润滑油进行对比。当两者气泡上升速度接近，从黏度上来说，两种润滑油的黏度接近。

2）水分的检验。

① 把待检润滑油放入干燥的试管内，然后在试管底部加热至 100～120℃，边加热边观察。如果有水分存在于油液之中，就会发出声响，产生泡沫，或在管壁上出现凝结的水珠，以及油液变成混浊状态等。

② 把待检润滑油放入试管内，然后加入少量的白色粉末状的无水结晶硫酸铜。如果油液中有水，立即会变成蓝色，并沉淀在试管底部。

③ 用干净且干燥的棉纱浸沾待检润滑油后用火点燃。如果油中有水，就会发生爆炸声或闪光现象。

3）机械杂质的检验。

① 黏度小的润滑油可直接注入试管，稍加温后静止观察，如果看到有沉淀或者悬浮物，说明油中有机械杂质。

② 黏度较大的润滑油可用干净的汽油稀释 5～10 倍，按上述方法进行观察。也可稀释后用滤纸进行过滤，若有机械杂质，就会留存于滤纸上。注意，用稀释剂稀释的润滑油，加热时不得用明火。

4）是否发生氧化变质的鉴别。润滑油经过长期使用，受到空气和其他介质的影响，会逐步发生氧化，出现变质现象，产生许多沥青质和胶质沉淀。当氧化变质到一定程度时，润滑油就不能继续使用，需要更换新油。

判断润滑油是否发生了严重的氧化变质情况，可以取油箱底部的沉淀油泥，放在食指和拇指之间相互摩擦，如果感觉到胶质多，粘附性强，则说明被检润滑油是发生了严重的氧化变质现象。如果只是油泥较多，却粘附性弱时，则说明油不干净。判断时，还应了解前次换油是否彻底清洗油箱，近期内设备是否发生爬行现象，手动操纵是否有沉重现象等情况。通过综合分析就可以比较准确地判断清楚被检润滑油是否发生了严重的氧化变质现象。

（2）润滑脂的简易鉴别　设备维护保养过程中，对润滑脂的质量鉴别，主要是看有无性质变化，是否混有杂质。

1）润滑脂纤维网络结构是否发生破坏的鉴别。润滑脂纤维网络结构如果发生破坏就会失去附着性，使润滑性能降低。

鉴别时，可以将润滑脂涂在一块干净的铜片上，然后放入装有水的大口容器中进行转动。经过多次转动，如果水面上出现油珠，则说明被检润滑脂的纤维网络结构已有所破坏。显然，这种方法只适于对耐水的润滑脂进行鉴别。

2）抗水性能鉴别。使用润滑脂时，如果不清楚抗水性能如何，可用手指取少量润滑脂，滴上一点水，稍加捻压，如果被检润滑脂迅速发生乳化现象，则可判断为是钠基润滑脂；如果没有发生乳化现象，则可判断为是钙基润滑脂或者是锂基润滑脂，或者是钡基润滑脂；如果乳化缓慢而不完全，则可判断其是钙钠基润滑脂。

3）有无杂质的鉴别。

① 用手指取少量润滑脂进行捻压，通过感觉判断被检脂中是否混有硬颗粒。

② 将润滑脂均匀地涂在干净的玻璃片上，涂层厚度刮薄在 0.5mm 左右，放在光亮处进行观察，判断被检脂中是否混有颗粒状杂质。

③ 取少量脂放入试管中，加入汽油进行溶解，观察有无沉淀物产生。

4）是否发生氧化变质的鉴别。发生氧化变质的润滑脂，从外观上就可看得很清楚。这时，脂的颜色变黑或者加深，并且表面会形成较硬的胶膜。

 子任务 4.2　CA6140 型卧式车床主轴箱 I 轴的测绘

工作任务卡

工作任务	CA6140 型卧式车床主轴箱 I 轴的测绘
任务描述	在对主轴组件拆装的基础上对 I 轴进行测绘，徒手绘出 I 轴的草图，并在此基础上绘制 I 轴的零件图
任务要求	1）测量 I 轴的各部分尺寸 2）绘制 I 轴的草图 3）绘制 I 轴的零件图

4.2.1　常用测量工具的认识及其使用

轴零件的测绘是对轴测量各部分尺寸大小，按零件图内容绘制成草图，并根据轴零件加工制造和使用情况确定技术要求，再按草图绘制轴零件图。

1. 内、外卡钳

内、外卡钳是一种间接测量工具，由于工件或测量场合的限制，无法使用游标类量具或千分尺等测量工具时，才使用该类测量工具，其测量精度较差。内、外卡钳及其应用如图4-17所示。

2. 内、外卡钳的使用技巧

1）使用时应先在工件上度量后，再与带读数的量具进行比较，然后得出读数。或者先在读数的量具上度量出必要的尺寸后，再和所要测量的工件进行比较。

2）两卡脚的测量面与工件接触要正确，调整卡钳使卡脚与工件感觉稍有摩擦即可，如图 4-18 所示。

4.2.2　测绘车床主轴箱 I 轴

1. I 轴的测量

1）外圆及长度的测量。注意螺纹退刀槽、砂轮越程槽和摆杆槽的测量。

2）内孔的测量。包括轴的内孔、销孔尺寸的测量。由于 I 轴的内孔用于安装拉杆，对

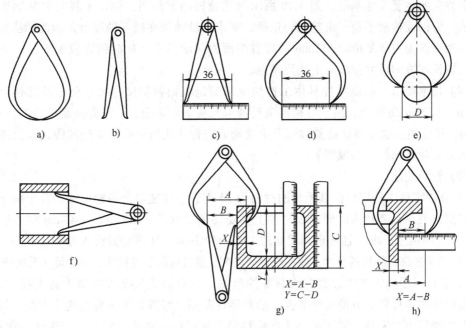

图 4-17　内、外卡钳及其使用

a) 外卡钳　b) 内卡钳　c) 内卡钳对尺寸　d) 外卡钳对尺寸　e) 外卡钳测量
f) 内卡钳测量　g) 内、外卡钳与直尺配合使用　h) 外卡钳与直尺配合使用

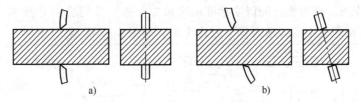

图 4-18　卡钳测量面与工件的接触方法

a) 正确　b) 错误

精度要求不高，测量出孔径和深度即可。测量时，注意销孔定位尺寸的测量。

3）花键的测量。测量方法参照任务 3。

2. 绘制零件草图和零件图

（1）结构分析　轴套类零件大多数由位于同一轴线上数段直径不同的回转体组成，它们长度方向的尺寸一般比回转体直径尺寸大。根据设计、安装、加工等要求，常见的结构有倒角、圆角、退刀槽、键槽及锥度等。

（2）表达方法　轴套类零件一般多在车床、磨床上加工，为便于操作工人对照图样进行加工，通常采用以下表达方法：

1）采用加工位置、显示轴线长度方向作为主视图的方向。

2）轴线放成水平位置，用一个基本视图把轴上各段回转体的相对位置和形状表达清楚。

3）用断面图、局部视图、局部剖视或局部放大图等表达方式表示轴上的结构形状。

4）对于形状简单且较长的部分也可断开后缩短绘制。

5）空心轴套因存在内部结构，可用全剖视图或半剖视图表示。

（3）尺寸标注　轴套类零件常以端面作为长度方向的主要尺寸基准，而以回转轴线作为另两个方向的主要尺寸基准。图 4-19 所示为低速轴的零件图，轴颈上将安装从动齿轮及滚动轴承，为保证传动平稳，齿轮啮合正确，要求各轴颈能在同一轴线上，为此标注径向尺寸时，以轴线作为主要基准。$\phi32mm$ 轴肩右端面为从动齿轮装配时的定位端面，因此该定位端面为轴长度方向尺寸标注时的主要基准。

（4）技术要求　根据零件具体工作情况来确定表面粗糙度、尺寸公差及几何公差，如 $\phi25mm$、$\phi32mm$ 等轴颈，由于分别同滚动轴承及从动齿轮配合，因而表面粗糙度为 $0.6\mu m$、$1.6\mu m$，尺寸精度也较高。这类轴颈及重要端面应标注几何公差，如径向圆跳动公差、轴向圆跳动公差及键槽的对称度等。

（5）轴的测绘

1）分析零件。从零件图获悉轴的材料为 45 钢，为减速器上的输出轴，其中两个键槽同齿轮有配合关系，有对称度要求，轴颈上要安装滚动轴承；$\phi30mm$、$\phi43mm$ 轴心线相对基准 $A—B$ 有同轴度要求；轴要求调质处理 $220\sim250HBW$；轴两端面钻 A 型中心孔等。

2）测量各部分结构的尺寸。使用游标卡尺测量轴各段的长度尺寸、直径尺寸及键槽的尺寸。

3）选择视图确定表达方案并绘制零件草图　显示轴线长度方向作为画主视图的方向，根据测量出的零件各部分的尺寸数据，绘制零件草图。零件草图一般是徒手作图，但不能潦草，也要做到表达完整，将测量尺寸数值整理、核对后，正确、完整、清晰地标注在图中，线型、字体等要基本规范。Ⅰ轴主视图的选择要考虑销孔的表达。对于花键可以采用移出断面图，对于销孔和摆杆槽采用向视图，摆杆销孔采用剖视图。

4）完成工作图。查阅相应的国家标准确定尺寸公差、几何公差等技术指标，并将其标注在图中。填写标题栏中的各项内容，完成全图，如图 4-19 所示。

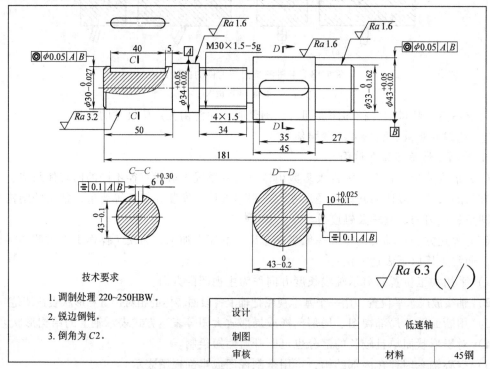

图 4-19　低速轴

练习与实践

一、填空题

1. 片式摩擦离合器及操纵机构的作用是实现主轴_____、_____、_____及过载保护作用。

2. 装在主轴箱内 I 轴上的离合器具有左右_____摩擦片，每一组由若干内片、外摩擦片交叠组成。当摩擦片相互_____时，就可传递运动和转矩。

3. 销有_____、_____和开口销三种。

二、判断题

1. 双向多片式摩擦离合器摩擦片压得越紧越好。　　　　　　　　　　　　（　　）

2. 圆锥销比圆柱销定位准确。　　　　　　　　　　　　　　　　　　　（　　）

三、选择题

1. I 轴上装有一个（　　　　），用以控制主轴的正、反转或停止。

A. 联轴器　　　　　　　　　　　B. 双向多片式摩擦离合器

C. 牙嵌式离合器　　　　　　　　D. 圆锥摩擦离合器

2. 离合器主要用于轴与轴之间在机器运转过程中的（　　　　）与接合。

A. 限制速度　　　　　　　　　　B. 使两轴转向相同

C. 分离　　　　　　　　　　　　D. 使一轴停止

四、问答题

1. 离合器的内、外摩擦片如何安装在轴上？

2. 左右摩擦片式离合器有什么作用？

3. 片式磨擦离合器过紧或过松有何不妥？

4. 如何调整离合器摩擦片的间隙？

5. 主轴箱中的制动装置有什么作用？

6. 圆柱销如何装配？装配时，应注意哪些问题？

7. 圆锥销如何装配？

8. 销联接如何拆卸？

9. 销联接如何修理？

10. 使用内、外卡钳测量工件时，应注意哪些问题？

11. 如何操纵车床的正反转？

12. 制动装置是如何实现制动的？

13. 如何鉴别润滑脂的好坏？

14. 卧式车床二级保养内容有哪些？

参 考 文 献

[1] 李之浩. 机修钳工工艺学 [M]. 北京：中国劳动社会保障出版社，2004.

[2] 蒋新军，张丽娟. 装配钳工（高级）[M]. 郑州：河南科学技术出版社，2008.

[3] 朱正心. 机械制造技术 [M]. 北京：机械工业出版社，2004.

[4] 于慧力，潘承怡. 机械零部件设计禁忌 [M]. 北京：机械工业出版社，2007.

[5] 费敬银. 机械设备维修工艺学 [M]. 西安：西北工业大学出版社，2001.

[6] 田景亮，刘丽华. 车床维修教程 [M]. 北京：化学工业出版社，2008.

[7] 杨海鹏. 模具拆装与测绘 [M]. 北京：清华大学出版社，2009.

[8] 吕天宝，宫波. 公差配合与测量技术 [M]. 大连：大连理工大学出版社，2005.

[9] 彭德荫. 车工工艺与技能训练 [M]. 北京：中国劳动社会保障出版社，2007.

[10] 陈海魁. 机械基础 [M]. 北京：中国劳动社会保障出版社，2003.

[11] 贾进军. 机械基础 [M]. 长春：吉林大学出版社，2008.

[12] 徐兆丰. 车工工艺学 [M]. 北京：劳动人事出版社，1990.

[13] 王德俊. 机械制图 [M]. 北京：清华大学出版社，1990.

[14] 冯宝华. 机修钳工 [M]. 北京：中国劳动社会保障出版社，1997.

[15] 闫冬梅，郭佳萍. 汽车机械基础 [M]. 北京：机械工业出版社，2015.